油气质量检验教程

陈 东 陈 英 主 编
聂立宏 王 敏 高良军 副主编

海洋出版社

2017年 · 北京

内 容 简 介

主要内容： 本书以现行天然气、石油及石油产品检验方法中的国家标准或石油化工行业标准等为基础编写，包括天然气分析、轻质油品与润滑油理化项目分析、润滑脂项目分析、沥青项目分析等。

本书特色： 知识点安排合理，突出实用性；结构严谨，层次分明，突出重点与适用性；反映最新教学改革成果，突出行业特色；紧扣国家最新技术标准，与行业要求紧密衔接。

适用范围： 本书可作为石油化工行业及相关专业的本科生实验教学教材或教学参考书。适用于应用型、技能型人才培养的各类教育，也可供从事油气产品生产、经销、检验及技术服务等工作的技术人员参考使用。

图书在版编目（CIP）数据

油气质量检验教程/陈东，陈英主编. —北京：海洋出版社，2017.1
ISBN 978-7-5027-9656-3

Ⅰ.①油… Ⅱ.①陈… ②陈… Ⅲ.①油气–质量检验–教材 Ⅳ.①TE626

中国版本图书馆 CIP 数据核字（2016）第 316485 号

责任编辑：郑跟娣　　　　　　　发行部：010-62132549　010-68038093
责任校对：肖新民　　　　　　　总编室：010-62114335
责任印制：赵麟苏　　　　　　　网　址：www. oceanpress. com. cn
出　　版：海洋出版社　　　　　承　印：北京朝阳印刷厂有限责任公司
地　　址：北京市海淀区大慧寺路 8 号　　版　次：2017 年 1 月第 1 版
邮　　编：100081　　　　　　　印　次：2017 年 1 月第 1 次印刷
开　　本：787mm×1092mm 1/16　印　张：17.5
字　　数：360 千字　　　　　　定　价：48.00 元
本书如有印、装质量问题可与本社发行部联系调换
本社教材出版中心诚征教材选题及优秀作者，邮件发至 hyjccb@sina.com

浙江海洋大学特色教材编委会

前　言

本书针对油气储运、化学工程与工艺（石油化工方向）、安全工程（石油化工方向）、商品检验（石油化工产品检验方向）等专业具有石化行业背景的特点，从天然气、轻质油品、润滑油、润滑脂及石油沥青的常规分析项目入手进行编写。

本书以现行天然气、石油及石油产品检验方法中的国家标准或石油化工行业标准等为基础。由于标准方法严谨性强、篇幅长等特点，为使其浅显易懂且容易操作，在遵循标准精髓的前提下对原标准中的部分内容进行适当删减与编写。

本书由天然气分析、轻质油品与润滑油分析、润滑脂分析、石油沥青分析和实验室安全、健康与环保（HSE）5 个章节及 1 个附录试验组成，共 42 个试验项目。天然气理化试验项目 4 个，包括天然气中硫化氢含量测定、天然气中总硫含量测定、天然气组成、天然气烃露点。轻质油品与润滑油试验项目 31 个，主要包括运动黏度、密度、水分、机械杂质、馏程、蒸气压、胶质、闪点、倾点、腐蚀、锈蚀、柴油冷滤点、极压抗磨（四球机）、油品抗氧化等试验。润滑脂产品试验项目 3 个，具体为润滑脂滴点测定、润滑脂和石油脂锥入度测定、锥网法测定润滑脂分油试验。沥青试验项目 3 个，包括沥青的软化点、延度与针入度测定。附录试验为红外分光光度法测定水中石油类和动植物油类的含量。

本书可以作为石油化工行业及相关专业的本科生实践教学教材或教学参考书。适用于应用型、技能型人才培养的各类教育，也可供从事油气产品生产、经销、检验及技术服务等工作的技术人员参考使用。在使用本教材的过程中可根据各学校与各专业的特点结合课时安排选取部分试验项目进行实践教学，对于开设油气储运及加工、环境等相关专业的学校，建议选取或增加附录试验水中石油类含量测定。

本书第一章由聂立宏编写；第二章由陈东、陈英、高良军共同编写；第三章及第四章由陈东、陈英编写；第五章由王敏编写；附录由陈东编写，全书由陈东统稿。

本书由浙江海洋大学教材出版基金资助出版。教材编写中，参考和汲取了相关资料的精华，在此向有关作者表示感谢。

限于编者水平，本书定有不妥或欠缺，敬请广大读者批评指正，以便及时修改。

编者
2016 年 5 月

前　言

目　录

实 验 须 知

一、实验目的

（1）要求学生在完成相关专业课程学习的基础上，正确掌握石油、石化行业领域内多种指标检测的基本方法和专业技能，进一步提高学生的实践能力和探究能力；

（2）培养学生理论联系实际、实事求是、严谨认真的科学态度；

（3）培养学生科学的思维能力和创新意识。

二、实验要求

为了保证实验的顺利进行和培养良好的实验作风，要求学生须做到以下几点。

（1）充分预习。实验前预习教材，同时还须查阅天然气、石油产品等产品标准与实验方法标准（国家、行业或国外最新采用标准，如 ISO、ASTM、DIN 等）、相关手册和参考资料；认真阅读将涉及的仪器设备使用说明书（仪器的操作规程与注意事项），并写出预习报告，无预习报告或不符合要求者不得进行实验。

（2）认真听讲及观察。进入实验室后，认真听指导教师讲解实验原理、操作要点与注意事项，注意指导老师在演示过程中的操作步骤及重点指出的地方等，进一步加深对本次实验的理解。

（3）认真操作。实验时要求注意力集中，认真操作，仔细观察，积极思考，注意安全，保持整洁，不许大声吵闹，不得擅自离开实验室。

（4）做好实验记录。要求学生如实地记下实验理化条件（如温度、压力等）、实验现象、实验得到的数据，并对实验现象做出分析和解释，必须养成随做随记的良好习惯，不允许在实验结束后凭记忆补写实验记录。特别是在实验过程中的异常现象要加以记录。

（5）正确书写实验报告。实验报告包括原理、操作步骤、现象和解释、结果和讨论、意见和建议等。报告要求条理清楚、文字简练、图与表格式正确、结论明确、书写整洁。

三、实验注意事项

（1）必须遵守实验室的各项规章制度，特别是油气实验室中所涉及的原材料、试剂，多属于易燃、易爆的气体或液体（或易挥发液体，如汽油、低沸点石油醚、溶剂油），因此进入实验室要求关闭手机，否则不得进入实验室。

（2）严格按照《个体防护装备选用规范》（GB/T 11651—2008）的要求进行防护穿戴。不按要求进行穿戴的学生，不得进入实验室。

（3）进入油气实验室后须认真听从指导教师的讲解与过程指导。

（4）在实验过程中及实验结束后，严禁向水槽内倒入任何液体、半流体石油化工产品、废试剂、废物等，实验中产生的石油化工产品废弃物必须装入专用的废弃物储备桶中。

（5）爱护实验设备及配套设施，节约用水、用电、各种气体和化学药品与试剂等。

（6）实验完毕后，做好实验台面的卫生清洁工作，关闭实验仪器以及水、电、气、门窗等（部分设备要求达到一定温度才能关机，必须遵循）。在实验设备的登记本上详细记录使用设备的情况（如设备出现异常也需要详细记录），在征得指导教师同意后方能离开实验室。

四、实验室安全

（1）鉴于涉及的实验原料为天然气与石油产品（易燃、易爆），部分试剂为易燃、易爆、有毒、腐蚀性的，因此要特别注意安全。要求进入实验室前应认真学习本书第五章的内容。

（2）在操作中必须严格遵循安全操作规程，加强安全措施，防止事故的发生。

（3）实验过程中严格听从指导教师的讲解与演示（示范），正确操作，以防仪器、设备损坏。

第一章 天然气分析

试验一 碘量法测定天然气中硫化氢含量

一、试验目的

(1) 了解碘量法测定天然气中硫化氢含量的原理；

(2) 了解碘量法测定天然气中硫化氢含量的测定方法及操作要求；

(3) 掌握碘量法测定天然气中硫化氢含量的范围。

二、测量范围及原理

(1) 测量范围：适用于天然气中硫化氢含量 0%～100%。

(2) 测量原理：用过量的乙酸锌溶液吸收气样中的硫化氢，生成硫化锌沉淀。加入过量的碘溶液以氧化生成的硫化锌，剩余的碘用硫代硫酸钠标准溶液滴定。

三、仪器和材料

1. 仪器

(1) 定量管（图 1-1）：定量管容积及相应的尺寸见表 1-1。定量管容积须预先标定，标定方法见《天然气 含硫化合物的测定 第 1 部分：用碘量法测定硫化氢含量》（GB/T 11060.1—2010）附录 A。

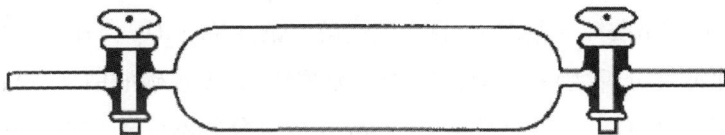

图 1-1 定量管

表 1-1　定量管的容积尺寸

容积/mL	长度/mm	内径/mm
5	44	12
10	65	14
25	100	18
50	100	25
100	160	30
250	200	40
500	250	50

（2）稀释器（图 1-2）。

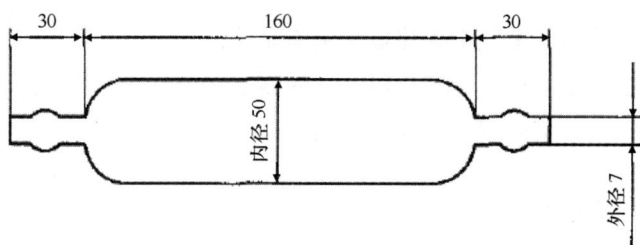

图 1-2　稀释器（单位：mm）

（3）吸收器：内附玻璃孔板，板上均匀分布有 20 个直径 0.5~1 mm 的小孔，见图 1-3。

（4）自动滴定仪或棕色酸式滴定管：容量 25 mL。

（5）温度计：测量范围为 0~50℃，分度值 0.5℃。

（6）大气压力计：测量范围为 80~106 kPa，分度值 0.01 kPa。

（7）医用注射器：5 mL、10 mL、30 mL、50 mL 和 100 mL 各 1 支。

2. 试剂

蒸馏水，应符合《分析实验室用水规格和试验方法》（GB/T 6682—2008）规定的三级水的技术要求；重铬酸钾（基准试剂）；硫代硫酸钠 [$Na_2S_2O_3 \cdot 5H_2O$]（分析纯）；碘（分析纯）；碘化钾（分析纯）；可溶性淀粉（分析纯）；无水碳酸钠（分析纯）；乙酸锌 [$Zn(CH_3COO)_2 \cdot 2H_2O$]（分析纯）；乙醇（质量分数不低于 95%，分析纯）；盐酸（分析纯）；硫酸（分析纯）；冰乙酸（分析纯）；氢氧化钾（化学纯）；氮气（体积分数不低于 99.9%）；氢氧化钾溶液 200 g/L；盐酸溶液（1+2：1 份浓盐酸与 2 份水混合）；盐酸溶液（1+11：1 份浓盐酸与 11 份水混合）；硫酸溶液（1+8：1 份浓硫酸与 8 份水混

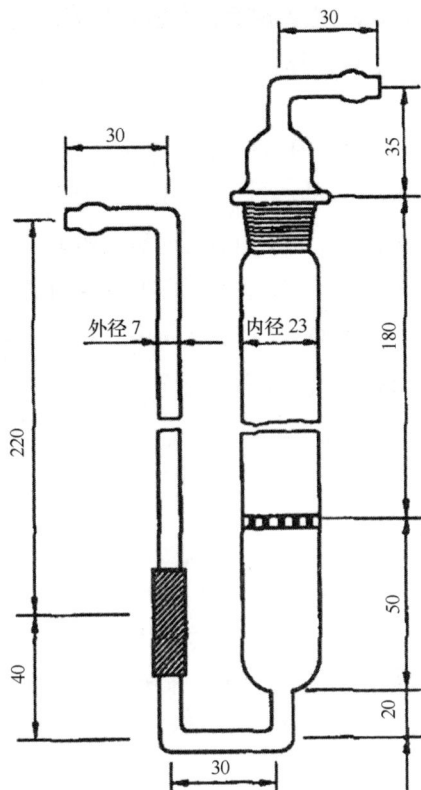

图1-3 吸收器（单位：mm）

合）；乙酸锌溶液5 g/L（称取6 g乙酸锌，溶于500 mL水中，滴加1~2滴冰乙酸并搅动至溶液变清亮，加入30 mL乙醇，稀释至1 L）；碘储备溶液50 g/L（称取50 g碘和150 g碘化钾，溶于200 mL水中，加入1 mL盐酸，加水稀释至1 L，储存于棕色试剂瓶中）；碘溶液5 g/L（取碘储备溶液稀释配制）；碘溶液2.5 g/L（配制方法同碘溶液5 g/L）；硫代硫酸钠标准储备溶液 $[c(Na_2S_2O_3) = 0.1 \text{ mol/L}]$；硫代硫酸钠标准溶液 $[c(Na_2S_2O_3) = 0.02 \text{ mol/L}$ 和 $c(Na_2S_2O_3) = 0.01 \text{ mol/L}]$；淀粉指示液5 g/L（称取1 g可溶性淀粉，加入10 mL水，注入200 mL搅拌下的沸水中，再微沸2 min，冷却后将清液倾入试剂瓶中备用，该溶液于使用前制备）。

硫代硫酸钠标准储备溶液 $c(Na_2S_2O_3) = 0.1 \text{ mol/L}$ 的配制：称取26 g硫代硫酸钠和1 g无水碳酸钠，溶于1 L水中，缓缓煮沸10 min，冷却，储存于棕色试剂瓶中，放置14 d，取清液标定后使用。

硫代硫酸钠标准储备溶液 $c(Na_2S_2O_3) = 0.1 \text{ mol/L}$ 的标定：称取在120℃烘至恒重的重铬酸钾0.15 g，称准至0.000 2 g，置于500 mL碘量瓶中，加入25 mL水和2 g碘化钾，摇动，使固体溶解后，加入20 mL盐酸溶液（1+2）或硫酸溶液（1+8），立即盖上瓶塞，轻轻摇动后，置于暗处10 min。加入150 mL水，用硫代硫酸钠溶液滴定。近终点时，加入 2~3 mL 淀粉指示液，继续滴定至溶液由蓝色变为亮绿色。同时做空白试验。硫代硫酸钠标准储备溶液的浓度 c 按下式计算：

$$c = \frac{m}{49.03(V_1 - V_2)} \times 10^3 \qquad (1-1)$$

式中，c 为硫代硫酸钠标准储备溶液的浓度，mol/L；m 为重铬酸钾的质量，g；V_1 为试液滴定时硫代硫酸钠溶液的耗量，mL；V_2 为空白滴定时硫代硫酸钠溶液的耗量，mL；49.03 为 M ($1/6K_2Cr_2O_7$)，g/mol。两次标定得硫代硫酸钠溶液的浓度相差不应超过 0.000 2 mol/L。

硫代硫酸钠标准溶液 c ($Na_2S_2O_3$) = 0.02 mol/L 和 c ($Na_2S_2O_3$) = 0.01 mol/L 的配置：取新标定过的硫代硫酸钠标准储备溶液，用新煮沸并冷却的水准确稀释配制。

四、取样

1. 一般规定

取样按《天然气取样导则》（GB/T 13609—2012）执行。

硫化氢剧毒，取样时的安全注意事项按《含硫油气田硫化氢监测与人身安全防护规程》（SY/T 6277—2005）执行。

2. 试样用量

硫化氢的吸收应在取样现场完成。每次试样用量的选择见表 1-2。

表 1-2　试样参考用量表

预计的硫化氢浓度		试样参考用量/ mL
体积分数（%）	质量浓度/（mg·m⁻³）	
<0.000 5	<7.2	150 000
0.000 5~0.001	7.2~14.3	100 000
0.001~0.002	14.3~28.7	50 000
0.002~0.005	28.7~71.7	30 000
0.005~0.01	71.7~143	15 000
0.01~0.02	143~287	8 000
0.02~0.1	287~1 430	5 000
0.1~0.2		2 500
0.2~0.5		1 000
0.5~1		500

预计的硫化氢浓度		试样参考用量/ mL
体积分数（%）	质量浓度/（mg·m^{-3}）	
1~2		250
2~5		100
5~10		50
10~20		25
20~50		10
50~100		5

3. 取样步骤

（1）硫化氢含量高于0.5%的气体：用短节胶管依次将取样阀、定量管、转子流量计和碱洗瓶连接，打开定量管活塞，缓缓打开取样阀，使气体以1~2 L/min的流量通过定量管，待通气的气量达到15~20倍定量容积后，依次关闭取样阀和定量管活塞，记录取样点的环境温度和大气压力。

（2）硫化氢含量低于0.5%的气体：取样和吸收同时进行。

五、试验步骤

1. 吸收

（1）硫化氢含量高于0.5%的气体：吸收装置见图1-4，于吸收器中加入50 mL乙酸锌溶液，用洗耳球在吸收器入口轻轻鼓动使一部分溶液进入玻璃孔板下部的空间，用洗耳球吹出定量管两端玻璃管中可能存在的硫化氢，用短节胶管将图1-4中各部分紧密对接，打开定量管活塞，缓缓打开针形阀，以300~500 mL/min的流量通氮气20 min，停止通气。

（2）硫化氢含量低于0.5%的气体：吸收装置见图1-5，于吸收器中加入50 mL乙酸锌溶液，用洗耳球在吸收器入口轻轻地鼓动使一部分溶液进入玻璃孔板下部的空间。用短节胶管将各部分紧密对接，全开螺旋夹，缓缓打开取样阀，用待分析气经排空管充分置换取样导管内的气体。记录流量计读数，作为取样的初始读数。调节螺旋夹使气体以300~500 mL/min的流量通过吸收器。吸收过程中分几次记录气体的温度。待通过表1-2中规定量的气样后，关闭取样阀。记录取样体积、气体平均温度和大气压力。

在吸收过程中应避免日光直射。

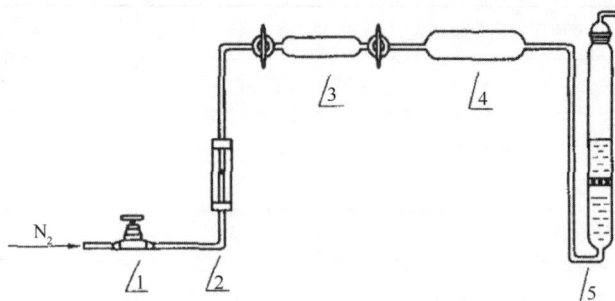

图 1-4　硫化氢含量高于 0.5% 的吸收装置示意图

1—针形阀；2—流量计；3—定量管；4—稀释器；5—吸收器

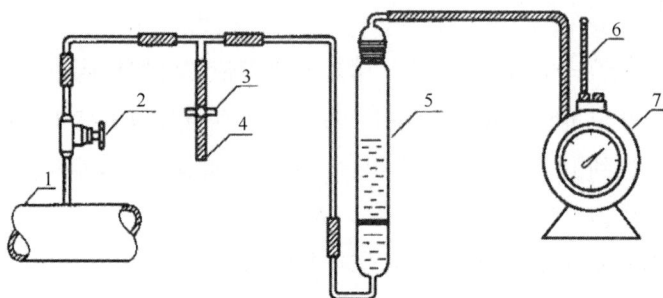

图 1-5　硫化氢含量低于 0.5% 的吸收装置示意图

1—气体管道；2—取样阀；3—螺旋夹；4—排空管；

5—吸收器；6—温度计；7—流量计

2. 滴定

取下吸收器，用吸量管加入 10 mL（或 20 mL）碘溶液（5 g/L）。硫化氢含量低于 0.5% 时应使用较低浓度的碘溶液（2.5 g/L）。再加入 10 mL 盐酸溶液（1+11），装上吸收器头，用洗耳球在吸收器入口轻轻鼓动溶液，使之混合均匀。为防止碘液挥发，不应吹空气鼓泡搅拌。待反应 2~3 min 后，将溶液转移进 250 mL 碘量瓶中，用硫代硫酸钠标准溶液［c（$Na_2S_2O_3$）= 0.02 mol/L 或 c（$Na_2S_2O_3$）= 0.01 mol/L］滴定，临近终点时加入 1~2 mL 淀粉指示液，继续滴定至溶液蓝色消失。按同样步骤做空白试验。

以上操作需在无日光直射的环境中进行。

六、计算

1. 气样校正体积的计算

（1）定量管计量的气样校正体积的计算：定量管计量的气样校正体积 V_n 按下式计算

$$V_n = V \frac{P}{101.3} \times \frac{293.2}{273.2 + t} \qquad (1-2)$$

式中，V_n 为定量管计量的气样校正体积，mL；V 为定量管容积，mL；P 为取样点的大气压力，kPa；t 为取样点的环境温度，℃。

（2）流量计计量的气样校正体积的计算：流量计计量的气样校正体积 V_n 按下式计算

$$V_n = V \frac{(P - P_v)}{101.3} \times \frac{293.2}{273.2 + t} \qquad (1-3)$$

式中，V_n 为定量管计量的气样校正体积，mL；V 为取样体积，mL；P 为取样时的大气压力，kPa；P_v 为温度 t 时水的饱和蒸气压，kPa；t 为气样平均温度，℃。

2. 硫化氢含量的计算

（1）质量浓度的计算：质量浓度 ρ（g/m³）按下式计算

$$\rho = \frac{17.04c(V_1 - V_2)}{V_n} \times 10^3 \qquad (1-4)$$

式中，ρ 为硫化氢质量浓度，g/m³；c 为硫代硫酸钠标准溶液的浓度，mol/L；V_1 为空白滴定时，硫代硫酸钠标准溶液耗量，mL；V_2 为样品滴定时，硫代硫酸钠标准溶液耗量，mL；V_n 为气样校正体积，mL；17.04 为 M（1/2H$_2$S），g/mol。

（2）体积分数 φ 的计算：体积分数 φ（%）按下式计算

$$\varphi = \frac{11.88c(V_1 - V_2)}{V_n} \times 100 \qquad (1-5)$$

式中，φ 为硫化氢体积分数，%；c 为硫代硫酸钠标准溶液浓度，mol/L；V_1 为空白滴定时，硫代硫酸钠标准溶液耗量，mL；V_2 为样品滴定时，硫代硫酸钠标准溶液耗量，mL；V_n 为气样校正体积，mL；11.88 为在 20℃和 101.3 kPa 下的 V_n（1/2 H$_2$S），L/mol。

取两个平行测定结果的算术平均值作为分析结果，所得结果大于或等于 1%时保留 3 位有效数值，小于 1%时保留两位有效数字。

七、精密度

（1）重复性（r）：在重复性条件下获得的两次独立测试结果的差值不超过表 1-3 给出的重复性限，超过重复性限的情况不超过 5%。

（2）再现性（R）：在再现性条件下获得的两次独立测试结果的差值不超过表 1-4 给出的再现性限，或超过再现性限的情况不超过 5%。

表 1-3　重复性

硫化氢浓度		重复性限（较小测得值的）（%）
体积分数（%）	质量浓度/（mg·m^{-3}）	
≤0.000 5	≤7.2	20
0.000 5~0.005	7.2~72	10
0.005~0.01	72~143	8
0.01~0.1	143~1 434	6
0.1~0.5		4
0.5~50		3
≥50		2

表 1-4　再现性

硫化氢浓度/（mg·m^{-3}）	再现性限（较小测得值的）（%）
≤7.2	30
7.2~72	15
72~720	10

八、思考题

（1）简述硫化氢的危害；在操作过程中需要注意的问题有哪些？

（2）为什么采用碘量法测定天然气中硫化氢含量的操作过程需要在无日光直射下进行？

（3）现行测定天然气中硫化氢含量的国家标准有哪些？请列出标准号及对应标准名称。

试验二　氧化微库仑法测定天然气中总硫含量

一、试验目的

（1）了解氧化微库仑法测定天然气中总硫含量的原理；

（2）掌握氧化微库仑法测定天然气中总硫含量的范围；

（3）掌握氧化微库仑法测定天然气中总硫含量的测定方法及操作要求。

二、测量范围及原理

（1）测量范围：天然气中总硫含量 $1\sim1\ 000\ mg/m^3$，并且可通过稀释将测定范围扩展到较高浓度。

（2）测量原理：含硫天然气在石英转化管中与氧气混合燃烧，硫转化成二氧化硫，随氮气进入滴定池与碘发生反应，消耗的碘由电解碘化钾得到补充。根据法拉第电解定律，由电解所消耗的电量计算出样品中硫的含量，并用标准样进行校正。

三、仪器和材料

1. 仪器

（1）转化炉：带有 3 个独立加热段（燃烧段、预热段和出口段）或 1 个加热段（燃烧段）。

（2）滴定池：池中插入一对电解电极和一对指示–参比电极。

（3）微库仑计：当二氧化硫进入滴定池，使池中碘浓度降低时，能自动（或手动）触发电解，使碘恢复到原来水平，并能自动记录电解时间和电流，最后直接显示出硫含量。

（4）流量控制器、电磁搅拌器。

（5）配气瓶：容积为 $2\sim3\ L$ 的圆底玻璃瓶，见图 1–6。瓶中置入 $1\sim3$ 支聚四氟乙烯搅拌子。

（6）医用注射器：0.25 mL、1 mL、2 mL 和 5 mL 各 1 支。应有良好的密封性，使用前应采用称量纯水的方法对注射器的容积进行校核。

（7）微量进样器：1 支，10 μL。

（8）容量瓶：1 个，25 mL。

2. 试剂

重蒸馏水或去离子水；冰乙酸（分析纯）；碘化钾（分析纯）；正丙硫醇或甲硫醚（化学纯或质量分数不低于 98%）；二甲基二硫化物或噻吩（质量分数不低于 98%）；无水乙醇（分析纯，无硫）；氧气（体积分数不低于 99.9%）；氮气（体积分数不低于 99.99%）。

四、准备工作

1. 配制电解液

称取 0.5 g 碘化钾，溶于 500 mL 水中，加入 5 mL 冰乙酸，加水稀释至 1 L，储存于棕色试剂瓶中。

2. 配气瓶的准备

（1）测量容积：用蒸馏水和量筒测量。

（2）设置取样口：将活塞 3 的塞芯取出，用细铅丝从一圆柱形橡皮塞的上部横向穿过，将铅丝两端拧在一起穿入活塞芯的孔中，用力拉铅丝，使橡皮塞进入孔中，其底端正好位于孔长的 1/2 处。在拉紧橡皮塞的情况下，用利刀将孔外的橡皮塞割掉，使橡皮塞缩回孔中约 0.5 mm。

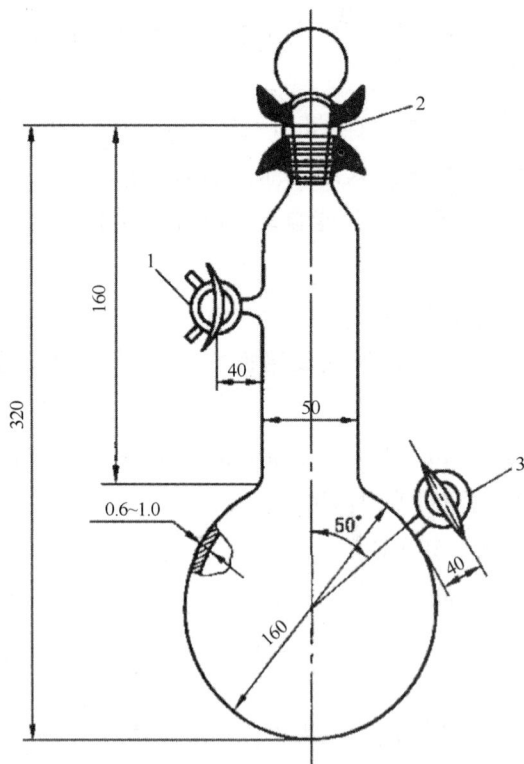

图 1-6　配气瓶（单位：mm）

1—三向两通高真空活塞（内径 24/外径 32）；2—19 号标准磨口；3—直通高真空活塞（内径 24/外径 32）

3. 配制标准样

（1）气体标准样的配制：用安瓿球称适量正丙硫醇或甲硫醚，称准至 0.1 mg，将其置于已知容积的干燥的配气瓶中，用真空泵将配气瓶内压强抽至 3 kPa 以下，用力摇动气瓶，使安瓿球破裂，用氮气将气瓶充至表压 40 kPa 左右。按下式计算气体标准样中硫的含量。

$$S_0 = \frac{m \times w \times \dfrac{32.06}{M_r} \times 10^6 \times P_0}{V \times (P_0 + P_1)} \qquad (1-6)$$

式中，S_0 为气体标准样中硫的含量，mg/m^3；m 为称量硫化合物的质量，mg；w 为称量硫化合物的纯度，%；M_r 为称量硫化合物的相对分子质量；P_0 为配气时的大气压力，kPa；V 为配气瓶体积，mL；P_1 为配气时压力表读数（表压），kPa；

注意：气体标准样应现配现用，它的硫含量应与待测气体相当。

（2）液体标准样的配制：向 25 mL 容量瓶中加入约 20 mL 无水乙醇，用微量进样器准确注入适量二甲基二硫化物或噻吩，再用无水乙醇稀释至刻度，摇匀。按下式计算液体标准样中硫的含量

$$S_0 = \frac{V_1 \times \rho \times 32.06 \times n \times w \times 10^3}{M_r \times V_2} \qquad (1-7)$$

式中，S_0 为液体标准样中硫的质量浓度，mg/L；V_1 为二甲基二硫化物或噻吩的体积，μL；ρ 为二甲基二硫化物或噻吩的密度，kg/L；w 为二甲基二硫化物或噻吩的纯度，%；M_r 为二甲基二硫化物或噻吩的相对分子质量；V_2 为容量瓶体积，mL。

注意：液体标准样的有效期为 14 d。

测定时，为使进入仪器的液体标准样中硫的含量与气样中硫的含量相当，可用移液管和容量瓶对液体标准样进行稀释。

4. 加电解液

每天试验前应向滴定池加入新鲜电解液，使液面高出电极 5~10 mm。连续测定 4 h 后更换一次，也可根据试验情况随时更换。

5. 开机准备与参数检查

更换进样口上的硅橡胶垫，并将氮气和氧气流量分别调至仪器规定值。然后开启电磁搅拌器，调节搅拌速度，使电解液中产生轻微的漩涡。

检查仪器参数，将电位计调到仪器规定值。

6. 测定硫的转化率

（1）取样与进样：剧烈摇动气体标准样瓶 20~25 min，用气体标准样冲洗注射器 4~5 次后正式取样。取样时应让瓶内的气体压力将注射器芯子推到所需刻度，然后插入仪器进样口，使每毫升样品在 5~7 s 内进完。进样量一般为 0.25~5 mL。

对于液体标准样，进样体积须用差减法计算，具体做法如下：用液体标准样冲洗微量进样器 4~5 次后，吸取 2~3 μL 液体标准样，排出气泡，将进样器芯子往后拉，让空气进入进样器，并使气泡与液柱的交界面刚好落在 1 μL，处，记录样品体积。然后将微量进样器插入仪器进样口，使每微升样品在 5~7 s 内进完，再次将进样器芯子往后拉，使气泡与液柱交界面仍落在 1 μL 处，再次记录样品体积，两次体积之差即为进样体积。

（2）手动测量：①滴定与读数：待电位指针向低电位方向偏移以后，反复接通、断开电解电流，使指针回到初始位置。读取微库仑计显示的硫含量。重复测定标准样至少 3 次，取平均值。②计算转化率：气体标准样及液体标准样均按下式计算硫的转化率

$$F = \frac{W_0}{S_0 \times V_1} \times 100 \qquad (1-8)$$

式中，F 为硫的转化率，%；W_0 为测定读数，ng；S_0 为标准样中硫的含量，mg/m³（气）或 mg/L（液）；V_1 为进样体积（气体标准样为校正体积），mL（气）或 μL（液）。

为了保证试验的准确性，应根据样品性质和仪器的状况，定期测定转化率。

注意：转化率不应低于 75%，否则应查明原因。

（3）自动测量：将测定方式转换到校正系数状态，输入标准样的浓度和进样体积（气体标准样为校正体积）。按取样与进样的方法对标准样进行测定，仪器便显示出用硫标准样测得的转化率。当连续 5 次转化率的相对标准偏差 ≤2% 时，可取这 5 次连续测量的平均值作为仪器测量用的转化率。

注意：转化率不应低于 75%，否则应查明原因。

五、试验步骤

1. 取样

（1）从天然气管线取样：取样按《天然气取样导则》（GB/T 13609—2012）执行。用待分析气体充分吹扫取样管线。利用待分析气体的压力冲洗注射器 4~5 次后正式取样。

（2）从气瓶取样：取样按前文 6. 测定硫的转化率（1）取样与进样操作步骤进行，收到样品后应尽快分析。

2. 进样与测定

（1）手动测量：按前文 6. 测定硫的转化率中（1）（2）的方法测定两次，取平均值，

并记录室温和大气压力。当样品中硫化氢含量高于仪器的测量范围，可将样品稀释后进行测定。测试报告中应说明稀释方法。

（2）自动测量：将测定方式转换到样品测定状态，输入进样体积（校正体积），按6.（1）取样与进样的方法对样品进行测定，仪器就可显示出样品中总硫的浓度。重复测定样品两次，取平均值。当样品中硫化氢含量高于仪器的测量范围，可将样品稀释后进行测定。测试报告中应说明稀释方法。

六、计算

1. 体积换算

（1）湿基气样的体积：湿基气样的体积换算按下式计算

$$V_n = V \times \frac{P - P_V}{101.3} \times \frac{293.2}{273.2 + t} \tag{1-9}$$

式中，V_n 为气样计算体积，mL；V 为进样体积，mL；P 为分析进样时的大气压力，kPa；P_V 为温度 t 时水的饱和蒸气压，kPa；t 为分析进样时的室温，℃。

（2）干基气样的体积：干基气样的体积换算按下式计算

$$V_n = V \times \frac{P}{101.3} \times \frac{293.2}{273.2 + t} \tag{1-10}$$

式中，V_n 为气样计算体积，mL；V 为进样体积，mL；P 为分析进样时的大气压力，kPa；t 为分析进样时的室温，℃。

2. 气样中总硫含量的计算

气样中总硫含量按下式进行计算

$$S = \frac{W}{V_n \times F} \tag{1-11}$$

式中，S 为气样硫含量，mg/m^3；F 为硫的转化率，%；W 为测定值，ng；V_n 为气样计算体积，mL。

七、精密度

在重复性条件下获得的两次独立测试结果的差值不超过表1-5给出的重复性限，超过重复性限的情况不超过5%。

表 1-5　各浓度范围的重复性

浓度范围/（mg·m⁻³）	重复性限（%）
1~14	0.57
14~100	4.2
100~200	9.2
200~600	20.9
600~1 000	27.6

八、思考题

（1）简述氧化微库仑法测定天然气中总硫含量的原理并阐述测定过程中的影响因素。

（2）为什么要及时更换电解液？若不及时更换电解液对测定结果有何影响？

试验三　冷却镜面目测法测定天然气烃露点

一、试验目的

（1）掌握露点的概念，了解天然气含水的危害；

（2）掌握冷却镜面目测法测定天然气烃露点的原理与操作过程；

（3）了解冷却镜面目测法的适用范围。

二、测量原理及适用范围

（1）测量原理：在恒定测试压力下，天然气样品以一定流量流经露点测试仪测定室中的抛光金属镜面，该镜面温度可人为降低并能准确测量。当气体随着镜面温度的逐渐降低，刚开始析出烃凝析物时，此时所测量到的镜面温度为该压力下气体的烃露点。

注：烃露点和水露点在镜面上形成形状和颜色的区别见《天然气烃露点的测定　冷却镜面目测法》（GB/T 27895—2011）附录 A。

（2）适用范围：适用于经处理的单相管输天然气，不适用于含液相烃类的天然气。

三、仪器及材料和试剂

（1）能在天然气的实际温度条件下于测量点测定露点温度并满足下列要求的冷却镜面露点仪：①露点温度的测量范围为冷却剂制冷达到的温度~环境温度；②仪器使用和运输环境温度为-40~+40℃；③满足站场防爆要求；④镜面温度测量可精确到±0.5℃，分辨

16

率 0.1℃。

（2）压力表：最高测量压力可达 15 MPa，精度等级不低于 1.0。

（3）冷却剂：符合相关标准的液态二氧化碳、液氮、液态丙烷和丙-丁烷混合物等。本试验采用液氮作为冷却剂。

（4）溶剂：丙酮或石油醚，分析纯。

（5）卫生棉球。

四、准备工作

（1）露点仪测量镜面应仔细用卫生棉球蘸取丙酮或石油醚清洗。

（2）系统检漏，用肥皂泡膜检查测试系统气密性。

（3）在天然气流量不超过 3 L/min 的条件下，吹扫气体管线 5~10 min。

（4）根据仪器操作说明书的要求开启和准备露点仪。

（5）在准确测量烃露点前应进行初测，以调节冷却速率。

五、取样

按照《天然气取样导则》（GB/T 13609—2012）的要求进行取样，取样过程中，应避免冷凝烃从取样管线析出或从取样管线壁解吸烃蒸气。为此，取样管线的温度应比估计的天然气烃露点高 3℃以上。必要时，取样管线应进行保温和加热。

六、露点的测定

（1）调节露点仪出口排气阀，使气体流量达到 1~3 L/min。

（2）使用冷却剂，以不超过 1℃/min 的速率降低镜面温度。当接近初测的露点温度时，冷却速率降至 0.5℃/min。

（3）观察镜面和内部温度显示，注意不锈钢镜面，当出现第一滴烃露时，记下结露温度和测试压力。

（4）停止冷却，关闭气源，放空测定室内的气体，拆下镜面，用石油醚清洗镜面。

（5）重复测量，直到连续两次所测结露温度差值在 2.0℃以内。

七、结果的处理

（1）当两次测定结果相差在 2.0℃以内时，将两次测量结果的平均值作为该压力下测得烃露点的结果；如果两次重复测定结果差值超过 2.0℃，应重新测定。

（2）计算烃露点（t_d）按下式计算

$$t_{\mathrm{d}} = \frac{t_1 + t_2}{2} \qquad\qquad (1-12)$$

式中，t_1 为结果相差 2.0℃ 以内的第一次测量的烃露点，℃；t_2 为结果相差 2.0℃ 以内的第二次测量的烃露点，℃。

八、思考题

(1) 什么是烃露点？简述测定天然气露点的意义。

(2) 天然气含水的危害有哪些？请举例说明。

试验四　气相色谱法分析天然气的组成

一、试验目的

(1) 了解天然气的组成类型及含量范围；

(2) 了解气相色谱中色谱分离原理及使用 TCD 检测器需要注意的事项；

(3) 掌握气相色谱法测定天然气组成的操作过程及各组分含量的计算。

二、天然气组分与浓度范围

天然气组分与浓度范围见表 1-6。

表 1-6　天然气的组成及浓度范围

组　分	浓度范围（摩尔分数）y（%）
氢	0.01 ~ 10
氦	0.01 ~ 10
氧	0.01 ~ 20
氮	0.01 ~ 100
二氧化碳	0.01 ~ 100
甲烷	0.01 ~ 100
乙烷	0.01 ~ 100
丙烷	0.01 ~ 100
异丁烷	0.01 ~ 10
正丁烷	0.01 ~ 10
新戊烷	0.01 ~ 2
异戊烷	0.01 ~ 2
正戊烷	0.01 ~ 2
己烷	0.01 ~ 2
庚烷和更重组分	0.01 ~ 1
硫化氢	0.3 ~ 30

三、方法概要

具有代表性的气样和已知组成的标准混合气（以下简称标准气），在同样的操作条件下，用气相色谱法进行分离。样品中许多重尾组分可以在某个时间通过改变流过柱子载气的方向，获得一组不规则的峰，这组重尾组分可以是 C_5 和更重组分，C_6 和更重组分，或 C_7 和更重组分。由标准气的组成值，通过对比峰高、峰面积或者两者均对比，计算获得样品的相应组成。

四、仪器、材料和试剂

1. 仪器

（1）气相色谱仪：能进行程序升温，配有热导检测器。要求对于正丁烷摩尔分数为 1% 的气样，进样 0.25 mL，至少应产生 0.5 mV 的信号。

（2）进样系统：必须选用对气样中的组分呈惰性和无吸附性的材料制成，应优先选用不锈钢。进样系统应配备带定量管的进样阀，定量管体积为 0.25~2 mL，内径小于 2 mm 的应带恒温加热器。

（3）气路系统：流量保持恒定、恒温操作，色谱柱温保持恒定、程序升温，柱温不高于柱内填充物的最高使用温度。

（4）色谱柱：色谱柱的材料必须对气样组分呈惰性和无吸附性，优选不锈钢管，柱内填充物应能对被检测的成分达到满意的分离效果。

1）吸附柱。必须能完全分离氧、氮和甲烷，分离度 R 必须大于或等于 1.5，分离度按下式计算

$$R = 2(t_2 - t_1)/(W_2 + W_1) \qquad (1-13)$$

式中，t_2 为相邻的两个峰中，第一个色谱峰的绝对保留时间，s；t_1 为第二个色谱峰的绝对保留时间，s；W_1 为第一个色谱峰的峰宽，s；W_2 为相邻的第二个色谱峰的峰宽，s。

图 1-7 是采用吸附柱获得的一例典型色谱图。色谱条件：色谱柱 13X 分子筛，0.28~0.18 mm（60~80 目）；柱长 2 m；载气为氦气，30 mL/min；进样量为 0.25 mL。

2）分配柱。必须能分离二氧化碳和乙烷到戊烷之间的各组分。在丙烷之前的组分，峰返回基线的程度应在满标量的 2% 以内。二氧化碳的分离度 R 必须大于或等于 1.5。要求对于二氧化碳摩尔分数为 0.1% 的气样，进样 0.25 mL 时要求能产生一个清晰可测的峰。整个分离过程（包括正戊烷之后，通过反吹获得的己烷和更重组分的一组响应）应在 40 min 内完成。图 1-8 至图 1-10 是采用某些分配柱获得的典型色谱实例，图 1-11 是多柱应用获得的典型色谱实例。

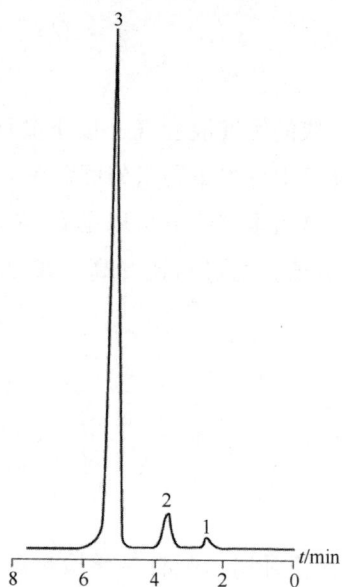

图 1-7 分离氧、氮和甲烷的典型色谱图

1—氧；2—氮；3—甲烷

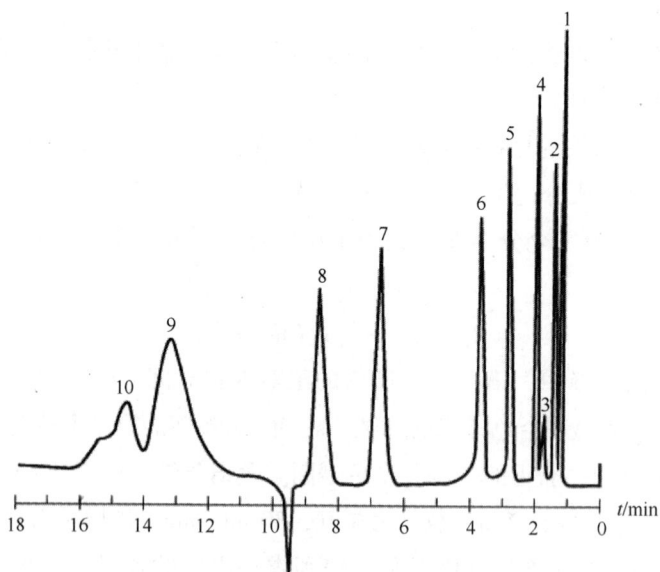

图 1-8 天然气典型色谱图一

1—甲烷和空气；2—乙烷；3—二氧化碳；4—丙烷；5—异丁烷；6—正丁烷

7—异戊烷；8—正戊烷；9—庚烷及更重组分；10—己烷

（色谱条件：色谱柱 25%BMEE，Chromosorb P；柱长 7 m；柱温 25℃；

载气为氦气，40 mL/min；进样量 0.25 mL）

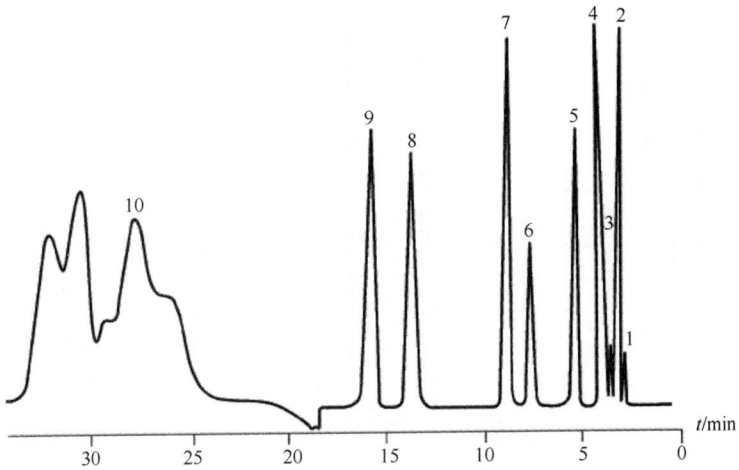

图 1-9　天然气典型色谱图二

1—空气；2—甲烷；3—二氧化碳；4—乙烷；5—丙烷；6—异丁烷

7—正丁烷；8—异戊烷；9—正戊烷；10—己烷及更重组分

（色谱条件：色谱柱 Silicone 200/500，Chromosorb P AW；柱长 10 m；柱温 25℃；

载气为氢气，40 mL/min；进样量 0.25 mL）

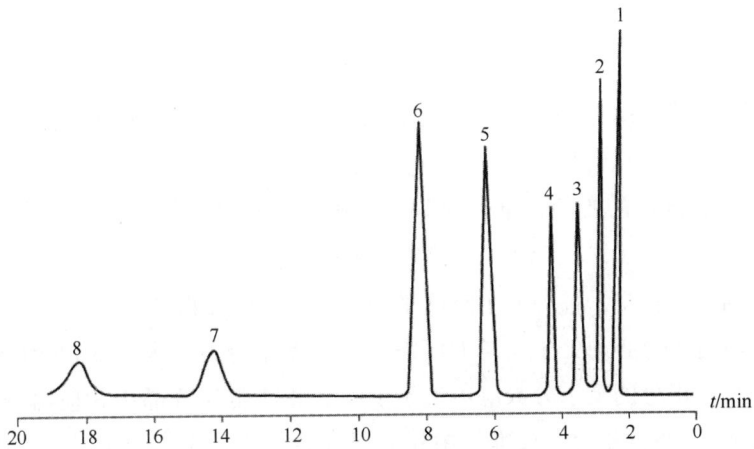

图 1-10　天然气典型色谱图三

1—甲烷和空气；2—乙烷；3—二氧化碳；4—丙烷；5—异丁烷；

6—正丁烷；7—异戊烷；8—正戊烷

（色谱条件：色谱柱 3 m DIDP+6 m DMS；载气为氢气，75 mL/min；进样量 0.50 mL）

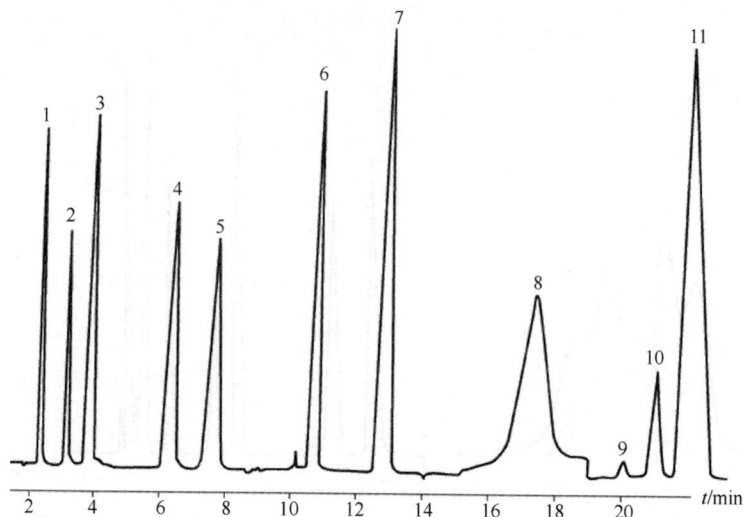

图 1-11　天然气典型色谱图（多柱应用）

1—丙烷；2—异丁烷；3—正丁烷；4—异戊烷；5—正戊烷；6—二氧化碳；7—乙烷

8—己烷及更重组分；9—氧；10—氮；11—甲烷

（色谱条件：①色谱柱 1：Squalance，Chromosorb P AW，80~100 目，柱长 3 m；

②色谱柱 2：Porapak N，80~100 目，柱长 2 m；③色谱柱 3：5A 分子筛，80~100 目，柱长 2 m）

2. 材料与试剂

（1）载气：氦气或氢气，体积分数不低于 99.99%；氩气或氩气，体积分数不低于 99.99%。

（2）标准气：分析需要的标准气可采用国家二级标准物质，或按《气体分析　校准用混合气体的制备　称量法》（GB/T 5274—2008）制备。

在氧和氮组分分析中，稀释的干空气是一种适用的标准物。

标准气的所有组分必须处于均匀的气态。对于摩尔分数不大于 5% 的组分，与样品相比，标准气中相应组分的摩尔分数应不大于 10%，也不低于样品中相应组分浓度的 50%。对于摩尔分数大于 5% 的组分，标准气中相应组分的浓度，应不低于样品中组分浓度的一半，也不大于该组分浓度的 2 倍。

四、试验步骤

1. 仪器的准备

按照分析要求，安装好色谱柱。接通载气气源并调整到合理压力范围内；打开气相色谱仪总电源，在气相色谱仪上调整载气流量以满足试验要求，设置柱温、进样口与 TCD

检测器温度，设置 TCD 检测器电流，在确保载气已经接通后启动 TCD 检测器，运行仪器确保稳定。

（1）线性检查：对于摩尔分数大于 5% 的任何组分，必须获得其线性数据。在宽浓度范围内，色谱检测器并非真正的线性，应在与被测样品浓度接近的范围内，建立其线性。

对于摩尔分数不大于 5% 的组分，可在 2~3 个标准大气压下，用进样阀进样，获得组分浓度与响应的数据。

对于摩尔分数大于 5% 的组分，可用纯组分或一定浓度的混合气，在一系列不同的真空压力下，用进样阀进样，获得组分浓度与响应的数据。

将线性检查获得的数据制作成表格，并以此来评价检测器的线性，表 1-7 和表 1-8 分别是甲烷和氮气线性评价表的示例。

表 1-7　甲烷的线性评价

峰面积 A	摩尔分数 y（%）	y/A	y/A 之间的偏差（%）
223 119 392	51	$2.285\ 8\times10^{-7}$	
242 610 272	56	$2.308\ 2\times10^{-7}$	-0.98
261 785 320	61	$2.330\ 2\times10^{-7}$	-0.95
280 494 912	66	$2.353\ 0\times10^{-7}$	-0.98
299 145 504	71	$2.373\ 4\times10^{-7}$	-0.87
317 987 328	76	$2.390\ 0\times10^{-7}$	-0.70
336 489 056	81	$2.407\ 2\times10^{-7}$	-0.72
351 120 721	85	$2.420\ 8\times10^{-7}$	-0.57

注：y/A 的偏差＝$\left[(y/A)_1-(y/A)_2\right]/(y/A)_1\times100\%$；$y/A$ 之间的偏差是指相临的两个浓度点之间的偏差，以 % 表示。

表 1-8　氮气的线性评价

峰面积 A	摩尔分数 y（%）	y/A	y/A 之间的偏差（%）
5 879 836	1	$1.700\ 7\times10^{-7}$	
29 137 066	5	$1.716\ 0\times10^{-7}$	-0.89
57 452 364	10	$1.704\ 6\times10^{-7}$	-1.43
84 953 192	15	$1.765\ 7\times10^{-7}$	-1.44
111 491 232	20	$1.793\ 9\times10^{-7}$	-1.60
137 268 784	25	$1.821\ 2\times10^{-7}$	-1.53
162 852 288	30	$1.842\ 2\times10^{-7}$	-1.15
187 232 496	35	$1.869\ 3\times10^{-7}$	-1.48

注：y/A 的偏差＝$\left[(y/A)_1-(y/A)_2\right]/(y/A)_1\times100\%$；$y/A$ 之间的偏差是指相临的两个浓度点之间的偏差。

（2）在不同真空压力下的线性步骤：①将纯组分气源和样品进样系统连接，样品进样系统必须处于真空状态并且密封；②小心打开针阀，让纯组分气体进入该系统并且使绝对压力达到 13 kPa；③准确记录分压，打开样品阀，将样品注入色谱柱，记录纯组分的峰面积；④重复步骤①和②，让压力计读数分别为 26 kPa、39 kPa、52 kPa、65 kPa、78 kPa 和 91 kPa，记录相应压力下每一次样品分析获得的色谱峰的面积。

（3）线性检查注意事项：①在大气压下，氮气、甲烷和乙烷的可压缩性小于 1%。天然气中的其他组分，在低于大气压下，仍具有明显的可压缩性；②对于蒸气压小于100 kPa的组分，由于没有足够的蒸气压，不能用纯气体来检测其线性。对于这类组分，可用氮气或甲烷与之混合，由此获得其分压，并使总压达到 100 kPa。天然气中常见组分在 38℃下的饱和蒸气压见表 1-9；③可采用一个含有各种待测组分的标准气，通过在不同的压力下，分别进样的方法来进行线性检查。

表 1-9　天然气中各组分在 38℃时的蒸气压

组　　分	绝对压力/kPa
N_2	>34 500
CH_4	>34 500
CO_2	>5 520
C_2H_6	>5 520
H_2S	2 720
C_3H_8	1 300
iC_4H_{10}	501
nC_4H_{10}	356
iC_5H_{12}	141
nC_5H_{12}	108
nC_6H_{14}	34. 2
nC_7H_{16}	11. 2

2. 仪器重复性检查

当仪器稳定后，两次或两次以上连续进标准气检查，每个组分响应值相差必须在 1% 以内。在操作条件不变的前提下，无论是连续两次进样，还是最后一次与以前某一次进样，只要它们每个组分相差在 1% 以内，都可作为随后气样分析的标准，推荐每天进行校正操作。

3. 气样的准备

如果需要脱除硫化氢，有两种方法可供使用参考《天然气的组成分析　气相色谱法》

（GB/T 13610—2014）附录 B。

在实验室，样品必须在比取样时气源温度高 10~25℃ 的温度下达到平衡。温度越高，平衡所需时间就越短（300 mL 或更小的样品容器，约需 2 h）。本方法假定，在现场取样时已经脱除了夹带在气体中的液体。

如果气源温度高于实验室温度，那么气样在进入色谱仪之前需预先加热。如果已知气样的烃露点低于环境最低温度，就不需加热。

4. 进样

为了获得检测器对各组分，尤其是对甲烷的线性响应，进样量不应超过 0.5 mL。除了微量组分，使用这样的进样量，都能获得足够的精密度。测定摩尔分数不高于 5% 的组分时，进样量允许增加到 5 mL。

样品瓶到仪器进样口之间的连接管线应选用不锈钢或聚四氟乙烯管，不得使用铜、聚乙烯、聚氯乙烯或橡胶管。

（1）吹扫法：打开样品瓶的出口阀，用气样吹扫包括定量管在内的进样系统。对于每台仪器必须确定和验证所需的吹扫量。定量管进样压力应接近大气压，关闭样品瓶阀，使定量管中的气样压力稳定。然后立即将定量管中气样导入色谱柱中，以避免渗入污染物。

（2）封液置换法：如果气样是用封液置换法获得，那么可用封液置换瓶中气样吹扫包括定量管在内的进样系统。某些组分，如二氧化碳、硫化氢、己烷和更重组分可能被水或其他封液部分或全部脱除，当精密测定时，不得采用封液置换法。

（3）真空法：将进样系统抽空，使绝对压力低于 100 Pa，将与真空系统相连的阀关闭，然后仔细地将气样从样品瓶充入定量管至所要求的压力，随后将气样导入色谱柱。

5. 分离乙烷和更重组分、二氧化碳的分配柱操作

使用氦气或氢气作载气，选择合适的进样量进样，并在适当时间反吹重组分。按同样方法获得标准气相应的响应。如果此色谱柱能将甲烷与氮和氧分离（图 1-9），那么也可用此柱来测定甲烷，但进样量不得超过 0.5 mL。

6. 分离氧、氮和甲烷的吸附柱操作

使用氦气或氢气作载气，对于甲烷的测定，进样量不得超过 0.5 mL，进样获得气样中氧、氮和甲烷的响应。按同样方法获得氮和甲烷标准气的响应。如有必要，导入在一定真空压力下并且压力被精确测量的干空气或经氦气稀释的干空气，获得氧和氮的响应。

氧含量约为 1% 的混合物可按以下方法制备，将一个常压干空气气瓶用氦气充压到 2 MPa，此压力不需精确测量。此混合物氮的摩尔分数乘以 0.268，就是氧的摩尔分数，或者乘以 0.280 就是氧加氩的摩尔分数，几天前制备的氧标准气是不可靠的。由于氧的响

应因子相对稳定，对于氧允许使用响应因子。

7. 分离氦气和氢气的吸附柱操作

使用氮气或氩气作载气，进样 1~5 mL。记录氦和氢的响应，按同样方法获得合适浓度氦和氢标准气相应的响应（图 1-12）。

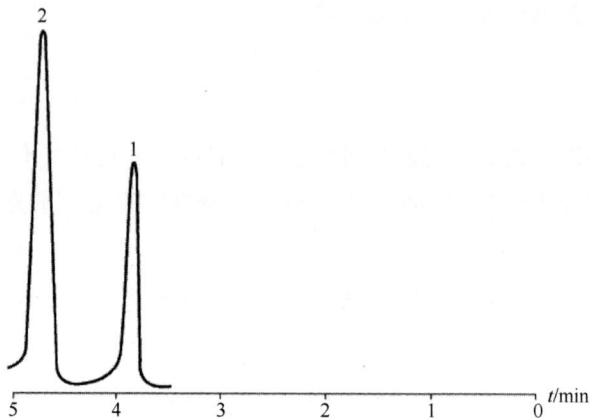

图 1-12　分离氦和氢的典型色谱图
1—氦；2—氢

（色谱条件：色谱柱 13X 分子筛；柱长 2 m；柱温 50℃；检测器电流 100 mA；载气为氩气，40 mL/min）

五、数据处理

1. 外标法

（1）戊烷和更轻组分：测量每个组分的峰高或峰面积，将气样和标准气中相应组分的响应换算到同一衰减，气样中 i 组分的浓度 y_i 按下式计算

$$y_i = y_{si}(H_i/H_{si}) \qquad (1-14)$$

式中，y_{si} 为标准气中 i 组分的摩尔分数，%；H_i 为气样中 i 组分的峰高或峰面积；H_{si} 为标准气中 i 组分的峰高或峰面积，H_i 和 H_{si} 用相同的单位表示。

如果是在一定真空压力下导入空气作氧或氮的标准气，按下式进行压力修正

$$y_i = y_{si}\left(\frac{H_i}{H_{si}}\right)(p_a/p_b) \qquad (1-15)$$

式中，p_a 为空气进样时的绝对压力，kPa；p_b 为空气进样时，实际的大气压力，kPa。

（2）己烷和更重组分：测量反吹的己烷、庚烷及更重组分的峰面积，并在同一色谱图上测量正、异戊烷的峰面积，将所有的测量峰面积换算到同一衰减（补充方法见 GB/T

13610—2014 附录 B，色谱柱的排列参见附录 C）。气样中己烷（C_6）和碳七加（C_7^+）的浓度按下式计算

$$y(C_n) = \frac{y(C_5)A(C_n)M(C_5)}{A(C_5)M(C_n)} \qquad (1-16)$$

式中，$y(C_n)$ 为气样中碳数为 n 的组分的摩尔分数，%；$y(C_5)$ 为气样中异戊烷与正戊烷摩尔分数之和，%；$A(C_n)$ 为气样中碳数为 n 的组分的峰面积；$A(C_5)$ 为气样中异戊烷和正戊烷的峰面积之和，$A(C_n)$ 和 $A(C_5)$ 用相同的单位表示；$M(C_n)$ 为戊烷的相对分子质量，取值为 72；$M(C_5)$ 为碳数为 n 的组分的相对分子质量，对于 C_6，取值为 86，对于 C_7^+，为平均相对分子质量。

如果异戊烷和正戊烷的浓度已通过较小的进样量单独进行了测定，那么就不需重新测定。

（3）归一化：将每个组分的原始含量值乘以 100，再除以所有组分原始含量值的总和，即为每个组分归一的摩尔分数，所有组分原始含量值的总和与 100.0% 的差值不应超过 1.0%，气样的计算示例参见 GB/T 13610—2014 附录 E。

六、精密度

（1）重复性（r）：由同一操作人员使用同一仪器，对同一气样重复分析获得的结果，如果连续两个测定结果的差值超过了表 1-10 规定的数值，应视为可疑。

表 1-10　精密度

组分浓度范围（摩尔分数）y（%）	重复性（%）	再现性（%）
0~0.09	0.01	0.02
0.1~0.9	0.04	0.07
1.0~4.9	0.07	0.10
5.0~10	0.08	0.12
>10	0.20	0.30

（2）再现性（R）：对同一气样由两个实验室提供的分析结果，如果差值超过了表 1-10 规定的数值，每个实验室的结果都应视为可疑。

七、关机

试验完成后，将进行关机程序。执行以下步骤：①关闭 TCD 检测器的电流；②启动检测器、柱温、进样口的降温程序，待 TCD 检测器降至允许的温度后，关闭仪器总电源；③切断载气气源。

八、思考题

（1）为保证 TCD 检测器的正常使用与维持其使用寿命，在使用过程中需要注意哪些问题？

（2）简述气相色谱分析天然气成分的基本原理。

（3）简述用氢气为载气分析甲烷含量时应该注意哪些问题？

第二章 轻质油品与润滑油分析

试验一 石油产品运动黏度与动力黏度的测定

一、试验目的

(1) 了解液体黏度概念，了解石油产品运动黏度与动力黏度之间的关系；

(2) 掌握利用玻璃毛细管黏度计测定石油产品运动黏度的方法与操作过程；

(3) 了解影响运动黏度测定的因素及有关事项。

二、术语及试验概要

1. 术语

(1) 运动黏度（kinematic viscosity）：重力作用下液体流动时所受的内摩擦力。符号为 v，单位为 m^2/s，常用 mm^2/s。

注：对于给定的液体静压头下的重力流动，液体的压头与其密度 ρ 成比例。对于特定的黏度计，一定体积的液体流过的时间是直接与运动黏度 v 成比例的，即 $v = \dfrac{\eta}{\rho}$，η 为动力黏度系数。

(2) 动力黏度（dynamic viscosity）：液体剪切应力与剪切速率之比，有时也称作动力黏度系数，或简称黏度。因此动力黏度是用来衡量液体流动或变形的阻力的量。符号为 η，单位为 $Pa \cdot s$，常用 $mPa \cdot s$。

注：某些场合下，动力黏度用于表示一个与频率相关的量，即剪切应力和剪切速率随时间变化的正弦曲线。

2. 方法概要

在已知严格控制的温度下及可重现的驱动压头条件下，测量一定体积的液体的重力作用下流过已校准的玻璃毛细管黏度计的时间，所测量的时间与黏度计校准常数之积即为液体的运动黏度。由运动黏度与液体密度的乘积得到其动力黏度。

三、试剂与材料

1. 试剂

（1）清洗液：铬酸洗液或不含铬的强氧化性酸洗液。

（2）样品溶剂：能够与样品完全混溶，使用前过滤。

（3）干燥溶剂：易挥发且可与样品溶剂、水混合，使用前过滤。

（4）水：去离子水或蒸馏水，符合《分析实验室用水规格和试验方法》（GB/T 6682—2008）中三级水的要求。

2. 材料

（1）黏度标准油：用作试验过程符合性的核查。可以采用符合《玻璃毛细管运动黏度计 规格和操作说明》（GB/T 30514—2014）中规定的黏度标准油。也可以采用符合《黏度标准油》[SH/T 0526—92（1998）] 所规定的黏度标准油。

（2）测试材料：0 号柴油 20℃运动黏度：$3\sim8$ mm^2/s；L-TSA 46 防锈汽轮机油 40℃运动黏度：$42\sim50$ mm^2/s；在用发动机油（或废机油，SL 10W-40）100℃运动黏度：$12.9\sim15.6$ mm^2/s，分析前需经过脱水与过滤处理。

四、仪器

1. 黏度计

玻璃毛细管黏度计类型见表 2-1，应符合《玻璃毛动管运动黏度计 规格和操作说明》（GB/T 30514—2014）或《玻璃毛细管黏度计技术条件》（SH/T 0173—1992）的要求，黏度计应校准检定，确保运动黏度测量精密度符合要求。

对于自动黏度计，如果其运动黏度测量精密度在《透明和不透明液体石油产品运动黏度测定法及动力黏度计算法》（GB/T 30515—2014）的规定之内，则也可以采用。当运动黏度小于 10 mm^2/s，且流动时间小于 200 s 时，需要按照标准进行动能修正。

黏度计应按 GB/T 30514—2014 或《工作毛细管粘度计检定规程》（JJG 155—1991）中的规定进行校准或检定，并确定黏度计常数。

说明：测定温度在 $15\sim100$℃的浅色透明石油产品运动黏度，常用平开维奇黏度计，见图 2-1；测定 150℃或以上温度的浅色透明石油产品运动黏度，采用硬质玻璃的乌氏黏度计，见图 2-2；测定温度在 $15\sim100$℃的深色不透明石油产品运动黏度，采用坎农-芬斯克不透明黏度计，见图 2-3。

表 2-1 玻璃毛细管黏度计类型及测量范围

类型	黏度计名称	运动黏度范围*/（mm²·s⁻¹）
A	适用于透明液体的改进型奥斯特瓦尔德黏度计：	
	坎农-芬斯克常规黏度计**	0.5~20 000
	蔡特富克斯黏度计	0.6~3 000
	BS/U 型黏度计**	0.9~10 000
	BS/U/M 小型黏度计	0.2~100
	SIL** 黏度计	0.6~10 000
	坎农-曼宁半微量黏度计	0.4~20 000
	平开维奇** 黏度计（推荐使用 SH/T 0173—1992 中的 BMN-1 型和 BMN-2 型黏度计）	0.6~17 000
B	适用于透明液体的悬液式黏度计：	
	BS/IP/SL** 黏度计	3.5~100 000
	BS/IP/SL（S）** 黏度计	1.05~10 000
	BS/IP/MSL 黏度计	0.6~3 000
	乌别洛德** 黏度计	0.3~100 000
	菲茨西蒙斯黏度计	0.6~1 200
	艾特兰泰克** 黏度计	0.75~5 000
	坎农-乌别洛德（A），坎农-乌别洛德稀释（B）** 黏度计	0.5~100 000
	坎农-乌别洛德半微量黏度计	0.4~20 000
	DIN 乌别洛德黏度计	0.35~50 000
C	适用于透明和不透明液体的逆流黏度计：	
	坎农-芬斯克不透明黏度计（同 SH/T 0173—1992 中 BMN-3 型黏度计）	0.4~20 000
	蔡特富克斯十字臂黏度计	0.6~100 000
	BS/IP/RF U 形逆流黏度计	0.6~300 000
	兰茨-蔡特富克斯逆流黏度计	60~100 000

注：* 每个运动黏度范围均需要一系列的黏度计，为了避免动能修正，这些黏度计设计的流动时间要超出 200 s，在 GB/T 30514—2014 中有特别注明的除外。

** 在这一系列的黏度计中，对于具有最小标称黏度计常数的黏度计，其最小流动时间要超出 200 s。

2. 黏度计夹持器

当黏度计构造为所装液体的上弯月面正对其下弯月面时，夹持器应确保悬挂的黏度计在各方向上与垂直方向偏离小于 1°；当黏度计构造与所装液面的上弯月面与其下弯月面位置有所偏移时，夹持器应确保悬挂的黏度计在各方向上与垂直方向偏离小于 0.3°。

注：垂直方向可通过使用铅垂线来确定，但是对于边角不透明的矩形浴，利用铅垂线就不能得到完全满意的效果。

3. 恒温浴

（1）恒温浴采用透明液体作为介质，并具有足够的深度，应在整个测量过程中，使恒温浴液面高于黏度计内试样液面 20 mm 以上，黏度计底部高于恒温浴底 20 mm 以上。

（2）温度控制应满足以下要求：对于一系列流动时间的测定，在 15~100℃ 范围内，在黏度计长度方向的任意点、或各黏度计之间、或在温度计位置处的恒温浴介质温度与设定温度之差不应超过±0.02℃；对于在 15~100℃ 范围之外的温度时，恒温浴介质温度与设定温度之差不应超过±0.05℃。

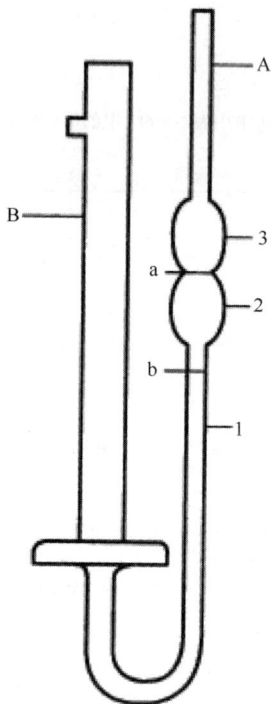

图 2-1　平开维奇黏度计

1—毛细管；2，3—扩张部分；a，b—计时区域

4. 温度测量装置

（1）测定温度在 0~100℃ 范围内，可使用经校准的精度为±0.02℃ 或更高的玻璃液体温度计，或者其他具有相同精度的测量装置。同一恒温浴中使用两支温度计时，两支温度计相差不应超过 0.04℃。

（2）测定温度在 0~100℃ 范围之外的温度时，可使用经校准的精度为±0.05℃ 或更高的玻璃液体温度计，或者其他具有相同精度的测量装置。同一恒温浴中使用两支温度计时，两支温度计相差不应超过 0.1℃。

（3）本试验中 L-TSA 46 防锈汽轮机油测定温度为 40℃ 与 100℃；在用（或废）发动机油 SL 10W-40 测定温度为 100℃。

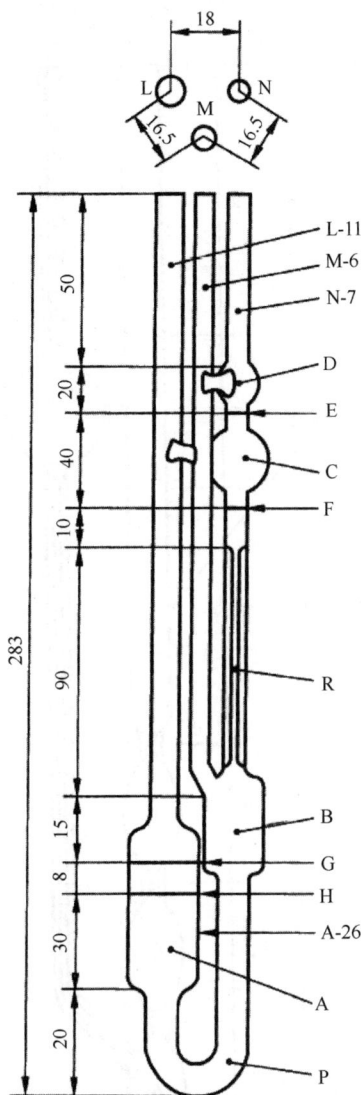

图 2-2　乌别洛德黏度计（单位：mm）

A—下贮球；B—悬置水平球；C—计时球；D—上球；E，F—计时标线；

G，H—装样标线；L—夹持管；M—下通气管；N—上通气管；

P—连接管；R—工作毛细管

5. 计时器

精确至 0.1 s 或者更高，测量时间在 200~900 s 范围内，读取的精度在 ±0.07% 以内。

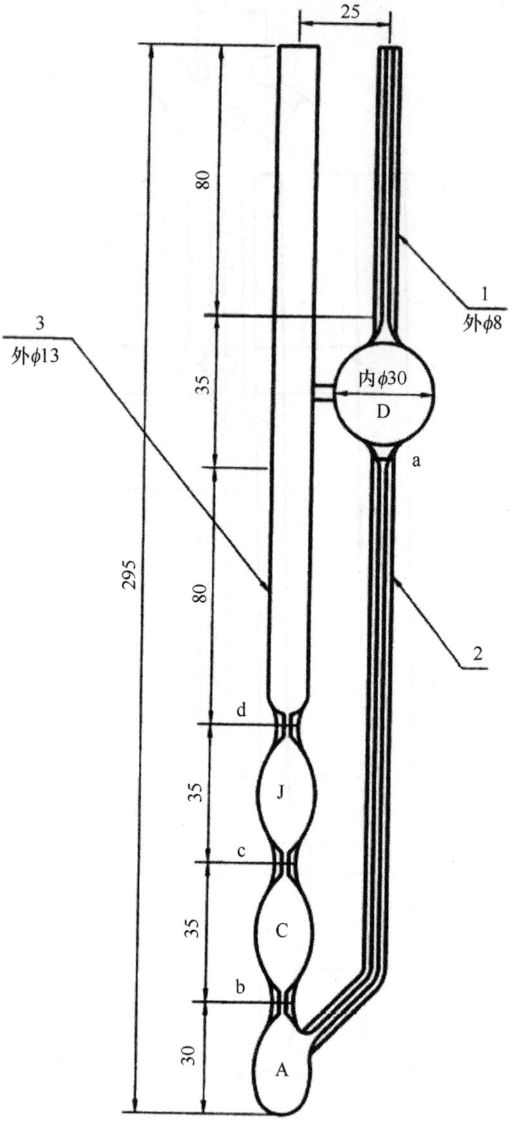

图 2-3　坎农-芬斯克不透明黏度计（单位：mm）

1，3—管身；2—毛细管；a、b、c、d—标线；D、A、C、J—球

五、试验步骤

1. 透明液体运动黏度的测定

（1）按照仪器的设计要求，浴温恒温到指定的测定温度。将 L-TSA 46 防锈汽轮机油装入选取好的黏度计，并放置于恒温浴中。调整和维持黏度计恒温浴至设定温度，温度计

应垂直悬挂在浴中合适的位置（若样品中含有固体颗粒，则试样在装入黏度计前需要使用75 μm的滤网进行过滤；如果试样中含水，必要时用滤纸过滤脱水）。

注意：选取的黏度计在测定温度下样品的流动时间不能少于200 s，或GB/T 30514—2014中所规定的更长的时间。

使用平开维奇（平氏）玻璃黏度计测定运动黏度。根据所选择测试样品情况及所给出的黏度范围选取合适的玻璃黏度计。使用平开维奇（平氏）玻璃黏度计装试样时，首先将黏度计倒置，然后将黏度计A端的入口深入试样中，用手堵住B侧的大口后，用洗耳球从黏度计B侧的小口将待测试样吸入黏度计中，到刻度线b时立即停止样品的吸入，迅速将黏度计倒置回来。

注意：吸入液体时不允许中间有气泡产生。

（2）把装好试样的黏度计放置在恒温浴中保持足够长的时间，以达到试验温度。在0~100℃范围内，一般恒温20 min。当一个恒温浴中同时放有多支黏度计时，如果某支黏度计正在测定流动时间，不应放入或者取出另外一支黏度计。

（3）采用洗耳球抽吸（或施压）的方法调整试样的上弯月面到合适的位置，除非在GB/T 30514—2014黏度计操作说明中有其他规定，一般是在毛细管臂第一个计时标线上方7 mm左右。在试样自由流动情况下，测定弯月面流过第一个计时标线至第二个计时标线所需要的时间，精确至0.1 s。若流动时间小于规定的最小流动时间，则选择一支毛细管直径更小的黏度计重新测定。按照本步骤重复测定两次。若两次测定结果符合确定性要求，用两个结果的平均值计算试样的运动黏度；如果两次测定结果不相符，则需要重新清洗、干燥黏度计，过滤试样后，重新测定并记录试验结果。

（4）根据计算试样动力黏度的需要，在与测定运动黏度相同的温度下，按《原油和液体石油产品密度实验室测定法（密度计法）》（GB/T 1884—2000）或《原油和石油产品密度测定法（U形振动管法）》（SH/T 0604—2000）及《石油计量表》（GB/T 1885—1998）测定试样的密度。

（5）黏度计的清洗。首先使用溶剂油或者其他溶剂对黏度计进行清洗，然后用热水清洗，最后用铬酸洗液浸泡后（建议浸泡12~24 h），用蒸馏水清洗残留在黏度计中的铬酸洗液，清洗干净后干燥待用。

2. 不透明液体运动黏度的测定

（1）将浴温控制在试验温度（20℃或40℃或100℃），并保持恒温。通常废机油测定温度为100℃，若需要计算废机油黏度指数，则需同时测定40℃与100℃运动黏度。

（2）在用（或废）发动机油SL 10W-40经过滤与脱水后待用。将试样装入两支坎农-芬斯克玻璃黏度计。将无水、无杂质、有代表性的试样装入黏度计。

注意：对于热裂解汽缸油和黑色润滑油（如正在使用或使用过的发动机油），为保证试样有代表性，必须对其进行脱水、过滤处理（75 μm 的过滤膜）；对于需加热处理的试样，使用一个预热加热过滤过程中凝固。其他燃料油及类似的多蜡产品，取样要尽量减少受热过程对运动黏度测量的影响。

（3）将装好试样的黏度计放置在恒温浴中，保持 20 min 以上，当一个恒温浴中同时放有多支黏度计时，如果某支黏度计正在测定流动时间，不应放入或者取出另外一支黏度计。

（4）当试样自由流动时，记录试样从第一个计时标线到第二个计时标线的时间，在停止第一个计时器的同时启动第二个计时器，当达到第三个计时标线的同时停止第二个计时器，记录流过的时间，精确至 0.1 s。

（5）计算运动黏度：由于一支坎农-芬斯克玻璃黏度计有两个黏度计且系数是不同的，根据各个黏度计系数与流动时间的乘积得到各黏度计的运动黏度，计算其算术平均值即为该试样的运动黏度。若两次测定值不能满足要求，需测定清洗、干燥黏度计和对试样过滤后重新测定。

（6）根据计算试样动力黏度的需要，在与测定运动黏度相同的温度下，按《原油和液体石油产品密度实验室测定法（密计计法）》（GB/T 1884—2000）或《原油和石油产品密度测定法（U 形振动管法）》（SH/T 0604—2000）及《石油计量表》（GB/T 1885—1998）测定试样的密度。

（7）黏度计的清洗。首先使用溶剂油或者其他溶剂对黏度计进行清洗，然后用热水清洗，最后用铬酸洗液浸泡后（建议浸泡 12~24 h），用蒸馏水清洗残留在黏度计中的铬酸洗液，清洗干净后干燥待用。

六、计算

1. 运动黏度计算

试样的运动黏度 v 按下式计算

$$v = C \times t \qquad (2-1)$$

式中，v 为运动黏度，mm^2/s；C 为黏度计常数，mm^2/s^2；t 为流动时间，s。

2. 动力黏度计算

试样的动力黏度 η 按下式计算

$$\eta = v \times \rho \times 10^{-3} \qquad (2-2)$$

式中，η 为试样的动力黏度，$mPa \cdot s$；v 为试样的运动黏度，mm^2/s；ρ 为在与测定运动黏度时相同的温度下的试样密度，kg/m^3。

七、结果表示

报告试样的运动黏度和（或）动力黏度的试验结果，取 4 位有效数字。

八、精密度

按下述规定判断试验结果的可靠性（95% 置信水平）。

（1）确定性（d）：在同一实验室，由同一操作者，使用同一仪器操作，对得到一个试验结果进行连续测定的测定值之差不应超过表 2-2 的要求。

表 2-2　确定性

样品	温度/℃	确定性
基础油	40 和 100	$0.002\,0y$ 或 $0.20\%y$
调和润滑油	40 和 100	$0.001\,3y$ 或 $0.13\%y$
调和润滑油	150	$0.01\,5y$ 或 $1.5\%y$
石油蜡	100	$0.008\,0y$ 或 $0.80\%y$
残渣燃料油	80 和 100	$0.011\,(y+8)$
残渣燃料油	50	$0.017y$ 或 $1.70\%y$
润滑油添加剂	100	$0.001\,06y^{1.1}$
瓦斯油	40	$0.001\,3\,(y+1)$
煤油	−20	$0.001\,8y$

注：y 为所比较的两次测定值的平均值。

（2）重复性（r）：在同一实验室，同一操作者，使用同一仪器，在相同条件下对同一试样进行连续测定，得到的两个试验结果之差不应超过表 2-3 的要求。

表 2-3　重复性

样品	温度/℃	重复性/（$mm^2 \cdot s^{-1}$）
基础油	40 和 100	$0.001\,1x$ 或 $0.11\%x$
调笔润滑油	40 和 100	$0.002\,6x$ 或 $0.26\%x$
调和润滑油	150	$0.005\,6x$ 或 $0.56\%x$
石油蜡	100	$0.014\,1x^{1.2}$
残渣燃料油	80 和 100	$0.013\,(x+8)$
残渣燃料油	50	$0.015x$ 或 $1.5\%x$
润滑油添加剂	100	$0.001\,92x^{1.1}$
瓦斯油	40	$0.004\,3\,(x+1)$
煤油	−20	$0.007\,x$

注：x 为所比较的两个重复测定运动黏度试验结果的算术平均值，mm^2/s。

（3）再现性（R）：在不同的实验室，由不同的操作者，使用不同仪器，对同一试样进行测定，得到的两个单一、独立的试验结果之差不应超过表2-4要求。

表2-4 再现性

样品	温度/℃	再现性/（$mm^2 \cdot s^{-1}$）
基础油	40 和 100	$0.006\ 5x$ 或 $0.65\%x$
调和润滑油	40 和 100	$0.007\ 6x$ 或 $0.76\%x$
调和润滑油	150	$0.018x$ 或 $1.8\%x$
石油蜡	100	$0.036\ 6x^{1.2}$
残渣燃料油	80 和 100	$0.04\ (x+8)$
残渣燃料油	50	$0.074x$ 或 $7.4\%x$
润滑油添加剂	100	$0.008\ 62x^{1.1}$
瓦斯油	40	$0.008\ 2\ (x+1)$
煤油	-20	$0.019x$

注：x 为所比较的两个单一独立运动黏度试验结果的算术平均值，mm^2/s。

九、思考题

（1）测定石油产品运动黏度的意义有哪些？

（2）影响测定石油产品运动黏度的因素有哪些？

（3）请根据测定的 L-TSA 46 汽轮机油的 40℃ 与 100℃ 运动黏度，计算该汽轮机油的黏度指数。

试验二 车用汽油蒸气压的测定（雷德法）

一、试验目的

（1）了解测定车用汽油蒸气压的意义；

（2）掌握用雷德法测定车用汽油的蒸气压的操作过程与方法。

二、测定蒸气压的意义与范围

当液体在达到气液平衡时气相所产生的压力称为蒸气压。

蒸气压是挥发性液体的重要物理性质。蒸气压对于车用汽油和航空汽油来说是非常关键的因素，影响车辆（或航空发动机）启动、升温和高温或者高纬度操作时的气阻趋势。在某些地区法律规定汽油的蒸气压限制，以作为防止空气污染的一个重要措施。

原油的蒸气压对于原油生产和炼制的操作、初始炼制加工处理具有重要意义。

蒸气压还可以作为挥发性石油溶剂蒸发率的间接测量方法。

雷德法适用于测定汽油、易挥发性原油及其他易挥发性石油产品的蒸气压，不适用于测定液化石油气的蒸气压。

试样在37.8℃用雷德式饱和蒸气压测定器所测出的蒸气最大压力，称为雷德饱和蒸气压。

三、方法概要与测量范围

将经冷却的试样充入蒸气压测定器的汽油室，并将汽油室与37.8℃的空气室相连接。将该测定仪浸入恒温浴（37.8℃±0.1℃），并定期地振荡，直至安装在测定器上的压力表的压力恒定，压力表读数经修正后即为雷德法蒸气压。

本试验用《石油产品蒸气压的测定　雷德法》（GB/T 8017—2012）中的A法或改进A法（雷德蒸气压低于180 kPa）进行车用汽油蒸气压的测定。

《石油产品蒸气压的测定　雷德法》（GB/T 8017—2012）标准中所列的B法、C法及D法的测定范围及具体操作要求，可参看标准原文。

四、仪器和材料

1. 仪器

采用满足《石油产品蒸气压的测定　雷德法》（GB/T 8017—2012）的仪器测定，见图2-4。

2. 试剂与材料

石油醚（60~90℃，分析纯）；92号车用汽油或其他满足现行车用汽油标准的车用汽油或者其他标号汽油。

五、注意事项

（1）检查压力计：为确保更高的精密度，需在每次试验之后，采用压力测量装置校准试验所用压力计。使压力计处于垂直状态，并在对其轻敲之后，观察其读数。

（2）检查有无泄漏：在试验开始之前和试验过程中，检查整个仪器中的液体室和气体室有无泄漏。

（3）取样：由于最初取样和样品的操作都极大地影响最终结果，所以要采取必要措施并谨慎操作，以避免样品的蒸发损失和组成的微小变化。

最小内φ4.7连接头

连接头 外φ12.7

φ51±3

(b) 液体室（单开口）

254±3

φ51±3

连接头 外φ12.7

阀A

阀B

φ51±3

放空口

连接头 内φ12.7

连接头
外φ6.35

(a) 气体室

(c) 液体室（双开口）

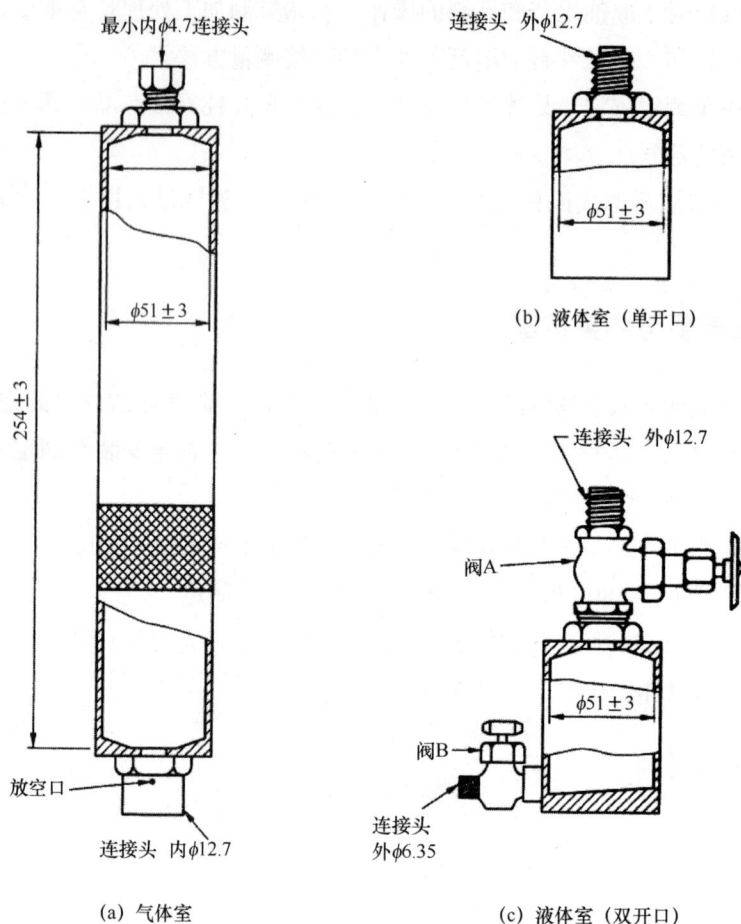

图 2-4　蒸气压测定仪（单位：mm）

注意：在试验进行之前，绝不应使用雷德法仪器的任何部分作为样品的容器。

（4）仪器的清洗：作为一次试验之后要彻底清理压力计、液体室和气体室，以确保其中无残留的试样，为下一次试验做准备。

六、取样

（1）试样的蒸发损失和组成的微小变化对雷德蒸气压的影响是极其灵敏的，因此在取样及试样的转移过程中需要极其小心和谨慎。

（2）按《石油液体手工取样法》（GB/T 4756—2015）的技术要求进行汽油样品采取。

（3）试样容器的尺寸：测定蒸气压的车用汽油样品从 1 L 玻璃容器中移取。

（4）进行雷德蒸气压试验的 1 L 样品容器只能取一次，即第一次从汽油样品容器中提取测试用的试样量。

注意：①1 L玻璃瓶中余下的汽油样品不得进行第二次的蒸气压试验。如需进行第二次试验，应使用新的汽油样品；②汽油样品在试验前应防止过分受热；③泄漏迹象的容器中的汽油样品不得用于试验。应放弃本样品，取新的汽油样品进行试验。

（5）样品处理温度：汽油样品容器在开启前，容器与容器中的汽油样品温度需控制在0~1℃之间。

七、雷德蒸气压的测定

用于雷德蒸气压低于180 kPa的石油产品的测定，也就是《石油产品蒸气压的测定 雷德法》（GB/T 8017—2012）的A法。

1. 准备工作

（1）确认容器中试样的装入量：当92号汽油容器温度在0~1℃之间时，将容器从冷浴或冰箱中取出，并用吸湿材料擦干。如果容器不是透明的，先启封，用适当的计量仪器来确认液体容积的70%~80%。若容器是透明玻璃容器，用适当的方式确认70%~80%的装入量。

注意：①若容器中的汽油样品量不到总容量的70%，不能用于分析雷德蒸气压。②若容器中汽油样品量超过80%，可倒出一些汽油确保在70%~80%的范围内，但倒出的汽油不得再返回本容器。

（2）样品容器中样品的空气饱和：①非透明容器：样品温度在0~1℃之间时，将样品容器从冷浴中取出，并用吸湿性材料擦干，快速开关样品容器盖。重新封盖容器后，剧烈摇动，再将其放回到冷浴中至少2 min。②透明容器：重复两次非透明容器对样品的操作步骤，确保用非透明与透明容器中样品的相同的试样步骤。③重复两次非透明容器对样品的操作步骤两次，将样品容器放回冷浴。

（3）液体室的准备（A法改进步骤）：将密封并直立的液体室和样品的转移连接装置完全浸入0~1℃冰箱或冷浴中，冷却液面不要没过液体室螺口的顶部，放置20 min以上，使液体室和样品转移连接装置均达到0~1℃。要求在操作过程中，应保证液体室和样品转移连接装置的干燥。

（4）气体室的准备（A法改进步骤）：气体室和压力表按要求清洗干燥后，将压力表和气体室连接。将气体室浸入37.8℃±0.1℃的水浴中，使水浴的液面高出气体室顶部至少24.5 mm，并保持在20 min以上，液体室充满试样之前不要将气体室从水浴中取出。

2. 试验步骤

（1）试样的转移：试验的各项准备工作完成以后，将冷却的样品容器从冷浴中取出，开盖，插入经冷却的试样转移连接装置和空气管（图2-5）。将经冷却的液体室尽快地放空，放在试样转移连接装置的试样转移管上。将整个装置很快倒置，最后液体室应保持直立位置，试样转移连接管应延伸到离液体室底部 6 mm 处。试样充满液体室直至溢出，取出移液管，向试验台轻轻地叩击液体室以保证试样不含气泡。使用吸湿性材料将样品容器和液体室外表面擦干，以杜绝样品转移过程中水进入样品容器或液体室中。

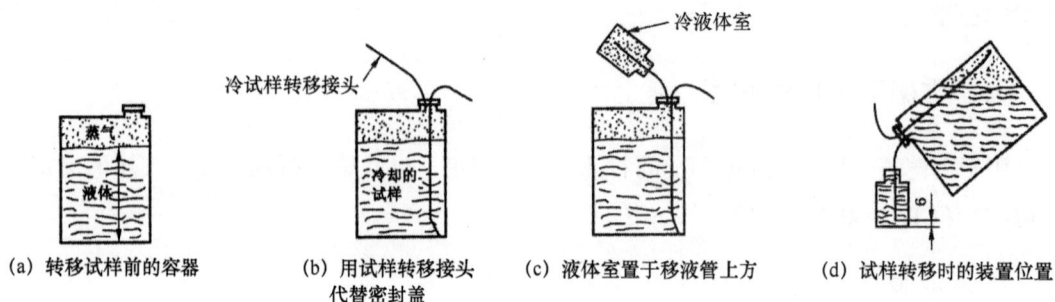

| (a) 转移试样前的容器 | (b) 用试样转移接头代替密封盖 | (c) 液体室置于移液管上方 | (d) 试样转移时的装置位置 |

图 2-5　从样品容器转移至液体室示意图（单位：mm）

（2）仪器的组装：立即将气体室从水浴中取出，并尽快与充完样品的液体室连接，不得有试样溅出，不得有多余动作。从气体室由水浴中拿出到液体室完成连接的时间不得超过 10 s。

对于测定添加含氧化合物的汽油样品的改进步骤，将气体室从水浴中取出后，迅速用吸湿材料将其外表面擦干，特别注意气体室和液体室的连接处的干燥，并在去除气体室的密封后尽快与充完样的液体室连接。

（3）将仪器置于浴中：将装好的蒸气压测定仪倒置，使试样从液体室进入气体室，在气体室仍呈倒置的状态，上下剧烈摇动仪器 8 次，使压力表向上，将蒸气压测定仪浸入温度为 37.8℃±0.1℃ 的水浴中。蒸气压测定仪稍微倾斜，以便使液体室与气体室的连接处刚好位于水面下，检查连接处是否漏气或者漏液。如未发现泄漏，则把蒸气压测定仪浸在水浴中，使水浴的液面高出空气室顶部至少 25 mm。

注意：在整个试验过程中，观察仪器是否漏气或者漏液，若有则本次试验作废。舍弃试样，用新试样重新试验。

（4）添加含氧化合物汽油样品改进步骤的样品状态检查：如果是透明容器盛装样品，在样品转移之前观察到有分层现象，废弃试样和剩余样品，用新试样重新试验。如果样品盛装在不透明容器中，充分搅拌剩余样品，然后迅速将一部分残余样品倒入一个干净的玻璃容器中，观察并证实样品是否出现分层状态。如果观察到剩余样品出现浑浊现象，可继续试验。若样品出现分层状态，废弃试样和剩余样品，用新试样重新试验。

（5）蒸气压的测定：①将装配好的仪器放入水浴至少 5 min 之后，轻轻敲击压力表，并观察其读数。将仪器从水浴中取出，重复仪器置于浴中的操作步骤。在不少于 2 min 的时间间隔中，敲击压力表，观察读数，重复仪器置于浴中的操作步骤，直到完成不少于 5

次的摇动和读数。继续此操作步骤，根据需要，直到最后两次相邻的压力读数相同并显示已达到平衡时为止。读取最后的压力，准确至 0.25 kPa。记录此数值作为试样未经校正的蒸气压。②迅速卸下压力表，将压力表与压力测量装置相连。将压力表和压力测量装置处于同一稳定的压力之下，即压力值应在记录的未经校正蒸气压的 1.0 kPa 之内，将压力表读数同压力测量装置读数对照。若在压力测量装置和压力表的读数之间观察到差值，当压力测量装置的读数较高时，就把此差值加到未经校正的蒸气压上；当压力测量装置的读数较低时，就从未经校正的蒸气压减去此差值，记录此结果作为试样的雷德蒸气压。

（6）为下次试验准备仪器装置：①用 32℃ 的热水灌满气体室而后排出，以测定清除其中的残液。重复这样清洗步骤至少 5 次。以同样的方式清洗液体室。对于添加含氧化合物样品的试样，用以上方式清洗气体室后用干燥空气吹干。将液体室放入冷浴或冰箱，以备下次试验使用，对于添加含氧化合物汽油样品的试样，应将液体室适当密封后再放入冷浴或冰箱备用；气体室的底部（与液体室连接处）也应适当密封，并将准备好的压力表与气体室连接。②如果在水浴中清洗气体室，当气体室通过水面时，要将气体室的底部和上部的口盖严，防止附着浮游试样的油膜。③压力表的准备：将压力表从连接着压力测量装置的支管脱开。采用离心法清除压力表波登管中窝存的液体。待清除完毕后，将压力表连上气体室，置于温度 37.8℃ 的温水浴中，以备下一次试验使用。

八、报告

（1）将汽油试验中观察到的压力结果，经过对压力表（计）或压力测量装置校正后，精确到 0.25 kPa。报告为汽油的雷德法蒸气压。

（2）对于汽油样品的试验结果报告，如果观察并证实试样出现浑浊现象，需在试验结果后加"H"注明。

九、精密度

用下述规定判断试验结果的可靠性（95%的置信水平）。

（1）重复性（r）：同一操作者、使用同一仪器、对同一样品连续试验两个结果之间的差数不应超过表 2-5 中的数值。

（2）再现性（R）：不同实验室工作的不同操作者，使用不同仪器，对同一样品测定的两个单一和独立的试验结果之间的差数不应超过表 2-5 中的数值。

表 2-5　精密度

方法	范围/kPa	重复性/kPa	再现性/kPa
A 法	35~100（汽油）	3.2	5.2
A 法改进步骤	35~100（汽油）	3.65	5.52

十、思考题

（1）测定车用汽油蒸气压有什么意义？

（2）影响测定结果的因素主要有哪些？

（3）醇型汽油在测定蒸气压时应采用哪个步骤或者方法？

试验三　车用汽油馏程测定

一、试验目的

（1）了解常压蒸馏的目的与意义；

（2）了解石油常压蒸馏中的常用术语与定义；

（3）掌握车用汽油馏程测定的操作过程。

二、术语与定义

（1）装样体积：在规定的温度下装入蒸馏烧瓶中的试样体积，此体积为 100 mL。

（2）分解：烃分子经热分解或裂解生成比原分子具有更低沸点的较小分子的现象。

（3）分解点：与蒸馏烧瓶中液体出现热分解初始迹象相对应的校正温度计读数。

（4）干点：最后一滴液体（不包括在蒸馏烧瓶壁或温度测量装置上的任何液滴或液膜）从蒸馏烧瓶中的最低点蒸发瞬时所观察到的校正温度计读数。

（5）动态滞留量：在蒸馏过程中出现在蒸馏烧瓶的瓶颈、支管和冷凝管中的物料。

（6）露出液柱影响：将全浸玻璃水银温度计在局浸条件下使用时产生的温度计读数偏差。

注：在局浸条件下，部分水银柱即水银柱露出部分处于比其浸没部分低的温度，从而导致水银收缩，造成温度计读数偏低。

（7）终馏点（FBP）、终点（EP）：试验中得到的最高校正温度计读数。

注：终馏点或终点通常在蒸馏烧瓶底部的全部液体蒸发之后出现，常被称为最高温度。

（8）轻组分损失：指试样从接收量筒转移到蒸馏烧瓶的挥发损失、蒸馏过程中试样的蒸发损失和蒸馏结束时蒸馏烧瓶中未冷凝的试样蒸发损失。

（9）初馏点（IBP）：从冷凝管的末端滴下第一滴冷凝液瞬时所观察到的校正温度计读数。

（10）蒸发百分数：回收百分数与损失百分数之和。

（11）损失百分数：100%减去总回收百分数。校正损失：经大气压修正后的损失百分数。

（12）回收百分数：在观察温度计读数的同时，在接收量筒内观察得到的冷凝物体积，以装样体积百分数表示。

（13）最大回收百分数：接收量筒内液体体积相应的回收百分数。

1）校正回收百分数：对观测损失与校正损失之间的差异进行校正后的最大回收百分数。

2）总回收百分数：按照《石油产品常压蒸馏特性测定法》（GB/T 6536—2010）方法得到的最大回收百分数与蒸馏烧瓶中残留百分数之和。

（14）残留百分数：按照《石油产品常压蒸馏特性测定法》（GB/T 6536—2010）方法所测定的蒸馏烧瓶中残留物体积，以装样体积分数表示。

（15）变化率：每蒸发百分数或每回收百分数所对应的温度变化。

（16）温度滞后：由温度测量装置测得温度读数与真实温度出现之间的时间偏差。

三、测定意义及方法概要

1. 测定意义

烃类的蒸馏特性（挥发性），尤其对燃料和溶剂而言，对其安全和使用性能有着极为重要的影响。燃料的沸程范围提供了燃料的组成、性质及在储存和使用中使用性能的信息。挥发性是决定烃类混合物形成潜在爆炸性蒸气趋势的主要因素。

蒸馏特性对车用汽油和航空汽油极为重要，它会影响发动机的启动、升温性能及在高温和/或高海拔条件下产生气阻的趋势。在这些和其他燃料中存在的高沸点组分可显著地影响固体燃烧沉积物的生成程度。

由于挥发性可影响蒸发速率，因此在许多溶剂，尤其是涂料溶剂的应用中，它都是一个重要的因素。

蒸馏特性的限值要求通常在石油产品规格、商业合同协议及炼厂生产控制中有具体规定。

2. 方法概要

根据《车用汽油》（GB 17930—2013）的组成、蒸气压、预期初馏点和预期终馏点等性质，将试样归类为所规定5个组别中的第一组。将100 mL车用汽油在其相应组别所规定的条件下，在环境大气压和设计约为一个理论分馏塔板的情况下，用实验室间歇蒸馏仪器进行蒸馏。根据对试验结果的要求，系统地观测并记录温度读数和冷凝物体积、蒸馏残留物和损失体积，观测的温度读数须进行大气压修正，试验结果以蒸气百分数或回收百分数对相应的温度作表或作图表示。

四、仪器与材料

1. 仪器

蒸馏仪器的基本元件是蒸馏烧瓶、冷凝器和相连的冷凝浴、用于蒸馏烧瓶的金属防护罩或围屏、加热器（电加热器）、蒸馏烧瓶支架和支板、温度测量装置和收集馏出物的接收量筒。装置装配示意图见图 2-6。

2. 试剂与材料

92 号（或 95 号）车用汽油，满足《车用汽油》（ GB 17930—2013）；拉线（细绳或铜丝）；滤纸或吸水纸（或脱脂棉）；无绒软布；耐热手套；一次性乳胶手套等；量筒或量杯，100~200 mL。

五、准备工作

（1）取样：将冷却的试样装入温度低于 10℃ 的试样瓶中，并弃去初始试样。若所采取试样处于环境温度，则将所采取的汽油样品置于预先冷却至低于 10℃ 的样品瓶中，并以搅动最小的方式进行取样，立即用密合的塞子封好试样瓶。

（2）仪器准备：选取蒸馏仪器，并确保蒸馏烧瓶、温度计、量筒和 100 mL 试样冷却至 13~18℃。蒸馏烧瓶支板和金属罩不高于环境温度。

（3）冷浴准备：维持冷浴温度在 0~1℃；接收量筒周围冷却浴温度控制在 13~18℃。冷凝浴介质的液面必须高于冷凝器最高点；冷却浴至少浸没在接收量筒 100 mL 刻线，也可采用其他的方式来维持冷浴温度的均匀。

（4）擦洗冷凝管：用缠在拉线上的无绒软布擦除冷凝管内的残存液。

（5）装入试样：用量筒或者量杯量取 100 mL 车用汽油全部倒入蒸馏烧瓶中。

（6）安装蒸馏温度计：用聚硅氧烷橡胶塞或其他相当聚合材料制成的塞子，将温度计紧密装在蒸馏烧瓶的颈部，水银球位于蒸馏烧瓶颈部中央，毛细管低端与蒸馏烧瓶支管内壁底部最高点齐平，见图 2-7。

（7）安装冷凝管：用密合的软木塞、聚硅氧烷橡胶塞或其他相当聚合材料制成的塞子，将蒸馏烧瓶支管紧密安装冷凝管上，蒸馏烧瓶要调整至垂直，蒸馏烧瓶支管伸入冷凝管内 25~50 mm，升高及调整蒸馏烧瓶支板，使其对准并接触蒸馏烧瓶底部。

（8）安装量筒：取样的量筒不经干燥，放入冷凝管下端的量筒冷却浴内，使冷凝管下端位于量筒中心，并伸入量筒内至少 25 mm，但不能低于 100 mL 的刻线。用一块吸水纸或类似材料将量筒盖严，这块吸水纸剪成紧贴冷凝管。

（9）记录数据记录环境温度和大气压力。

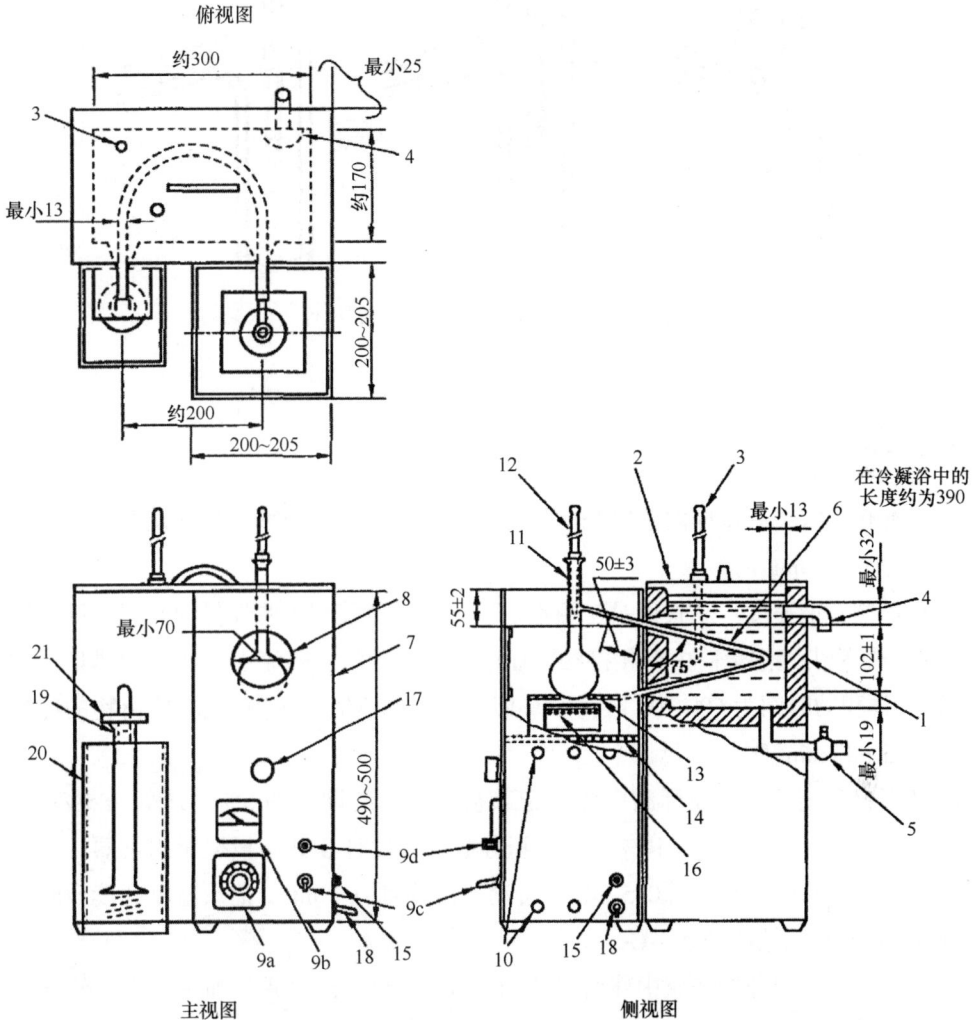

图 2-6　电加热型蒸馏仪器装置图（单位：mm）

1—冷凝浴；2—冷凝浴盖；3—冷凝浴温度传感器；4—冷凝浴溢流口；5—冷凝浴排液口；

6—冷凝管；7—防护罩；8—视窗；9a—调压器；9b—电压表或电流表；9c—电源开关；

9d—电源指示灯；10—通风孔；11—蒸馏烧瓶；12—温度传感器；13—蒸馏烧瓶支板；

14—蒸馏烧瓶支架台；15—接地线；16—电加热器；17—调节支架台水平的操作孔；

18—电源线；19—接收量筒；20—接收量筒冷凝器；21—接收量筒遮盖物

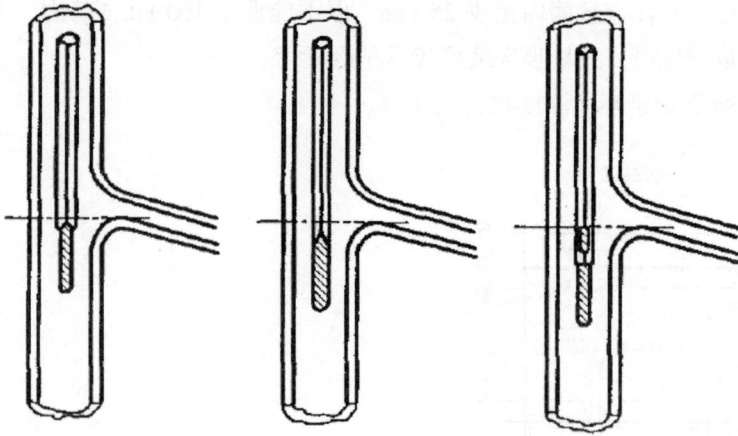

图 2-7　温度计在蒸馏烧瓶中的位置

六、试验步骤

（1）加热：将装有试样的蒸馏烧瓶加热。通过调节升温速率，确保从开始加热到初馏点的时间在 5~10 min 内。

（2）控制蒸馏速度：观察记录初馏点后，如果没有使用接收器导向装置，则立即移动量筒，使冷凝管尖端浴量筒内壁相接触，让馏出液沿量筒内壁流下。调节加热量使初馏点到 5% 回收体积的时间为 60~100 s；从 5% 回收体积到蒸馏烧瓶中 5 mL 残留物的冷凝平均速率是 4~5 mL/min。

（3）观察与记录：汽油标准中要求记录初馏点、终馏点和 5%、15%、85%、95% 回收体积分数及从 10%~90% 每 10% 回收体积分数的温度计读数。根据所用仪器，记录量筒中液体体积时，手动要准确到 0.5 mL 或自动要准确到 0.1 mL，记录温度计读数时，手动精确到 0.5℃ 或自动精确到 0.1℃。

（4）调整速率当蒸馏烧瓶中残留液体约为 5 mL 时，再次调整加热速率，使此时到终馏点的时间不大于 5 min。

（5）观察并停止观察记录终馏点，并停止加热。

（6）继续观察与记录：在冷凝管有液体继续滴入量筒时，每隔 2 min 观察一次冷凝液体积，直至相继两次观察的体积一致（自动蒸馏体积变化小于 0.1 mL）为止。准确测量回收体积，记录。根据所用仪器，准确至 0.5 mL（手动）或 0.1 mL（自动），报告为最大回收体积分数。若因出现分解点而预先停止了蒸馏，则从 100% 减去最大回收体积分数，报告此差值为残留百分数和损失百分数之和，则略去步骤（7）。

（7）量取残留体积分数：待蒸馏烧瓶冷却后，将其内容物（沸石除外）倒入 5 mL 量筒中，并将蒸馏烧瓶倒悬在量筒之上，将蒸馏瓶中的油倒干净，直到量筒液体体积无明显增加为止。记录量筒中的液体体积，精确至 0.1 mL，作为残留体积分数。

注：若 5 mL 量筒在 1 mL 以下无刻度，可估计液体体积小于 1 mL 时，则应先向量筒中加入 1 mL 较重的油，以便较好地测量回收液体体积。

（8）计算观测损失：最大回收体积分数和残留之和为总回收体积分数。从 100% 减去总回收体积分数，则得出观测损失。

七、计算和报告

1. 记录要求

对每一次试验，都应根据所用仪器要求进行记录，所有回收体积分数都要精确至 0.5%（手动）或 0.1%（自动）；温度计读数手动精确到 0.5℃ 或自动精确到 0.1℃。

2. 大气压力修正后的温度

温度计读数按下式或表 2-6 修正到 101.3 kPa，并将修正结果修约到 0.5℃（手动）或 0.1℃（自动）。报告应包括观察的大气压力，并说明是否已进行大气压力修正。

$$C_C = 0.000\,9(101.3 - P_k)(273 + t_C) \tag{2-3}$$

式中，C_C 为待加（代数和）到观测温度读数上的修正值，℃；P_k 为在试验当时和当地的大气压，kPa；t_C 为观测温度读数，℃。

表 2-6　近似的蒸馏温度读数修正值

温度范围/℃	每 1.3 kPa（10 mmHg）压力差的修正值/℃	温度范围/℃	每 1.3 kPa（10 mmHg）压力差的修正值/℃
10~30	0.35	>210~230	0.59
>30~50	0.38	>230~250	0.62
>50~70	0.40	>250~270	0.64
>70~90	0.42	>270~290	0.66
>90~110	0.45	>290~310	0.69
>110~130	0.47	>310~330	0.71
>130~150	0.50	>330~350	0.74
>150~170	0.52	>350~370	0.76
>170~190	0.54	>370~390	0.78
>190~210	0.57	>390~410	0.81

注：当大气压力低于 101.3 kPa（760 mmHg）时，应加上修正值；高于 101.3 kPa 时，则应减去修正值。

3. 校正损失

修正至 101.3 kPa（760 mmHg）时的损失，按下式进行计算

$$L_C = 0.5 + (L - 0.5) \bigg/ \left(1 + \frac{101.3 - P_k}{8.0} \right) \tag{2-4}$$

式中，L_C 为校正损失（体积分数），%；L 为观测损失（从试验数据计算得出的损失体积分数），%；P_k 为试验时的大气压力，kPa。

4. 校正最大回收分数

校正最大回收分数按下式进行计算

$$R_C = R_{max} + (L - L_C) \tag{2-5}$$

式中，R_C 为校正最大回收体积分数，%；R_{max} 为最大回收体积分数，%；L_C 为校正损失（体积分数），%；L 为观测损失（从试验数据计算得出的损失体积分数），%。

5. 蒸发百分数

规定温度下读数时对应的蒸发百分数，将损失百分数加到规定温度时得到的每个观测回收百分数上，并报告这些结果作为相应的蒸发百分数，用下式计算

$$P_e = P_r + L \tag{2-6}$$

式中，P_e 为蒸发体积百分数，%；P_r 为回收体积百分数，%；L 为观测损失，%。

6. 计算蒸发温度

油品按规定条件蒸馏时，所得回收分数与观测损失之和，称为蒸发分数，而规定蒸发分数时的校正温度读数，称为蒸发温度。按下式计算 10%、50% 和 90% 的蒸发温度

$$T = T_L + \frac{(T_H - T_L)(R - R_L)}{R_H - R_L} \tag{2-7}$$

式中，T 为蒸发温度，℃；R 为对应于规定蒸发体积分数的回收体积分数，%；R_L 为临近并低于 R 的回收体积分数，%；R_H 为临近并高于 R 的回收体积分数，%；T_L 为在 R_L 时记录的温度计读数，℃；T_H 为在 R_H 时记录的温度计读数，℃。

八、精密度

按下述规定判断试验结果的可靠性（95% 置信水平）。

1. 温度变化率或斜率

（1）确定一个结果的精密度，通常需确定此点的温度变化率或变化斜率。这个以 S_c

表示的变量等于每回收百分数或每蒸发百分数的温度变化。

（2）对于车用汽油的手动法及自动法，初馏点和终馏点的精密度不需要计算温度变化率。

（3）蒸馏过程中任意点的斜率均可用下式计算，所使用的数据见表2-7。

$$S_c = \frac{T_u - T_L}{V_u - V_L} \qquad (2-8)$$

式中，S_c 为斜率，$℃/\%$；T_u 为较高的温度，$℃$；T_L 为较低的温度，$℃$；V_u 为 T_u 相应的回收百分数或蒸发百分数，$\%$；V_L 为 T_L 相应的回收百分数或蒸发百分数，$\%$。

表2-7　确定 S_c 斜率的数据点 （%）

斜率点①	IBP	5	10	20	30	40	50	60	70	80	90	95	EP
T_L 数据点②	0	0	0	10	20	30	40	50	60	70	80	90	95
T_u 数据点③	5	10	20	30	40	50	60	70	80	90	90	95	V_{EP}④
$V_u - V_L$	5	10	20	20	20	20	20	20	20	20	10	5	$V_{EP}-95$

注：①在规定回收百分数或蒸发百分数的所求斜率点；②在相应回收百分数或蒸发百分数所对应的较低温度点；③在相应回收百分数或蒸发百分数所对应的较高温度点；④V_{EP} 为终馏点相应的回收百分数或蒸发百分数，%。

（4）如果终馏点出现在95%回收或蒸发百分数之前，终馏点的斜率用下式进行计算

$$S_c = \frac{T_{EP} - T_{HR}}{V_{EP} - V_{HR}} \qquad (2-9)$$

式中，T_{EP} 或 T_{HR} 为下标规定回收百分数的温度，$℃$；V_{EP} 或 V_{HR} 为下标规定回收百分数，$\%$；EP 为终馏点；HR 为在终馏点之前的最高读数，80%或90%。

（5）对于10%~85%回收百分数之间未列于表2-7中的数据点，用下式计算温度变化率

$$S_c = 0.05\left[T_{(v+10)} - T_{(v-10)} \right] \qquad (2-10)$$

2. 重复性（r）

1组：由同一实验室的同一操作者，使用同一仪器，对相同试样所得的连续试验结果之差不应超过表2-8规定的数值（车用汽油归属1组）。

3. 再现性（R）

1组：由不同实验室的不同操作者，使用不同仪器，对相同试样所得的两个单一和独立的试验结果之差，不应超过表2-8规定的数值（车用汽油归属1组）。

表 2-8 车用汽油馏程精密度（1 组）

体积分数（%）	手动法		自动法	
	重复性 r/℃	再现性 R/℃	重复性 r/℃	再现性 R/℃
初馏点	3.3	5.6	3.9	7.2
5	$1.9+0.86 S_c$	$3.1+1.74 S_c$	$2.1+0.67 S_c$	$4.4+2.0 S_c$
10	$1.2+0.86 S_c$	$2.0+1.74 S_c$	$1.7+0.67 S_c$	$3.3+2.0 S_c$
20	$1.2+0.86 S_c$	$2.0+1.74 S_c$	$1.1+0.67 S_c$	$3.3+2.0 S_c$
30~70	$1.2+0.86 S_c$	$2.0+1.74 S_c$	$1.1+0.67 S_c$	$2.6+2.0 S_c$
80	$1.2+0.86 S_c$	$2.0+1.74 S_c$	$1.1+0.67 S_c$	$1.7+2.0 S_c$
90	$1.2+0.86 S_c$	$0.8+1.74 S_c$	$1.1+0.67 S_c$	$0.7+2.0 S_c$
95	$1.2+0.86 S_c$	$1.1+1.74 S_c$	$2.5+0.67 S_c$	$2.6+2.0 S_c$
终馏点	3.9	7.2	4.4	8.9

注：S_c 依据前文所列公式计算。

九、思考题

（1）测定馏程对评价车用汽油的使用性能有什么意义？是怎样评价的？

（2）已知在大气压为 98.6 kPa 时，观察的手动蒸馏数据见表 2-9，当压力修正至 101.3 kPa 后，请计算：

1）5%回收温度是多少？

2）10%回收温度是多少？

3）损失率是多少？

4）最大回收分数是多少？

5）10%蒸发温度是多少？要求根据所使用的仪器，对回收温度进行修约。

表 2-9 某油品蒸馏实测数据

项目	在 98.6 kPa 时的观测值	项目	在 98.6 kPa 时的观测值
初馏点/℃	27.5	回收 20%时温度/℃	56.0
回收 5%时温度/℃	35.0	最大回收分数/℃	95.2
回收 10%时温度/℃	40.5	残留（%）	1.2
回收 15%时温度/℃	47.5	损失（%）	3.6

（3）简述使用《石油产品常压蒸馏特性测定法》（GB/T 6536—2010）方法测试车用汽油馏程时应注意哪些问题？

试验四　柴油酸度测定

一、试验目的

（1）掌握石油产品中酸度的定义；

（2）测量汽油、煤油、柴油酸度的意义；

（3）掌握测量柴油酸度的过程及注意事项；

（4）了解《轻质石油产品酸度测定法》（GB/T 258—2016）试验方法的适用范围。

二、方法概要

中和 100 mL 轻质石油产品所需氢氧化钾的毫克数称为酸度，以 mg/100 mL 表示。用沸腾的乙醇将轻质石油产品中的酸性物抽出，在有颜色指示剂条件下，用氢氧化钾乙醇标准滴定溶液滴定。

三、仪器与试剂

1. 仪器

（1）锥形烧瓶：250 mL。

（2）球形回流冷凝管：长约 300 mm。

（3）量筒：25 mL、50 mL 和 100 mL。

（4）微量滴定管：2 mL，分度值为 0.02 mL；3 mL，分度值为 0.02 mL；5 mL，分度值为 0.05 mL。

（5）电热板或水浴。

2. 试剂

（1）95%乙醇：分析纯。

（2）精制乙醇：用硝酸银和氢氧化钾溶液处理后，再经沉淀和蒸馏。

（3）氢氧化钾：分析纯，配制成 0.05 mol/L 氢氧化钾乙醇溶液，配制与标定按《石油产品试验用试剂溶液配制方法》（SH/T 0079—1991）中 4.6 进行。

（4）盐酸：分析纯，配制成 0.05 mol/L 盐酸标准滴定溶液，配制与标定按 SH/T 0079—1991 中 4.1 进行。

（5）碱性蓝 6B：配制碱性蓝 6B 指示剂溶液。配制溶液时，称取碱性蓝 1 g，精确至

0.01 g。然后将它加入 50 mL 煮沸的 95% 乙醇中，并在水浴中回流 1 h，冷却后过滤。必要时，为了使指示剂变色更灵敏，需要在煮热的澄清滤液中用 0.05 mol/L 氢氧化钾乙醇标准滴定溶液或 0.05 mol/L 盐酸标准滴定溶液中和，直到加入 1~2 滴 0.05 mol/L 氢氧化钾乙醇标准滴定溶液能使指示剂从蓝色变成浅红色，而在冷却后又能恢复为蓝色为止。

说明：碱性蓝指示剂适用测定深色的石油产品。

（6）酚酞：配成 1% 酚酞乙醇溶液。酚酞指示剂适用于测定无色的石油产品或在滴定混合物中容易看出浅玫瑰红色的石油产品。

（7）甲酚红：配制成甲酚红指示剂溶液。称取甲酚红 0.1 g，精确至 0.001 g。研细，溶于 100 mL 95% 乙醇中，并在水浴中煮沸回流 5 min，趁热用 0.05 mol/L 氢氧化钾乙醇溶液滴定至甲酚红溶液由橘红色变为深红色，而在冷却后又能恢复成橘红色为止。

四、试验步骤

（1）在 20℃±3℃下，量取 20 mL 柴油试样（其他轻质石油产品试样量为 50 mL）。

（2）95% 乙醇–指示剂溶液混合物的制备。

1）取 95% 乙醇 50 mL 注入清洁无水的锥形瓶内，用装有球形回流冷凝管的塞子塞住锥形瓶后，将 95% 乙醇煮沸 5 min。采用碱性蓝 6B 或甲酚红作指示剂按步骤 2）操作，采用酚酞作指示剂按步骤 3）操作。

2）在煮沸过的 95% 乙醇中加入 0.5 mL 碱性蓝 6B 指示剂溶液或甲酚红指示剂溶液后，在不断摇荡下趁热用 0.05 mol/L 氢氧化钾乙醇标准滴定溶液中和，直至锥形烧瓶中的混合物碱性蓝 6B 指示剂溶液从蓝色变为浅红色为止，或甲酚红指示剂溶液从黄色变为紫红色为止。

3）在煮沸过的 95% 乙醇中加入数滴酚酞指示剂溶液，在不断振荡下趁热用 0.05 mol/L 氢氧化钾乙醇标准滴定溶液中和，直至锥形瓶中的混合物呈现浅玫瑰红色为止。

（3）酸度的测定。

1）将试样加入到盛有经处理的 95% 乙醇–指示剂溶液混合物的锥形瓶中，在锥形瓶上装上球形回流冷凝管，将锥形瓶中的混合物煮沸 5 min。若采用有碱性蓝 6B 或甲酚红作指示剂按步骤 2）进行操作，若采用酚酞作指示剂按步骤 3）操作。

2）碱性蓝 6B 或甲酚红作指示剂的酸度测定。对经过处理的试样混合物，此时应再加入 0.5 mL 碱性蓝 6B 指示剂溶液或 0.5 mL 甲酚红指示剂溶液，在不断摇动下趁热用 0.05 mol/L 氢氧化钾乙醇标准滴定溶液滴定，直到 95% 乙醇层的碱性蓝 6B 指示剂溶液从蓝色变为浅红色，或甲酚红指示剂溶液从黄色变为紫红色为止。

3）酚酞作指示剂的酸度测定。对经处理的试样混合物，在不断摇动下趁热用 0.05 mol/L 氢氧化钾乙醇标准滴定溶液滴定，直至 95% 乙醇层的酚酞溶液呈现浅玫瑰红色为止。

（4）滴定时间：在每次滴定过程中，从对锥形烧瓶停止加热到滴定达到终点，所经过的时间不应超 3 min。

五、计算

柴油的酸度 X（mg/100mL）按下式计算

$$X = \frac{56.1c \times V}{V_1} \times 100 \qquad (2-11)$$

式中，56.1 为氢氧化钾的摩尔质量，g/mol；c 为氢氧化钾乙醇标准滴定溶液的浓度，mol/L；V 为滴定时消耗 0.05 mol/L 氢氧化钾乙醇标准滴定溶液的体积，mL；V_1 为试样的体积，mL；100 为酸度换算成 100 mL 的常数。

六、精密度

（1）重复性（r）：在同一实验室，由同一操作者，使用同一仪器，按照相同的试样方法，对同一试样连续测定所得的两个结果之差不应超过表 2-10 的要求。

（2）再现性（R）：在不同实验室，由不同操作者，使用不同的仪器，按照相同的试样方法，对同一试样所得的两个单一、独立的结果之差不应超过表 2-10 的要求。

表 2-10　酸度测定的精密度　　　　　　　　　　　　单位：mg/100mL

酸度	重复性	再现性
<0.5	0.08	0.20
≥0.5~1.0	0.10	0.25
>1.0	0.20	—

七、报告

取重复测定两个结果的算术平均值，作为柴油样品的酸度。

八、思考题

（1）为何要测定汽油、煤油、柴油的酸度？

（2）试验选用 2 mL 的滴定管，其分度为 0.02 mL，读数比较精确；但量取乙醇和试样却用普通的 50 mL 量筒，这样搭配仪器是否合适？

（3）试验仪器的选择应注意哪些问题？

（4）试验中先对 95% 乙醇加以中和，此时是否要记录下耗去的氢氧化钾乙醇溶液的体积？

(5) 每次滴定过程中，为什么要在不断摇荡下趁热滴定？为什么要求快速滴定？

试验五　变压器油闪点测定（宾斯基-马丁闭口杯法）

一、试验目的

（1）了解测定石油产品测定闪点的意义；

（2）了解不同石油产品测定闪点方法的差异，哪些石油产品测定闪点时需要使用宾斯基-马丁闭口杯法；

（3）掌握测定闭口闪点的操作原理与操作步骤。

二、方法概要

将样品倒入试验杯中，在规定的速率下连续搅拌，并以恒定速率加热样品。以规定的温度间隔，在中断搅拌的情况下，将火源引入试验杯开口处，使样品蒸气发生瞬间闪火，且蔓延至液体表面的最低温度，此温度为环境大气压下的闪点，再用公式修正到标准大气压下的闪点。宾斯基-马丁闭口杯法分为步骤 A 和步骤 B。步骤 A 适用于表面不成膜的油漆和清漆、未使用过润滑油及不包含在步骤 B 之内的其他石油产品；步骤 B 适用于残渣燃料油、稀释沥青、用过润滑油、表面趋于成膜的液体、带悬浮颗粒的液体及高黏稠材料（如聚合物溶液和黏合剂）。

三、仪器与材料

1. 仪器

（1）宾斯基-马丁闭口闪点测定器（图2-8）。

（2）温度计：包括低（-5～110℃）、中（20～150℃）和高（90～370℃）3 个温度范围的温度计。

（3）气压计：精度 0.1 kPa，不能使用气象台或机场所用的已预校准至海平面读数的气压计。

（4）加热浴或烘箱：用于加热样品，要求能将温度控制在±5℃之内。可通风且能防止热样品时产生的可燃蒸气闪火，推荐使用防爆烘箱。

2. 材料

（1）清洗溶剂：用于除去试验杯及试验杯盖上沾有的少量试样。

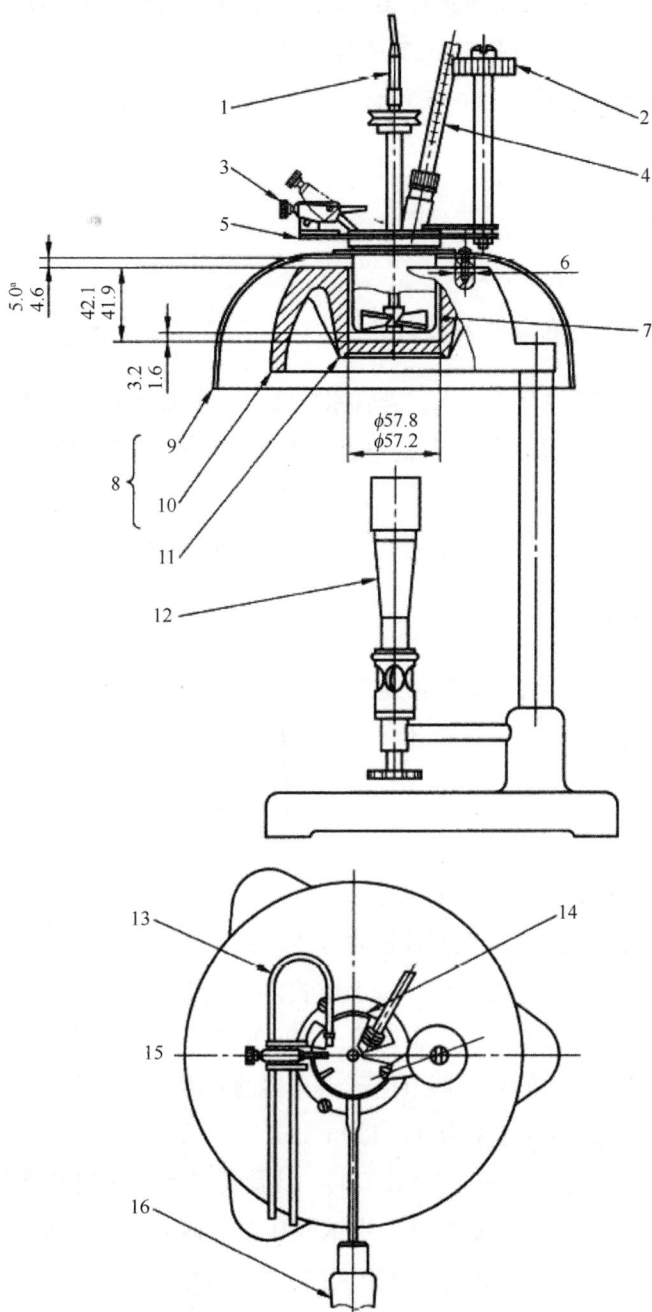

图 2-8　宾斯基-马丁闭口闪点测定器（单位：mm）

1—柔性轴；2—快门操作旋钮；3—点火器；4—温度计；5—盖子；

6—片间最大距离 ϕ9.5 mm；7—试验杯；8—加热室；9—顶板；10—空气浴；

11—杯表面厚度最小 6.5 mm，即杯周围的金属；12—火焰加热型；

13—导向器；14—快门；15—表面；16—手柄

（注：a 为空隙；盖子的装配可以是左手，也可以是右手）

注：清洗溶剂的选择依据被测试样及其残渣的黏性。低挥发性芳烃（无苯）溶剂可用于除去油的痕迹，混合溶剂如甲苯-丙酮-甲醇可有效除去胶质类的沉积物。

（2）10号变压器油，符合《电工流体　变压器和开关用的未使用过的矿物绝缘油》（GB 2536—2011）。

四、准备工作

1. 变压器油样品的准备与前处理

仔细检查待测变压器油是否含水，若含水应除去。水的存在会影响闪点的测定结果。

（1）含未溶解水的样品：如果样品中含有未溶解的水，在样品混匀前，应将水分沥出来。

（2）若变压器油浑浊，则有可能含水，应采用物理的方法除去水分。

2. 试验杯的清洗

先用清洗溶剂冲洗试验杯、试验杯盖及其他附件，以除去上次试验留下的所有胶质或残渣痕迹。再用清洁的空气吹干试验杯。

五、试验步骤

未使用过的变压器油采用步骤 A 测定。

（1）观察气压计，记录试验期间仪器附近的环境大气压。

（2）将试样倒入试验杯至加料线，盖上试验杯盖，然后放入加热室，确保试验杯就位或锁定装置连接好后插入温度计。点燃试验火焰，并将火焰直径调节为 3~4 mm；或打开电子点火器，按仪器说明书的要求调节电子点火器的强度。在整个试验期间，试样以 5~6℃/min 的速率升温，且搅拌速率为 90~120 r/min。

（3）当试样的预期闪点为不高于 110℃时，从预期闪点以下 23℃±5℃开始点火，试样每升高 1℃点火一次，点火时停止搅拌。用试验杯盖上的滑板操作旋钮或点火装置点火，要求火焰在 0.5 s 内下降至试验杯的蒸气空间内，并在此位置停留 1 s，然后迅速升高回至原位置。

（4）当试样的预期闪点高于 110℃时，从预期闪点以下 23℃±5℃开始点火，试样每升高 2℃点火一次，点火时停止搅拌。用试验杯盖上的滑板操作旋钮或点火装置点火，要求火焰在 0.5 s 内下降至试验杯的蒸气空间内，并在此位置停留 1 s，然后迅速升高回至原位置。

（5）当测定未知试样的闪点时，在适当起始温度下开始试验。高于起始温度 5℃时进行第一次点火，然后按步骤（3）或步骤（4）进行。

（6）记录火源引起试验杯内产生明显着火的温度，作为试样的观察闪点，但不要把在真实闪点到达之前出现在试验火焰周围的淡蓝色光轮与真实闪点相混淆。

（7）如果所记录的观察闪点温度与最初点火温度的差值少于18℃或高于28℃，则认为此结果无效。应更换新试样重新进行试验，调整最初点火温度，直到获得有效的测定结果，即观察闪点与最初点温度的差值应在18~28℃范围之内。

六、大气压力对闪点的修正

将观察闪点修正到标准大气压（101.3 kPa）下的闪点（T_c），用下式计算修正

$$T_c = T_o + 0.25(101.3 - p) \tag{2-12}$$

式中，T_c 为修正闪点，℃；T_o 为环境大气压下的观察闪点，℃；p 为环境大气压，kPa。

注：本公式仅限大气压在98.0~104.7 kPa。

七、精密度

用以下规定来判断结果的可靠性（95%置信水平）。

（1）重复性（r）：在同一实验室，由同一操作者使用同一仪器，按照相同的方法，对同一试样连续测定的两个试验结果之差不能超过表2-11中的数值。

（2）再现性（R）：在不同实验室，按照相同的方法，对同一试样连续测定的两个试验结果之差不能超过表2-11中的数值。

表2-11 精密度

样品类型	闪点范围/℃	重复性 r/℃	再现性 R/℃
馏分油和未使用过的润滑油	40~250	0.029X	0.071X

注：X 为两个连续试验结果的平均值。

八、报告

结果报告修正到标准大气压（101.3 kPa）下的闪点，精确至0.5℃；注明执行本方法所用的试验步骤。

九、思考题

（1）为什么要测定油品的闪点？测定油品的闪点有哪些试验方法？

（2）影响闭口闪点的因素有哪些？

（3）测定闭口闪点时，如何控制升温速度？

（4）如何确定油品的闭口闪点值？

试验六　L-TSA 46 防锈汽轮机油闪点的测定

一、试验目的

（1）了解测定石油产品测定闪点的意义；

（2）了解不同石油产品测定闪点方法的差异，哪些石油产品测定闪点时需要使用克利夫兰开口杯法；

（3）掌握测定克利夫兰开口杯法闪点的操作原理与操作步骤。

二、方法概要

将试样装入试验杯至规定的刻度线。先迅速升高试样的温度，当接近闪点时再缓慢地以恒定的速率升温。在规定的温度间隔，用一个小的试验火焰扫过试验杯，使试验火焰引起试样液面上部蒸气闪火的最低温度即为闪点。如需测定燃点，应继续进行试验，直到试验火焰引起试样液面的蒸气着火并至少维持燃烧 5 s 的最低温度即为燃点。在环境大气压下测得的闪点和燃点用公式修正到标准大气压下的闪点和燃点。

三、仪器与材料

1. 仪器

（1）克利夫兰开口闪点测定器，见图 2-9 和图 2-10。

（2）温度计：符合《石油产品试验用玻璃液体温度计技术条件》（GB/T 514—2005）中 GB-5 号要求。

（3）防护屏：约 460 mm×460 mm，高 610 mm，有一个开口面。

（4）气压计：精度 0.1 kPa，不能使用气象台或机场所用的已预校准至海平面读数的气压计。

2. 材料

（1）清洗溶剂：用于除去试验杯沾有的少量试样。

注：清洗溶剂的选择依据试样及其残渣的黏性。低挥发性芳烃（无苯）溶剂可用于除去油的痕迹；混合溶剂如甲苯-丙酮-甲醇可有效除去胶质类的沉积物。

（2）钢丝球：能除去碳沉积物而不损害试验杯的钢丝。

（3）L-TSA 46 汽轮机油，符合《涡轮机油》（GB 11120—2011）。

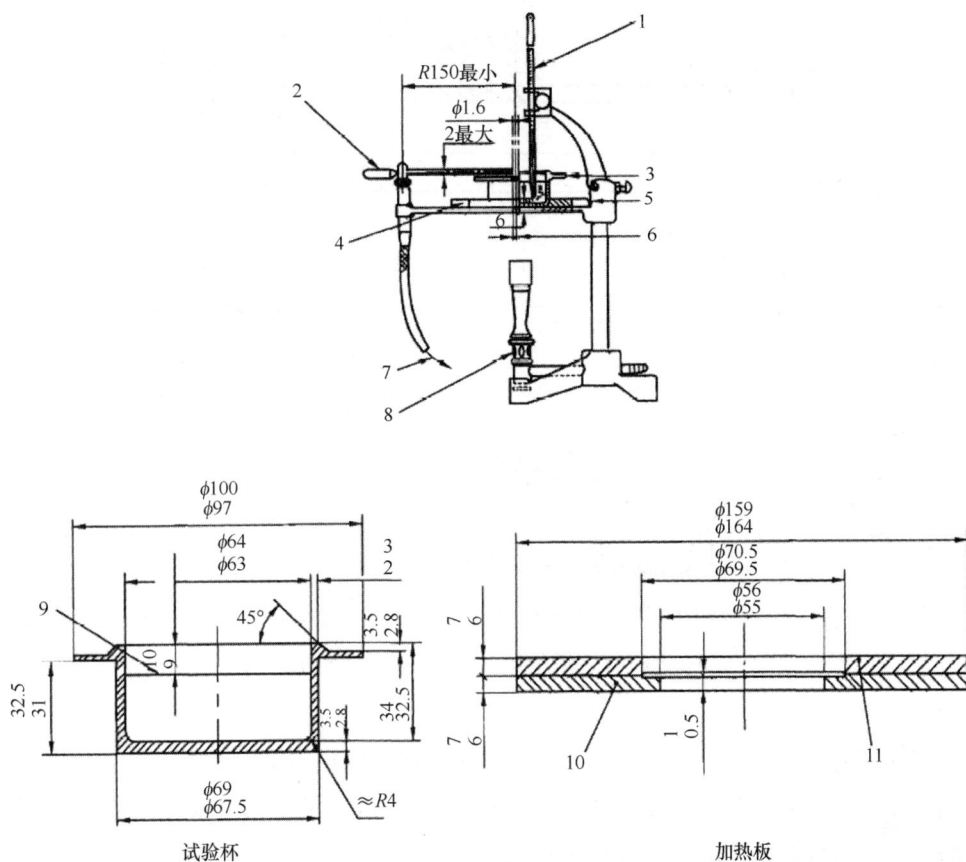

图 2-9 克利夫兰开口试验杯仪（单位：mm）

1—温度计；2—点火器；3—试验杯；4—金属比较小球 $\phi 3.2 \sim 4.8$ mm；

5—加热板；6—$\phi 0.8$ mm 孔；7—至气源；8—加热器（火焰型或电阻型）；

9—刻度线；10—金属；11—耐热材料

四、准备工作

（1）试验杯的清洗：先用清洗溶剂冲洗试验杯，以除去上次试验留下的所有胶质或残渣痕迹。再用清洁的空气吹干试验杯，确保除去所用溶剂。如果试验杯上留有碳的沉积物，可用钢丝球擦掉。

（2）试验杯的准备：使用前将试验杯冷却到至少低于预期闪点 56℃。

（3）样品的制备：含有未溶解水的样品，在样品混匀前应将水分沥出来，不易分离的需采用物理方法除去油品中的水。若样品浑浊，则可能含水或者不含水，确认含水的样品

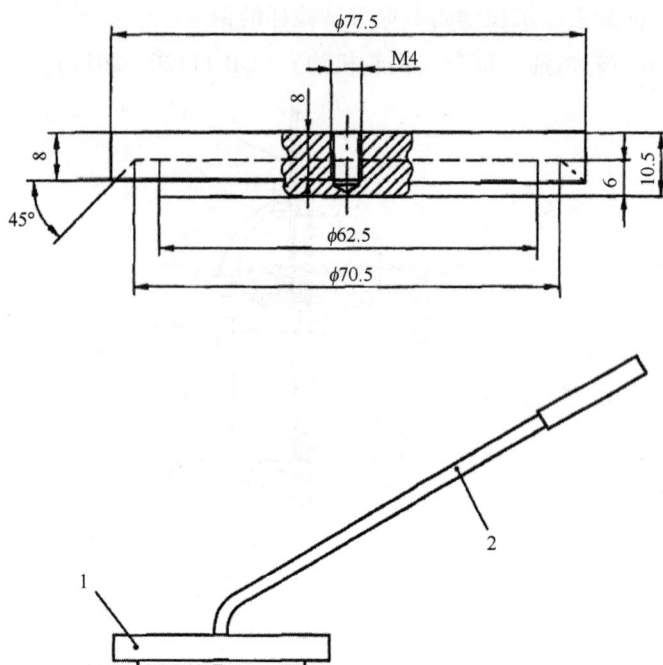

图 2-10　熄灭火焰盖子示意图（单位：mm）

1—由金属或其他阻燃材料制成的盖子；2—手柄

需要采用物理的方式除去，不含水的浑浊样品可直接混匀进行试验。

（4）取样：取样前应先轻轻地摇动混匀样品，再小心地取样，应尽可能地避免挥发性组分的损失，然后按下面的试验步骤进行操作。

五、试验步骤

如果样品容器内样品的体积低于容器容积的 50%，其闪点测定结果会受影响。

（1）观察气压计，记录试验期间仪器附近环境大气压。

注：虽然某些气压计会自动压力修正，但本标准不要求修正到 0℃ 时大气压。

（2）将室温或已升过温的试样装入试验杯，使试样的弯月面顶部恰好位于试验杯的装样刻线。如果注入试验杯的试样过多，可用移液管或其他适当的工具取出；如果试样沾到仪器的外边，应倒出试样，清洗后再重新装样。弄破或除去试样表面的气泡或样品泡沫，并确保试样液面处于正确位置。如果在试验最后阶段试样表面仍有泡沫存在，则此结果作废。

（3）点燃试验火焰，并调节火焰直径为 3.2~4.8 mm。如果仪器安装了金属比较小球，应与金属比较小球直径相同。

（4）开始加热时，试样的升温速度为 14~17℃/min。当试样温度达到预期闪点前约

0.56℃时减慢加热速度，使试样在达到闪点前的最后 23℃±5℃时升温速度为 5~6℃/min。试验过程中，应避免在试验杯附近随意走动或呼吸，以防扰动试样蒸气。

（5）在预期闪点前至少 23℃±5℃时，开始用试验火焰扫划，温度每升高 2℃扫划一次。用平滑、连续的动作扫划，试验火焰每次通过试验杯所需时间约为 1 s，试验火焰应在与通过温度计的试验杯的直径呈直角的位置上划过试验杯的中心，扫划时以直线或沿着半径至少为 150 mm 圆来进行。试验火焰的中心必须在试验杯上边缘面上 2 mm 以内的平面上移动。先向一个方向扫划，下次再向相反方向扫划。如果试样表面形成一层膜，应把油膜拨到一边再继续进行试验。

（6）当在试样液面上的任何一点出现闪火时，立即记录温度计的温度读数，作为观察闪点，但不要把有时在试验火焰周围产生的淡蓝色光环与真正的闪火相混淆。

（7）如果观察闪点与最初点火温度相差少于 18℃，则此结果无效。应更换新试样重新进行测定，调整最初点火温度，直至得到有效结果，即此结果应比最初点火温度高 18℃以上。

六、大气压力对观察闪点的修正

用下式将观察闪点修正到标准大气压（101.3 kPa）时的闪点（T_c）

$$T_c = T_o + 0.25(101.3 - p) \tag{2-13}$$

式中，T_o 为观察闪点，℃；p 为环境大气压，kPa。

注：本公式精确地修正仅限于大气压为 98.0~104.7 kPa。

七、结果

报告修正后的样品闪点，以℃为单位，且结果修约至整数。

八、精密度

按下述规定判断试验结果的可靠性（95%的置信水平）。

（1）重复性（r）：在同一实验室，由同一操作者使用同一仪器，按相同方法，对同一试样连续测定的两个试验结果之差不能超过 8℃。

（2）再现性（R）：在不同实验室，由不同操作者使用不同的仪器，按相同方法，对同一试样测定的两个单一、独立的结果之差不能超过 17℃。

九、报告

报告试样的测试结果，包括注明标准编号、被测产品的类型等相关信息。

十、思考题

（1）测定开口闪点有什么意义？

（2）测定开口闪点和闭口闪点的依据是什么？对于要求同时测定开口闪点与闭口闪点的石油产品，两者之差大小说明什么问题？请简述理由。

（3）以 L-TSA 46 汽轮机油为例，请阐述石油产品闪点与燃点之间的关系。

试验七　150 BS 润滑油基础油残炭含量的测定

一、试验目的

（1）了解测定石油产品残炭的意义；

（2）掌握电炉法测定石油产品的操作过程。

二、方法概要

在规定的试验条件下，用电炉来加热、蒸发润滑油、重质液体燃料或其他石油产品的试样，并测定燃烧后形成的焦黑色残留物（残炭）的含量。

三、仪器与材料

1. 仪器

（1）电炉法残炭测定仪：见图 2-11，包括加热设备和配电设备两部分。

（2）高温炉。

（3）干燥器。

（4）坩埚盖：尺寸见图 2-12。

（5）瓷坩埚：尺寸见图 2-13。

2. 材料

细砂（预先充分灼烧过，在残炭测定仪中，每个装坩埚的空穴底部装入细砂 5 ~ 6 mL）；溶剂汽油；清洁坩埚；150 BS 基础油。

四、准备工作

（1）仪器安装：将仪器的电加热炉和温度测量控制系统按照仪器说明书安装、调整

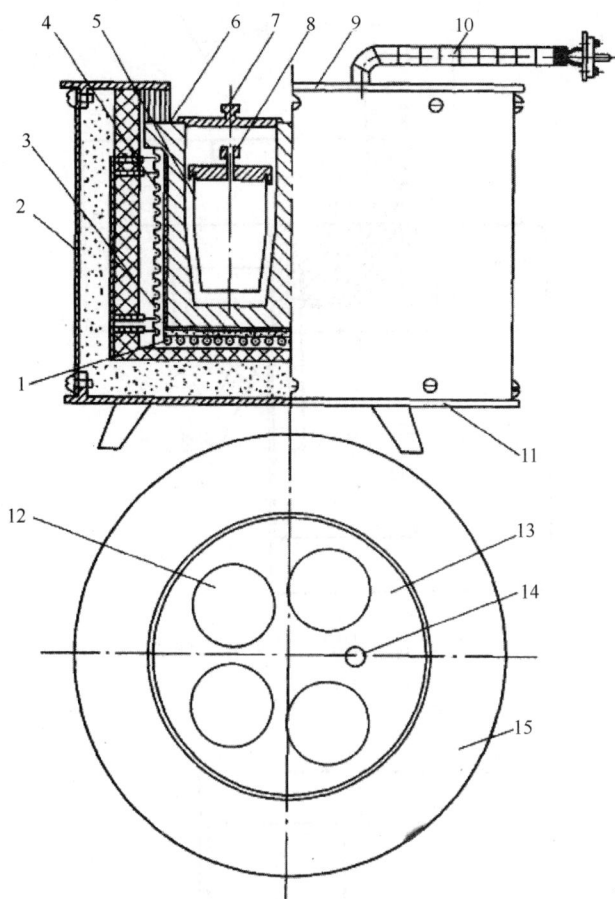

图 2-11 电炉法残炭试验装置

1—电热丝（300 W）；2—壳体；3—电热丝（600 W）；4—电热丝（1 000 W）；

5—瓷坩埚；6、13—钢浴；7—钢浴盖；8—坩埚盖；9、15—加热炉盖；

10—热电偶；11—加热炉座；12—空穴；14—热电偶插孔

好。其中，热电偶要经过校正，并用相应的补偿导线引出冷端，再用普通导线连接冷端和温度指示调节仪表；冷端要插入盛有变压器油的玻璃管内，并放进盛有冰水的保温瓶里，以保障冷端恒温于 0℃；温度测量和控制要用热电偶检验结果进行补正，以确保准确地测量、控制电炉温度。

（2）瓷坩埚恒重：将清洁的瓷坩埚放在 800℃±20℃ 的高温炉中煅烧 1 h 之后，取出，先在空气中放置 1~2 min，然后移入干燥器中。在干燥器中冷却约 40 min，然后称瓷坩埚的质量，精确至 0.000 2 g。

新的瓷坩埚第一次在高温炉中煅烧时要不少于 2 h，在干燥器中冷却约 40 min，然后精确称量至 0.000 2 g。再重新放在高温炉中煅烧 1 h，并进行如上的准确称量；如此重复燃烧、冷却和称量，直至两次连续称量间的差数不大于 0.000 4 g 为止。

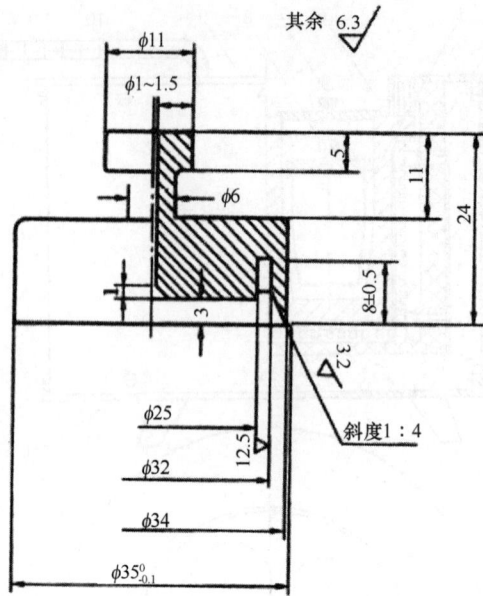

图 2-12　坩埚盖（单位：mm）

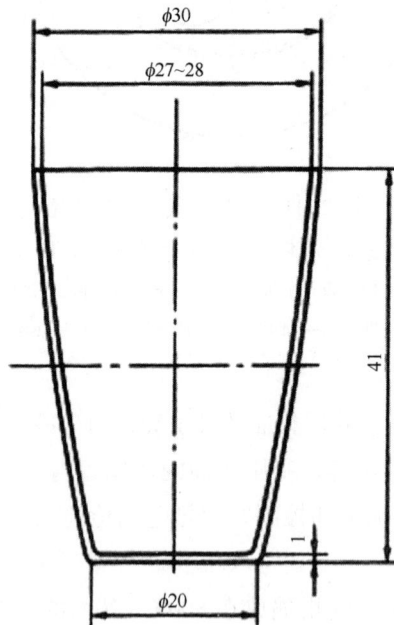

图 2-13　瓷坩埚（单位：mm）

（3）瓶中的试样，要不超过瓶内容积的 3/4，将试样摇匀 5 min。150 BS 润滑油基础油较黏稠，建议预先加热到 50~60℃ 再进行摇匀。

（4）对于水含量大于 0.5%（质量分数）的石油产品，要在测定残炭前进行脱水。

（5）进行柴油 10%（体积分数）残留物的残炭测定时，应该按《石油产品馏程测定法》（GB 255—1977）或《石油产品常压蒸馏特性测定法》（GB/T 6536—2010）将试样进行不少于两次的蒸馏，收集试样的 10（体积分数）残留物，供测定残炭用。

（6）在测定残炭前，接通电源，使炉温达到 520℃±5℃ 的规定范围。利用电子自动温度控制器控制炉温。

五、操作步骤

（1）在预先称量过的瓷坩埚中，按照表 2-12 的范围称取试样，精确至 0.01 g。

表 2-12　取样范围

试 样 类 型	取样量/g
润滑油或柴油的 10%残留物	7~8
重质燃料油	1.5~2
渣油沥青	0.7~1

按照表 2-12 的取样范围，准确称取 7~8 g 150 BS 样品进行残炭的测定。

（2）用镊子将盛有试样的瓷坩埚放入电炉的空穴中，立即盖上坩埚盖，切勿使瓷坩埚及盖偏斜、靠壁。未用空穴均应盖上钢浴盖。如果同时使用 4 个空穴，则此时炉温会有所下降。

当试样在高温炉中加热到开始从坩埚盖的毛细管中溢出蒸气时，立刻引火点燃蒸气，使它燃烧。在燃烧结束时，用空穴的盖子盖上高温炉的空穴。然后将炉温维持在 520℃±5℃，煅烧试样的残留物。

试样从开始加热，经过蒸气的燃烧，到残留物的煅烧结束，共需 30 min。

（3）当残留物的煅烧结束时，打开钢浴盖和坩埚盖，并立即从电炉空穴中取出瓷坩埚，在空气中放置 1~2 min，移入干燥器中冷却约 40 min 后，称量瓷坩埚和残留物的质量，精确至 0.000 2 g。

在确定试验结果时，必须注意瓷坩埚里面的残留物情况，它应该是发亮的；否则，重新进行测定。如果在第二次分析时仍获得同样的残留物，测定才认为正确。

六、计算

试样残炭的质量分数 X 按下式计算，精确到 0.1%：

$$X = \frac{m_1}{m} \times 100 \qquad (2-14)$$

式中，m_1 为残留物（残炭）的质量，g；m 为试样的质量，g。

七、精密度

重复性（r）：同一操作者重复测定的两个结果之差不应大于表 2-13 的数值。

表 2-13　电炉法测量残炭的重复性

残炭（质量分数）	重复性（质量分数）
柴油的 10% 残留物	较小结果的 15%
润滑油	较小结果的 10%
重质燃料油及渣油沥青	较小结果的 5%

八、报告

报告值取重复测定的两个结果的算术平均值作为试样的残炭值。

九、思考题

（1）测定石油产品残炭有什么意义？
（2）残炭值的高低由什么因素决定？
（3）测定石油产品残炭的方法有哪些？请简要说明方法号与适用方法。

试验八　变压器油凝点测定

一、试验目的

（1）了解石油产品低温下凝固的原理；
（2）掌握石油产品凝固点测定的操作步骤及注意事项；
（3）了解车用柴油牌号与使用区域的关系。

二、方法概要

测定方法是将试样装在规定的试管中，并冷却到预期的温度时，将试管倾斜 45° 经过 1 min，观察液面是否移动。

润滑油及深色石油产品在试验条件下冷却到液面不移动时的最高温度，称为凝点。

三、仪器和材料

1. 仪器

（1）圆底试管：高度 160 mm±10 mm，内径 20 mm±1 mm，在距管底 30 mm 的外壁处有一环形标线。

（2）圆底玻璃套管：高度 130 mm±10 mm，内径 40 mm±2 mm。

（3）水银温度计：符合《石油产品试验用液体温度计技术条件》（GB/T 514—2005）的规定，供测定凝点高于-35℃的石油产品使用。

（4）液体温度计：符合《石油产品试验用液体温度计技术条件》（GB/T 514—2005）的规定，供测定凝点低于-35℃的石油产品使用。

（5）石油产品凝点测定仪：用半导体制冷。

（6）恒温水浴锅：用来加热试样至 50℃±1℃。

2. 试剂与材料

无水乙醇，化学纯；石油醚（或溶剂油），90~120℃；无绒布；定性滤纸，12 cm；10 号变压器油，符合《电工流体　变压器和开关用的未使用过的矿物绝缘油》（GB 2536—2011）。

四、准备工作

（1）确认样品是否含水。含水的试样试验前需要脱水，但在产品质量验收试验及仲裁试验时，只要试样的水分在产品标准允许范围内，可不进行脱水处理。

试样的脱水按下述方法进行，但是对于含水多的试样应先静置，取其澄清部分来进行脱水。

对于容易流动的试样，脱水处理是在试样中加入新煅烧的粉状硫酸钠或小粒状氯化钙，并在 10~15 min 内定期摇荡，静置，用干燥的滤纸过滤，取澄清部分。对于黏度大的试样，脱水处理是将试样预热到不高于 50℃，经食盐层过滤。食盐层的制备是在漏斗中放入金属网或少许棉花，然后在漏斗上铺以新煅烧的粗食盐结晶。试样含水多时需要经过 2~3 个漏斗的食盐层过滤。

（2）在干燥、清洁的试管中注入试样，使液面升到环形标线处。用软木塞将温度计固定在试管中央，使水银球距离管底 8~10 mm。

（3）装有试样和温度计的试管，垂直地浸在 50℃±1℃的水浴中，直到试样的温度达到 50℃±1℃为止。

五、试验步骤

（1）从水浴中取出装有试样和温度计的试管，擦干外壁，将试管放入玻璃套管中，试管外壁与套管内壁距离要处处相等。

1）装好的仪器要垂直地固定在支架的夹子上，并放在室温中静置，直到试管中的试样冷却到35℃±5℃为止。然后将这套仪器放入凝点测定仪中，设置的制冷温度要比试样的预期凝点低7~8℃。

2）当试样的温度冷却至预期的凝点时，将放有试样的凝点仪倾斜成为45°，开始计时，并保持1 min，此时试样仍置于冷浴中。

3）取出凝点测定套管（包括试管），迅速地用工业乙醇擦拭试管外壁，垂直放置试管，并透过套管观察试管内的液面是否有过移动的迹象。

注：测定低于0℃的凝点时，试验前应在套管底部注入无水乙醇1~2 mL；10号变压器油凝固点指标为不高于−10℃。

（2）当液面位置有移动时，从套管中取出试管，并将试管重新预热使试样温度达到50℃±1℃，然后用比上次试验温度低4℃或其他更低的温度重新进行测定，直至某试验温度能使液面位置停止移动为止。

注：试验温度低于−20℃时，重新测定前应将装有试样和温度计的试管放在室温中，待试样温度升至−20℃才将试管浸在水浴中加热。

（3）当液面位置没有移动时，从套管中取出试管，并将试管重新预热至试样温度达到50℃±1℃，然后用比上次试验温度高4℃或其他更高的温度重新进行测定，直至某试验温度能使液面位置有了移动为止。

（4）找出凝点的温度范围（液面位置从移动到不移动或从不移动到移动的温度范围）之后，就采用比移动的温度低2℃或采用比不移动的温度高2℃的温度，重新进行试验，如此重复试验，直至确定某试验温度能使试样的液面停留不动而提高2℃又能使液面移动时，就取使液面不动的温度，作为试样的凝点。

（5）试样的凝点必须进行重复测定。第二次测定时的开始试验温度，要比第一次所测出的凝点高2℃。

六、精密度

用以下数值来判断结果的可靠性（95%置信水平）。

（1）重复性（r）：同一操作者重复测定两个结果之差不应超过2.0℃。

（2）再现性（R）：由两个实验室提出的两个结果之差不应超过4.0℃。

七、报告

取重复测定两个结果的算术平均值，作为试样的凝点。

注：如果需要检查试样的凝点是否符合技术标准，应采用比技术标准所规定的凝点提高1℃来进行试验，此时液面的位置如能够移动，就认为凝点合格。

八、思考题

（1）测定石油油品凝点的意义是什么？变压器油的牌号是如何划分的？

（2）10号车用柴油一般在哪些区域及季节使用？为什么？

试验九　SL 10W-40汽油机油倾点测定

一、试验目的

（1）了解石油产品的倾点定义；

（2）了解石油产品测定倾点的意义；

（3）掌握石油产品倾点测定的操作步骤。

二、方法概要

油样在标准规定的条件下冷却时，能够继续流动的最低温度称为倾点。

试样经预热后，在规定的速率下冷却，每间隔3℃检查一次试样的流动性，记录观察到试样能流动的最低温度作为倾点。

三、试剂与材料

氯化钠（NaCl）：结晶状；无水氯化钙（$CaCl_2$）：结晶状；二氧化碳（CO_2）：固体；无水乙醇：化学纯，用作冷却介质；冷却液：丙酮、石脑油或石油醚；擦拭液：丙酮、石脑油或石油醚；SL 10W-40汽油机油（长城金吉星或昆仑天润）。

四、仪器

石油产品倾点测定仪器见图2-14。

（1）试管：由平底、圆筒状的透明玻璃制成，内径 30.0～32.4 mm，外径 33.2～34.8 mm，高115～125 mm，壁厚不大于1.6 mm。距试管内部底部 54 mm±3 mm 处标有一

71

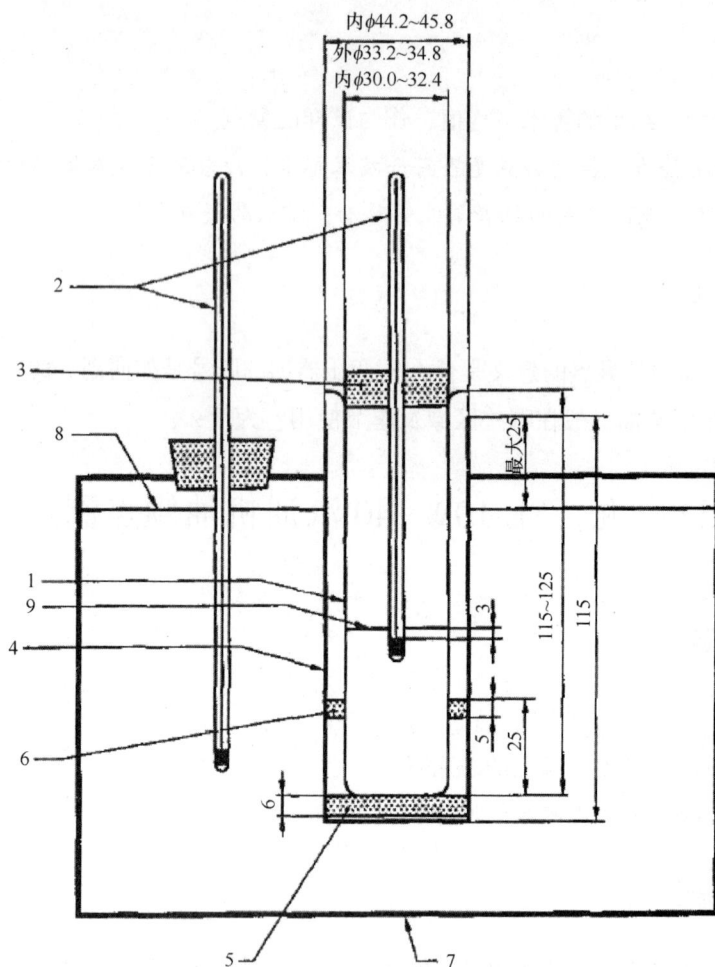

图 2-14　倾点测定仪（单位：mm）

1—试管；2—温度计；3—软木塞；4—套管；5—圆盘；

6—垫圈；7—冷浴；8—冷浴液面位置；9—样品液面位置

条长刻线，表示内容物液面的高度。

（2）温度计：局浸式，符合标准《石油产品倾点测定法》（GB/T 3535—2006）附录 A 的技术要求。

（3）软木塞：配试管用，塞的中心打有插温度计的孔。

（4）套管：由平底、圆筒状金属制成，不漏水，能清洗，内径 44.2～45.8 mm，壁厚约 1 mm，高 115 mm±3 mm。套管在冷浴中应能维持直立位置，高出冷却介质不能超过25 mm

（5）圆盘：软木或毛毡制成，厚约 6 mm，直径与套管内径相同。

（6）垫圈：由橡胶、皮革或其他适当的材料制成。环形，厚约 5 mm，有一定的弹性，要求能紧贴住试管外壁，而套管内壁保持宽松。还要求垫圈要有足够的硬度，以保持其形状。

（7）冷浴：其类型应适合于达到标准《石油产品倾点测定法》（GB/T 3535—2006）所规定的温度。冷浴的尺寸和形状是任意的，要能把套管紧紧地固定在垂直的位置。浴温应用合适的、浸入正确浸没深度的温度计来监控。当测定倾点温度低于9℃的油品时，需要用两个或更多的冷浴。所需的浴温可以用制冷装置或合适的冷却剂来维持。冷浴的浴温要求维持在规定温度的±1.5℃范围之内。

（8）计时器：测量30 s的误差最大不能超过0.2 s。

（9）制冷设备，使用无水乙醇作为冷却介质，可制冷到-69℃乃至更低温度。

五、试验步骤

（1）将清洁SL 10W-40汽油机油试样倒入试管至刻度线处。如果有必要试样可先在水浴中加热至流动，再倒入试管内。已知在试验前24 h内曾被加热超过45℃的油品，或是不知其受热经历的样品，均需要在室温下放置24 h后，方可进行试验。

（2）用插有高浊点和高倾点用温度计的软木塞塞住试管，如果试样的预期倾点高于36℃，使用熔点用温度计。调整软木塞和温度计的位置，使软木塞紧紧塞住试管，要求温度计和试管在同一轴线上。让试样浸没温度计水银球，使温度计的毛细管起点浸在试样液面下3 mm的位置。

（3）试样倾点高于-33℃的试样预处理：①将试样在不搅拌的情况下，放入已保持在高于预期倾点12℃，但至少是48℃的浴中，将试样加热到45℃或高于预期倾点9℃（选择较高者）。②将试管转移到已维持在24℃±1.5℃的浴中。③当试样达到高于预期倾点9℃（估算为3℃的倍数）时，按步骤（6）规定开始检查试样的流动性。④如果当试样温度已经达到27℃时，试样仍能流动，则小心地从浴中取出试管，用一块清洁且蘸擦拭液的布擦拭试管外表面，然后将试管按步骤（5）规定放在0℃的浴中。按步骤（6）观察试样的流动性，并按步骤（7）规定的程序进行冷却。

（4）试样倾点为-33℃和低于-33℃的试样应按下述方法处理：①试样在不搅动的情况下在48℃浴中加热至45℃，然后将其放在6℃±1.5℃浴中冷却至15℃。②当试样温度达到15℃时，小心地从水浴中取出试管，用一块清洁的、蘸擦拭液的布擦拭试管外表面，然后取下高浊点和高倾点温度计，换上低浊点和低倾点温度计。按步骤（5）规定将试管放在0℃浴中，再按步骤（7）规定的步骤依次将试管转移到各低温浴中。③当试样温度达到高于预期倾点9℃时，按步骤（6）观察试样的流动性。

（5）要保证圆盘、垫圈和套管的内壁是清洁和干燥的，并将圆盘放在套管的底部。在插入试管前，圆盘和套管应放入冷却介质中至少10 min，将垫圈放在试管的外壁，离底部约25 mm，并将试管插入套管，除24℃和6℃浴之外，其余情况都不能将试管直接放入冷却介质中。

（6）观察试样的流动性。

1）从第一次观察温度开始，每降低3℃都应将试管从浴或套管中取出（根据实际使用情况），将试管充分地倾斜以确定试样是否流动。取出试管、观察试样流动性和试管返回到浴中的全部操作须在3 s内完成。

2）从第一次观察试样的流动性开始，每降低3℃都应观察试样的流动性。要特别注意不能搅动试样中的块状物，也不能在试样冷却至足以形成石蜡结晶后移动温度计。因为移动石蜡中的多孔网状结晶物会导致偏低或错误的结果。

注：在低温时，冷凝的水雾会妨碍观察，可以用一块清洁的布蘸与冷浴温度接近的擦拭液擦拭试管以除去外表面的水雾。

3）当试管倾斜而试样不流动时，应立即将试管放置于水平位置5 s，并仔细观察试样表面。如果试样显示出有任何移动，应立即将试管放回浴或套管中，待再降低3℃时，重新观察试样的流动性。

4）按此方式继续操作，直至将试管放置于水平位置5 s；试管中的试样不移动，记录此时观察到的温度计读数。

（7）如果温度达到9℃时试样仍在流动，则将试管转移到下一个更低温度的浴中，并按下述顺序在9℃、−6℃、−24℃和−42℃时进行同样的转移：①试样温度达到9℃，移到−18℃浴中；②试样温度达到−6℃，移到−33℃浴中；③试样温度达到−24℃，移到−51℃浴中；④试样温度达到−42℃，移到−69℃浴中。

六、结果表示

在试验步骤（6）中4）记录得到的结果加3℃，作为试样的倾点或下倾点，取重复测定的两个结果的平均值作为试验结果。

七、精密度

按下述规定判断试验结果的可靠性（95%的置信水平）。

（1）重复性（r）：同一操作者，使用同一设备，用相同的方法对同一试样测得的两个连续试验结果之差不应超过3℃。

（2）再现性（R）：不同操作者，使用不同设备，用相同方法对同一试样测得的两个连续试验结果之差不应超过6℃。

八、报告

试验完成后，报告最后的结果应包括以下内容：①被测产品的完整资料；②注明执行的标准为《石油产品倾点测定法》（GB/T 3535—2006）；③试验结果；④按协议规定或其他规定与标准《石油产品倾点测定法》（GB/T 3535—2006）的试验步骤存在的任何差异都应注明；⑤试验日期等。

九、思考题

（1）影响测定石油产品倾点的主要因素有哪些？
（2）倾点与凝固点的区别是什么？
（3）测定石油产品倾点的意义有哪些？
（4）广州与黑龙江漠河行驶的汽油轿车，在冬季时应如何选取合适的发动机油，为什么？

试验十　柴油冷滤点的测定

一、试验目的

（1）了解石油产品冷滤点的定义；
（2）了解测定柴油冷滤点的意义；
（3）掌握测定柴油冷滤点的操作过程及操作中应注意的问题。

二、术语及方法概要

1. 术语

冷滤点（cold filter plugging point）：试样在规定条件下冷却，当试样不能流过过滤器或 20 mL 试样流过过滤器的时间大于 60 s 或试样不能完全流回试杯时的最高温度。

柴油的冷滤点通常接近于使用中的断油温度，除非对于在燃料供应系统安装了滤纸过滤器的馏分燃料或燃料的冷滤点低于浊点至少 12℃ 的情况。而民用取暖装置的操作温度通常要求不是很严格，可以在略低于民用取暖油冷滤点试验结果的温度下正常工作。

2. 方法概要

试样在规定条件下冷却，通过可控的真空装置，使试样经标准滤网过滤器吸入吸量管。试样每低于前次温度 1℃，重复此步骤，直至试样中蜡状结晶析出量足够使流动停止或流速降低，记录试样充满吸量管的时间超过 60 s 或不能完全返回到试杯时的温度作为试样的冷滤点。

三、试剂与材料

正庚烷，分析纯；丙酮，分析纯；无绒滤纸；校正标准物；车用柴油，符合《车用柴油（Ⅴ）》（GB 19147—2013）。

四、仪器

（1）柴油冷滤点测定仪器，组装如图 2-15 所示。

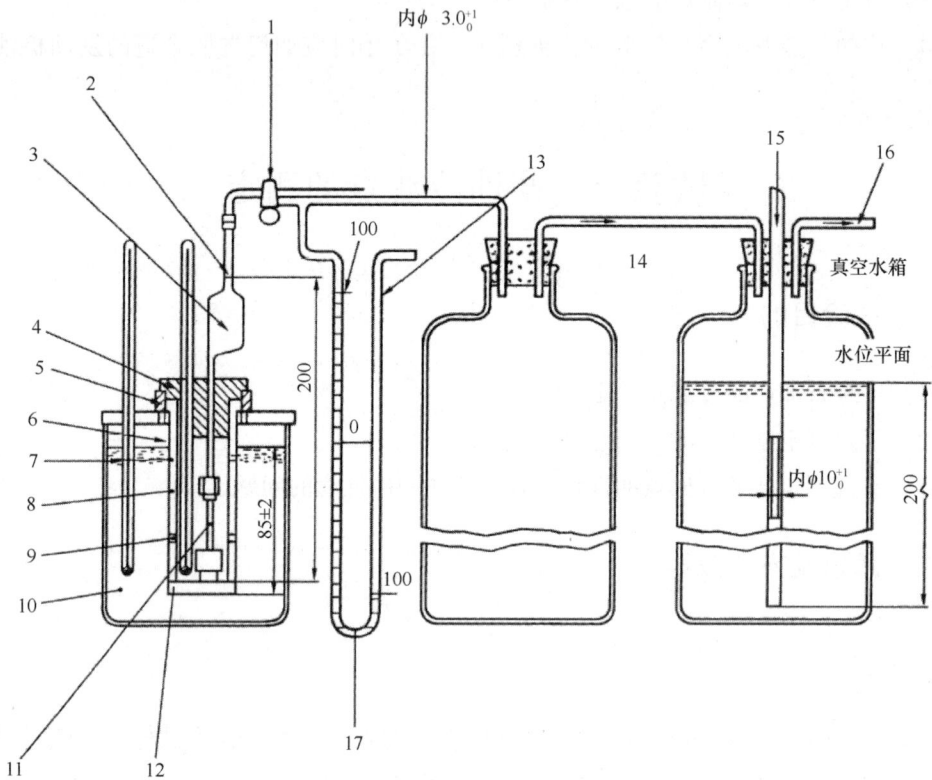

图 2-15　柴油冷滤点测定仪器组装图（单位：mm）

1—三通阀；2—20 mL 刻度；3—吸量管；4—塞子；5—支撑环；6—套管；7，9—定位环；

8—试杯；10—冷浴；11—过滤器；12—保温环；13—"U"形管压差计；

14—5 L 真空水箱；15—接大气；16—接真空泵；17—水

（2）试杯：透明玻璃制，平底筒形，内径 31.5 mm ± 0.5 mm，壁厚 1.25 mm ± 0.25 mm，高 120 mm±5 mm，在试杯的 45 mL 处有水平刻线。

（3）套管：黄铜制，平底筒形、防水，可用作空气浴。内径 45 mm±0.25 mm，外径 48 mm±0.25 mm，高 115 mm±3 mm。

（4）保温环：由耐油塑料或其他合适材料制成，放在套管的底部，起保温作用，保温环的外径应与套管内径吻合，厚度为 6 mm±0.3 mm。

（5）定位环（两个）：由耐油塑料或其他合适材料制成，厚约 5 mm，按图 2-15 放置，环绕在试杯周围，为套管的试杯提供保温。定位环必须紧卡住试杯，而又正好放进套管。定位环是不闭合的，应有 2 mm 环形空隙，以适应试杯直径的变化。定位环和保温环可制成一独立体。

（6）支撑环：由耐油塑料或其他合适的、无吸附性、耐油非金属材料制成，置于冷浴中合适位置垂直、稳定地悬挂在套管之外，且塞子应放在中心位置。

（7）塞子：由耐油塑料或其他合适的、无吸附性、耐油非金属材料制成，与试杯和支撑环装配在一起。塞子上有 3 个孔，其中 2 个孔分别插入吸量管和温度计，另外 1 个孔用于保持系统的压力平衡。当使用高范围温度计时，如需要可在塞子的上部做一个凹槽，以便于读取-30℃时的读数，在安插温度计的塞孔上装入一金属弹簧夹，以固定温度计。

（8）吸量管与过滤器：吸量管用透明玻璃制，见图 2-16，在距吸量管底部 149 mm±0.5 mm 处应有标记刻线（能容纳 20 mL±0.2 mL 体积的试样）。吸量管与过滤器相连。

过滤器（图 2-17）包括下面部件：①黄铜壳体：带有滤网的螺纹壳体，壳体应与耐油塑料之差的"O"形环相固定，中心管内径为 4 mm±0.1 mm。②黄铜螺帽：上部分与吸量管连接，下部分与滤网连接，连接要保证无缝隙。③滤网：直径 15 mm，平纹编织的不锈钢金属丝编织网，网孔尺寸为 45 μm，金属丝的直径为 32 μm。网孔公差应符合下列要求：网孔尺寸超出基本尺寸不得大于 22 μm；网孔平均尺寸对基本尺寸的偏差范围不得超出±3.1 μm；网孔尺寸超出基本尺寸 13 μm 的网孔数目不得超过网孔总数的 6%。④黄铜过滤座：用挡圈将过滤网挤压到过滤座的壳内，金属编织网暴露部分的直径为 12 mm±0.1 mm。⑤黄铜罐：带有外螺纹，此黄铜支脚与"O"形环可旋入黄铜过滤座，底部的末端带有 4 个孔口，以便样品进入过滤器。

（9）温度计：高范围温度计范围为-38~50℃，用于测定冷滤点高于-30℃（含 30℃）的样品，符合《石油产品试验用玻璃液体温度计技术条件》（GB/T 514—2005）中 GB-37 的要求；低范围温度计范围为-80~20℃，用于测定冷滤点低于-30℃的样品，符合《石油产品试验用玻璃液体温度计技术条件》（GB/T 514—2005）GB-36 的要求。冷浴用温度计范围为-80~20℃。

（10）冷浴：可以使用任何满足要求的冷浴，但需要有适宜的形状和尺寸以保证套管能在要求的位置垂直固定。冷浴应配有一个带单孔或多孔的盖子，以放置支撑环，套管可永久地固定在盖子上。通过一套制冷装置或合适的冷却介质，使浴温保持在规定的温度范围内，搅拌或其他方式的搅动冷却介质，确保冷浴的温度均匀。

不同冷滤点使用的冷浴温度见表 2-14。这些温度可通过多个冷浴或调节制冷装置得到。如仅使用制冷装置，浴温应能保证在 2.5 min 内降到下一个温度点。

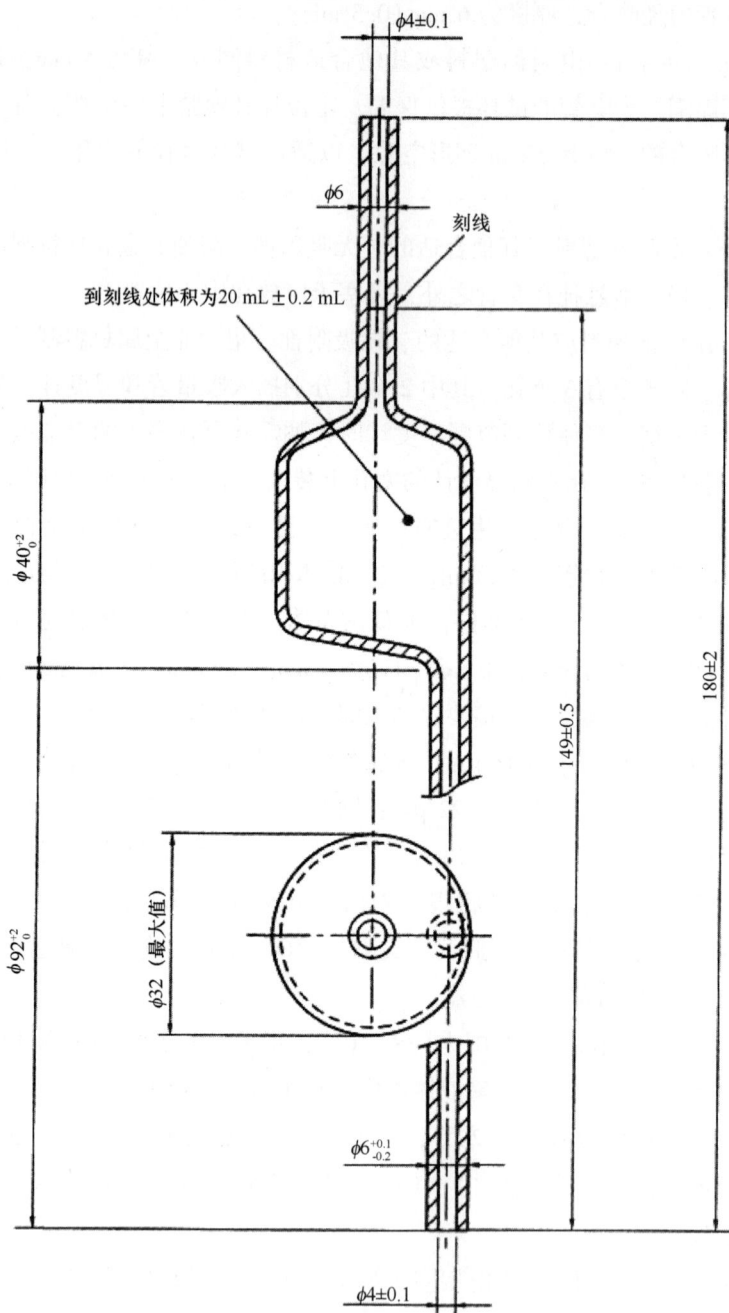

$\phi 4 \pm 0.1$

$\phi 6$

刻线

到刻线处体积为20 mL±0.2 mL

$\phi 40_{0}^{+2}$

$\phi 92_{0}^{+2}$

$\phi 32$（最大值）

149 ± 0.5

180 ± 2

$\phi 6_{-0.2}^{+0.1}$

$\phi 4 \pm 0.1$

图 2-16　吸量管（单位：mm）

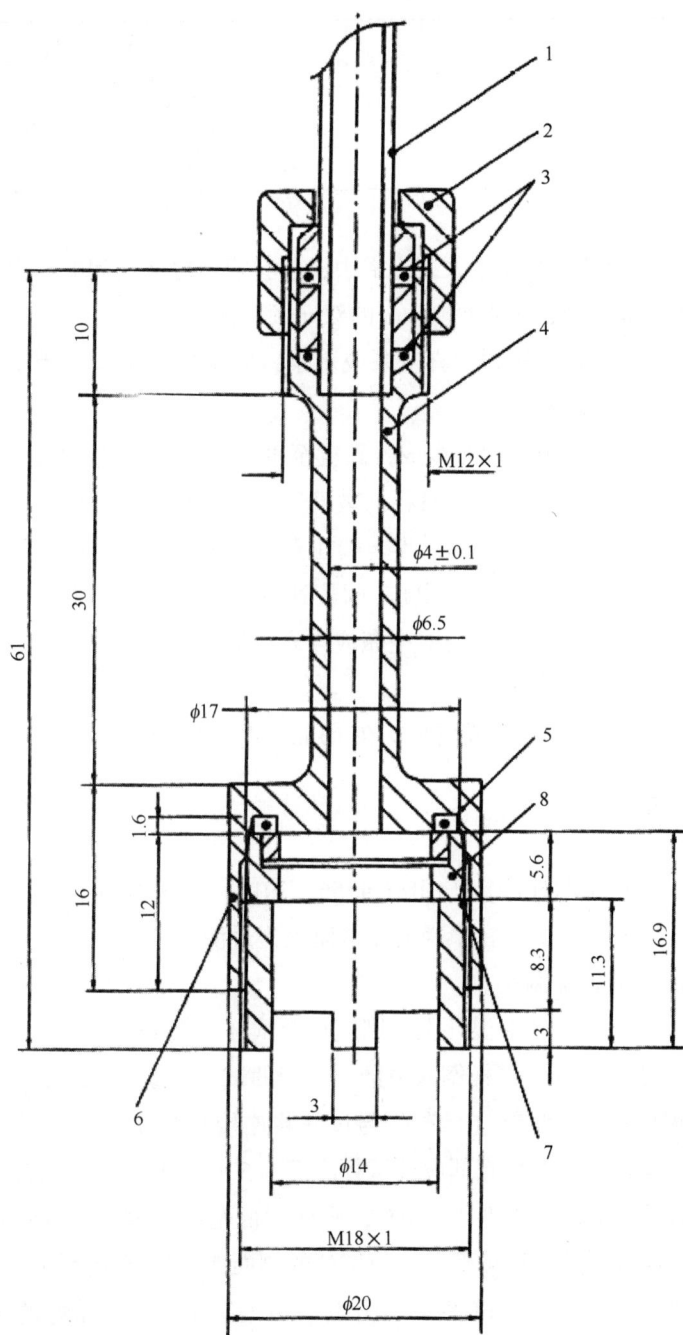

图 2-17　过滤器（单位：mm）

1—吸量管；2—黄铜螺帽；3—耐油塑料"O"形环，5.28×1.78；4—黄铜体；

5—耐油塑料"O"形环，12.42×1.78；6—滚花；7—处理过的黄铜体；8—过滤座

表 2-14　冷浴温度

预期冷滤点/℃	冷浴需要的温度/℃
高于-20	-34±0.5
-20~-35	-34±0.5，然后-51±1.0
低于-35	-34±0.5，然后-51±1.0，最后-67±2.0

如果同时将多个套管放在一个大型冷浴中，各套管臂之间的间隔至少为 50 mm。

（11）三通阀：玻璃制，带直径 3 mm 的双向倾斜孔。

（12）真空源：具有足够压力的真空泵或水泵，以确保在试验过程中真空调节装置中的空气流量为 15 L/h±1 L/h。

（13）真空调节装置：由玻璃瓶组成，高度至少为 350 mm，最少能充满 5 L 水并用塞子密闭，塞子上有 3 个孔并配有适宜直径的玻璃管。其中有两根短管，插入深度应在水面上方，第三根管内径为 10 mm±1 mm，当一端在塞子上方几厘米处时，另一端应保证可插到水面下约 200 mm 处。插入部分的深度应调整到使水位压差计的压差为 1.9 kPa±9.8 Pa（200 mm H_2O±1 mmH_2O）。另一个 5 L 空瓶应与真空调节装置水平连接，以便为真空源提供恒定的压力。

（14）计时器：精度为 0.2 s 或更高，在 10 min 内准确度为 0.10%。

五、试验步骤

按照《石油液体手工取样法》（GB/T 4756—2015）方法进行取样，在室温下（温度不能低于 15℃），将 50 mL 试样在干燥的无绒滤纸上过滤。

（1）在套管底部放置保温环。

（2）若定位环没有固定在保温环上，则应在距试杯底部 15~75 mm 处放置定位环。

（3）将已经过滤的 45 mL 试样倒入清洁、干燥的试杯中至刻度线处。

（4）将装有温度计、吸量管（已预先与过滤器连接）的塞子塞入盛有 45 mL 试样的试杯中，使温度计垂直，温度计底部应离试杯底部 1.5 mm±0.2 mm，过滤器也应垂直恰好放于试杯底部。若预期的冷滤点低于-30℃，则使用低范围温度计，试验期间不能更换温度计。小心操作确保温度计水银球部分不与试杯的侧面或过滤器相接触。

（5）当试样温度达到 30℃±5℃时，打开套管口的塞子，将准备好的试杯垂直放入置于已冷却到预定温度冷浴中的套管内，如果套管不能外部放入冷浴中，则套管应垂直放入冷浴中 85 mm±2 mm 处。冷浴温度应保持在-34℃±0.5℃。

（6）将真空系统与吸量管上的三通阀用软管连接好。在进行测定前，不要将吸量管与真空源连接。接通真空源，调节空气流量为 15 L/h，U 形管水位压差计应稳定指示压差为 1.9 kPa±9.8 Pa（200 mmH_2O±1 mmH_2O）。

（7）试杯插入套管后立刻开始试验，但如果已知试样的浊点，则最好将试样直接冷却到浊点以上5℃，当试样温度达到合适的整数度时，转动三通阀，开始进行试验。试样通过过滤器进入吸量管进行抽吸，同时开始计时。

当试样达到吸量管刻度标记时，停止计时并旋转三通阀到初始的位置，使吸量管与大气相通，试样自然流回试杯。

（8）如果第一次过滤达到吸量管刻度标记的时间超过60 s，放弃本次试验，在一个稍高温度，重复前面的试验。

（9）试样温度每降低1℃，重复操作，直到60 s时试样不能充满吸量管。记录此最后过滤开始时的温度，即为试样的冷滤点。

注：少数样品可能会出现不规律的吸入现象，即试验记录的吸入时间（试验充满吸量管的时间）意外地缩短了，而继续试验又会出现吸入时间延长，直到达到60 s极限的情况。

（10）当试样降到-20℃时，若还未达到其冷滤点，则应将试杯迅速转移到-51℃±1℃的冷浴中继续试验。试样温度每降低1℃，重复步骤（7）的操作。

（11）当试样降到-35℃时，若还未达到其冷滤点，则应将试杯迅速转移到-67℃±2℃的冷浴中继续试验。试样温度每降低1℃，重复步骤（7）的操作。

当试样降到-51℃，若还未达到试样的冷滤点，则应停止试验并报告结果为"-51℃时未堵塞"。

（12）按照步骤（9）、步骤（10）、步骤（11）操作后，若试样充满吸量管刻度标记处时间小于60 s，但在旋转三通阀到初始位置时，吸量管中的液体不能全部自然流回试杯中，则记录本次抽吸开始时的温度为试样的冷滤点。

六、结果表示

将记录的温度报告为试样的冷滤点。

七、精密度

按下述规定判断试验结果的可靠性（95%的置信水平）。

（1）重复性（r）：同一操作者，使用同一设备，用相同的方法对同一试样测得的两个连续试验结果之差不应超过1℃；

（2）再现性（R）：不同操作者，使用不同设备，用相同方法对同一试样测得的两个独立试验结果之差不应超过图2-18的范围。

图2-18的再现性也可以用下式表示

$$R = 0.103(25 - X) \tag{2-15}$$

式中，X 为用于比较的两个试验结果的平均值，℃。

注：建立此精密度样品的冷滤点温度不低于−35℃。

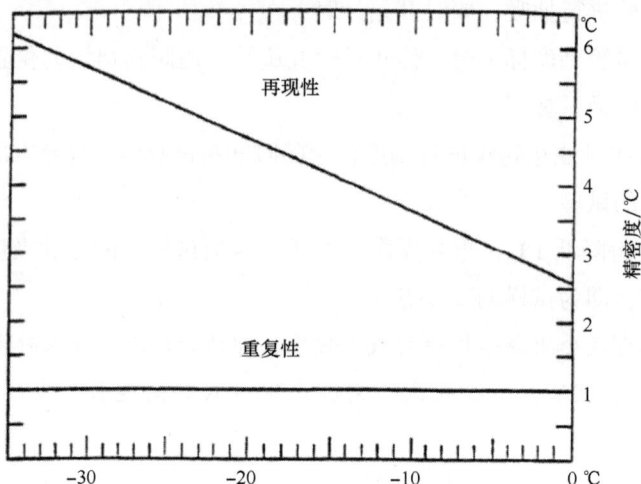

图 2-18　冷滤点精密度图

八、报告

试验完成后，报告最后的结果应包括以下内容：①被测产品的完整资料；②注明执行的标准为《柴油和民用取暖油冷滤点测定法》（SH/T 0248—2006）；③取样步骤与试验结果；④与试验步骤存在的任何差异；⑤试验日期等。

九、思考题

（1）影响测定柴油产品冷滤点的主要因素有哪些？

（2）车用柴油的冷滤点是否可用本方法测定？柴油冷滤点与凝点是否有对应关系？

（3）测定柴油冷滤点的意义是什么？冬天在哈尔滨行驶的柴油车需要选用多少号柴油才能满足要求？

试验十一　轻质烃、发动机燃料等
石油产品总硫含量测定（紫外荧光法）

一、试验目的

（1）了解紫外荧光法测定轻质烃、发动机燃料等石油产品总硫含量测定的原理；

（2）了解石油产品硫化物存在的危害性；

（3）掌握紫外荧光法测定轻质烃、发动机燃料等石油产品总硫含量的操作过程及注意事项。

二、石油产品中硫化物的危害及紫外荧光法适用范围

1. 石油产品中硫化物的危害

石油化工厂加工的原料中含有痕量硫化物会引起催化剂中毒；发动机燃料中硫含量过高将影响排放，加重污染等。

2. 适用范围

紫外荧光法适用于测定沸点范围为 25~400℃，室温下黏度范围为 0.2~10 mm²/s 的液态烃中总硫的含量；适用于测定总硫含量在 1.0~8 000 mg/kg 的石脑油、馏分油、发动机燃料和其他油品；适用于测定卤素含量低于 0.35%（质量分数）的液态烃中的总硫含量。

三、方法概要

将烃类试样直接注入裂解管或进样器中，由进样器将试样送至高温燃烧管，在富氧条件中，硫被氧化成二氧化硫（SO_2）；试样燃烧生成的气体在除去水后被紫外光照射，二氧化硫吸收紫外光的能量转变为激发态的二氧化硫（SO_2^*），当激发态的二氧化硫返回到稳定态的二氧化硫时发射荧光，并由光电倍增管检测，由所得信号值计算出试样的硫含量。

警告：接触过量的紫外光有害健康，试验者必须避免直接照射的紫外光以及次级或散射的辐射光对身体各部位，尤其是眼睛的危害。

四、仪器

（1）燃烧炉：电加热，温度能达到 1 100℃，此温度足以使试样受热裂解，并将其中的硫氧化成二氧化硫。

（2）燃烧管：石英制成。对于直接进样系统，可使试样直接进入高温氧化区。燃烧管必须有引入氧气和载气的支管，氧化区应足够大以确保试样的完全燃烧（图 2-19）。

（3）流量控制：仪器必须配备流量控制器，以确保氧气和载气的稳定供应。

（4）干燥管：仪器必须配备有除去水蒸气的设备，以除去进入检测器前反应产物中的水蒸气。可采用膜式干燥器，它是利用选择性毛细管作用除去水。

（5）紫外荧光（UV）检测器：定性定量检测器，能测量由紫外光源照射二氧化硫激

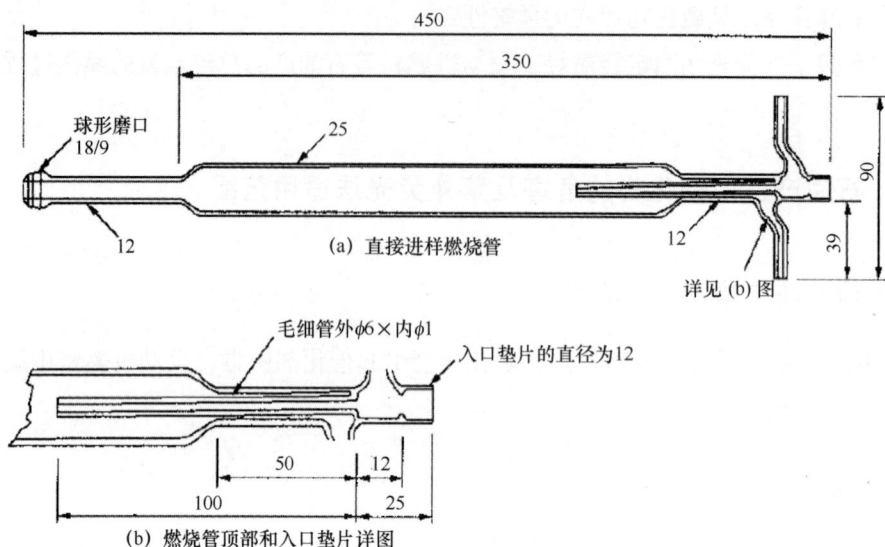

图 2-19　直接进样燃烧管（单位：mm）

发所发射的荧光。

（6）微量注射器：微量注射器能够准确地注入 5~20 μL 的样品量，注射器针头长为到 50 mm±5 mm。

（7）进样系统：采用直接自动进样系统。必须能使定量注射的试样在可控制、可重复的速度下进入进口载气流中，进口载气的作用是携带试样进入氧化区域。进样器能以约 1 μL/s 的速度从微量注射器中注射出试样，如图 2-20 所示。

注：也可以采用舟进样系统。

五、试剂与材料

1. 试剂

（1）溶剂：甲苯、二甲苯、异辛烷，或与待分析试样中组分相似的其他溶剂，分析纯。需对标准溶液和稀释试样所用溶剂的硫含量进行空白校正。当所使用的溶剂相对未知试样检测不到硫存在时，无需对其进行空白校正。

（2）基准试剂：硫芴（二苯并噻吩），相对分子质量 184.26，硫含量 17.399%（m/m）；丁基硫醚，相对分子质量 146.29，硫含量 21.92%（m/m）；硫茚（苯并噻吩），相对分子质量 134.20，硫含量 23.90%（m/m）。

（3）硫标准溶液（母液）。1 000 μg/mL：准确称取 0.574 8 g 硫芴（或 0.465 2 g 丁基硫醚，或 0.418 4 g 硫茚）放入 100 mL 容量瓶中，再用所选溶剂稀释至刻线，该标准溶液

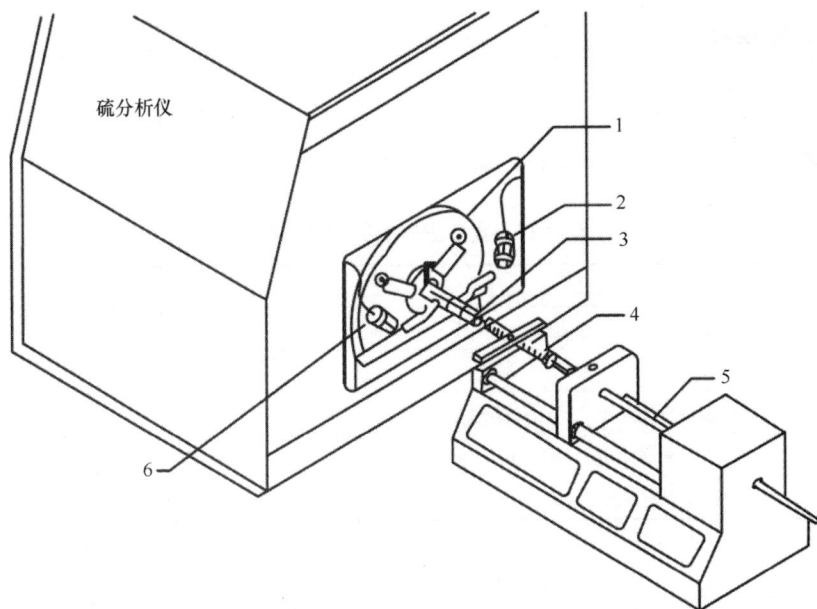

图 2-20　直接进样系统

1—加热炉；2—载气/氧气混合入口；3—直接进样燃烧管；4—注射器；5—进样器；6—高温氧气入口

可稀释至所需要的硫浓度。

注意：一般标准溶液的有效期为 3 个月。

2. 材料

（1）气体：氩气或氦气，纯度不小于 99.998%，水含量不大于 5 mg/kg；氧气，纯度不小于 99.75%，水含量不大于 5 mg/kg。

（2）石英毛及其他材料。

六、取样

（1）按《石油液体手工取样法》（GB/T 4756—2015）采取样品。某些样品中含易挥发性组分，所以开启样品容器的时间尽可能短，取出样品后应尽快分析，以避免硫损失和与样品容器接触而被污染。

警告：低于室温采取的样品，由于样品在室温时膨胀会损坏容器，对此类样品不要将容器装满，并应留有足够的样品膨胀空间。

（2）如果样品不立即使用，取试样前样品在容器内需充分混合。

七、仪器准备

（1）检漏：按照仪器制造厂家提供的说明书安装仪器并进行管路检漏。

（2）测定操作条件：典型的操作条件见表 2-15。

表 2-15　直接进样的典型操作条件

项目	条件
进样器进样速度（直接进样）/（$\mu L \cdot s^{-1}$）	1
炉温/℃	1 100±25
裂解氧气流量/（$mL \cdot min^{-1}$）	450~500
入口氧气流量/（$mL \cdot min^{-1}$）	10~30
入口载气流量/（$mL \cdot min^{-1}$）	130~160

（3）仪器空白校正：按照制造厂的要求进行仪器的灵敏度、基线稳定性调整，并进行仪器的空白校正。

八、校准

（1）选择表 2-16 所推荐的曲线之一。用所选溶剂稀释硫标准溶液（母液）以配制一系列校准标准溶液，其浓度范围应能包括待测试样浓度，并且所含硫的类型和基体都要与待测试样相似。

表 2-16　硫标准溶液及进样量

标准曲线	硫标准溶液/（$ng \cdot \mu L^{-1}$）	进样量/μL
曲线1	0.50	10~20
	2.50	
	5.00	
曲线2	5.00	5~10
	25.00	
	50.00	
	100.00	
曲线3	100.00	5
	500.00	
	1 000.00	

注：在选定的操作范围之内，所有待测试样的进样量应相同或相近，以确定一致的燃烧条件。

（2）在分析前，用标准溶液冲洗注射器几次。如果液柱中存有气泡，要冲洗注射器并重新抽取标准溶液。从表 2-16 所选定的曲线确定标准溶液进样量，将定量的标准溶液注入燃烧管。

为了确定进样量，将注射器充至所需刻度，回拉，使最低液面落至 10% 刻度，记录注射器中液体体积，进样后，再回拉注射器，使最低液面落至 10% 刻度，记录注射器中液体体积，两次体积读数之差即为注射进样量。

也可采用进样前后注射器称重的方法，确定进样量。该方法如果用感量 ±0.01 mg 的精密天平，可得到比体积法更好的精确度。

（3）当微量注射器中合适的标准溶液量确定后，将注射器小心地插入燃烧管的入口处，并位于进样器上。允许有一定时间让针头内残留标准溶液先行挥发燃烧（针头空白），当基线重新稳定后，立即开始分析；当仪器恢复到稳定的基线后取出注射器。

九、试验步骤

（1）试样的硫浓度必须介于校正所用标准溶液的硫浓度范围之内，即大于低浓度的标准溶液，小于高浓度的标准溶液。如有必要，可对试样用质量法或体积法稀释。质量稀释记录试样的质量、试样加溶剂的总质量。体积稀释记录试样的质量、试样加溶剂的总体积。

（2）按测定标准溶液浓度的方法来测定待测试样溶液的响应值。

（3）检查燃烧管和流路中的其他部件，以确定试样是否完全燃烧。

1）直接自动进样系统：如果发现有积炭或烟灰，应减少试样进样量或降低进样速度，或同时采取这两种措施。

2）清除和再校正：按照制造厂的说明书，清除有积炭或烟灰的部件。在清除、调节后，重新安装仪器和检漏。在再次分析试样前，需重新校正仪器。

（4）每个样品重复测定 3 次，并计算平均响应值。

十、计算

（1）使用标准工作曲线进行校正的仪器，试样中的硫含量 X 按下式计算

$$X = (I - Y)/(S \cdot M \cdot K_g) \tag{2-16}$$

或

$$X = (I - Y)/(S \cdot V \cdot K_v) \tag{2-17}$$

式中，X 为硫含量，mg/kg；I 为试样溶液的平均响应值；K_g 为质量稀释系数，即试样质量/试样加溶剂的总质量，g/g；K_v 为体积稀释系数，即试样质量/试样加溶剂的总体积，g/mL；M 为所注射的试样溶液质量，直接测量或利用进样体积和密度计算，$V \times D$，g；S 为标准曲线斜率，响应值/（μgs）；V 为所注射的试样溶液体积，直接测量或利用进样质量和密度计算（M/D，D 为试样溶液的密度，g/mL），μL；Y 为空白的平均响应值。

（2）配有校正功能的分析仪，对于未稀释待测样品，其硫含量的测试结果，可从计算机软件中直接读出。对于经稀释的待测样品的硫含量则按下式计算

$$X = 1\ 000G/(M \cdot K_g)\qquad\qquad(2-18)$$

或

$$X = 1\ 000G/(V \cdot D)\qquad\qquad(2-19)$$

式中，D 为试样的密度（不稀释进样），mg/μL，或试样溶液的浓度（体积稀释进样），mg/μL；K_g 为质量稀释系数，即试样质量/试样加溶剂的总质量，g/g；M 为所注射的试样溶液质量，直接测量或利用进样体积和密度计算（$V×D$），mg；V 为所注射的试样溶液体积，直接测量或利用进样质量和密度计算（$M×D$），μL；G 为仪器显示的试样中硫的质量，μg。

十一、精密度和偏差

（1）重复性（r）：同一操作者，同一台仪器，在同样的操作条件下，对同一试样进行试验，所得的两个试验结果的差值，在正确操作下，20 次中只有一次超过下式值

$$r = 0.186\ 7X^{0.63}\qquad\qquad(2-20)$$

式中，X 为两次试验结果的平均值。

（2）再现性（R）：在不同的实验室，由不同的操作者，对同一试样进行的两次独立的试验结果的差值，在正确操作下，20 次中只有一次超过下式值

$$R = 0.221\ 7X^{0.92}\qquad\qquad(2-21)$$

式中，X 为两次试验结果的平均值。

（3）偏差：本试验偏差由分析已知硫含量的烃类标准参考物质（SRMs）确定，分析所得测试结果在《轻质烃及发动机燃料和其他油品的总硫含量测定法（紫外荧光法）》（SH/T 0689—2000）的重复性内。

（4）上述精密度估算实例见表 2-17。

表 2-17　精密度估算实例　　　　　　　　　　单位：mg/kg

硫含量	重复性（r）	再现性（R）
1	0.187	0.222
5	0.515	0.975
10	0.796	1.844
50	2.195	8.106
100	3.397	15.338
500	9.364	67.425
1 000	14.492	127.575
5 000	39.948	560.813

十二、思考题

（1）测试石油产品硫含量有何意义？

（2）用于待测样品的稀释剂有何要求？

（3）我国、北美及欧洲现行车用柴油标准对硫含量要求是多少？请简述车用柴油中过高的硫含量的危害。

试验十二　液体石油化工产品密度测定

一、试验目的

（1）了解液体石油化工产品密度的测量方法；

（2）掌握液体石油化工产品密度测量的密度计法与比重瓶法的操作过程；

（3）了解测量液体石油化工产品密度的影响因素。

二、术语与定义

（1）密度 ρ_t：在规定温度下，单位体积内所含物质的质量数，单位为 kg/m^3 或 g/cm^3。当报告密度时，需同时注明所用的密度单位与温度。

（2）标准密度 ρ_{20}：在 20℃ 和 101.325 kPa 下，单位体积液体的质量，单位为 kg/m^3 或 g/cm^3。

（3）视密度 ρ'_t：在试验温度下，玻璃密度计在液体试样中的读数，单位为 kg/m^3 或 g/cm^3。

（4）密度温度系数 γ：温度每变化（升高或降低）1℃时，液体密度的变化值，kg/（m^3·℃），由下式计算得出。

$$\gamma = (\rho_{t_1} - \rho_{t_2})/(t_2 - t_1) \tag{2-22}$$

三、意义与适用范围

1. 意义

密度是物质一项非常重要的基础数据，广泛运用于生产过程控制、储运、计量及产品验收等过程中。密度可以用于石油化工产品的定性试验，也可以用于石化产品体积和质量之间的相互换算。对于两种纯化学物质的混合物，可以由密度来确定组成情况。

碳氢化合物的密度随着其相对分子质量的增加而增加；相对分子质量相同时，则按照正构烷烃、异构烷烃、环烷烃、芳香烃的顺序而增加；带稠芳香环的化合物的密度最大。分子中含硫，其密度明显增大。与其他取决于分子结构的性质（黏度、黏温性、折光指数、相对分子质量）相联合，密度是一个能区分烃油结构的实质性参数。

2. 适用范围

（1）密度计法：适用于测定易流动的透明液体的密度，对于不易流动的黏稠液体，可以使用恒温浴，在高于室温的情况下测定密度。密度计法也可以用于测定不透明液体的密度，但读数方法与透明液体不同。

（2）比重瓶法：适用于在试验温度和试验压力下可处理为液体的石油化工产品的密度测量。其中的毛细管塞比重瓶不适合初馏点低于40℃的液体；带刻度双毛细管比重瓶适用于除较黏稠产品以外的所有液体石油化工产品密度的精确测量，而且特别适用于只有少量样品的液体，但限于试验温度下运动黏度不超过 50 mm²/s 的液体。

注：《液体石油化工产品密度测定法》（GB/T 2013—2010）中还包括 U 形振荡管法，这里不再列出，有兴趣的读者请查阅标准原文。

四、采样

按照产品标准规定的方法进行采样。当产品标准中无要求时，按《石油液体手工取样法》（GB/T 4756—2015）和《液体化工产品采样通则》（GB/T 6680—2003）的规定采取样品。

五、试验步骤

（一）密度计法

1. 方法概要

使试样处于规定温度，将其倒入温度大致相同的密度计量筒中，选取合适的密度计放入已调好温度的试样中，让密度计静止。当温度达到平衡后，读取密度计的读数和试样的温度，根据需要换算密度或标准密度。如果需要，可以将装有试样的密度计量筒置于恒温浴中，以避免测定期间温度波动过大。

2. 样品制备

（1）样品制备：混合试样要使试样的轻组分损失最小，并保持样品的完整性。

对于易挥发性石油化工产品，为减少轻组分损失，样品应在原来的容器和密闭系统中混合。残渣石油化工产品，样品在混合前应加热到试验温度。

（2）试验温度：把样品加热到能充分地流动，但温度不能高到引起轻组分损失。

说明：测定标准密度在标准温度20℃或接近20℃时最准确。

3. 仪器

（1）玻璃密度计：应符合《石油密度计技术条件》（SH/T 0316—1998）和表2-18中给出的技术要求。要求密度计在检定有效内，密度计每5年需至少检定一次。

（2）密度计量筒：用于盛装密度试验试样的容器，由透明玻璃制成，形状为圆筒形。为了倾倒方便，密度计量筒上边缘应有一斜嘴。量筒内径至少比所用的密度计外径大25 mm，量筒高度应能使密度计在试样中漂浮时，密度计底部与量筒底部的间距至少有25 mm。

（3）温度计：应符合《石油产品试验用玻璃液体温度计技术条件》（GB/T 514—2005）中GB-48、GB-68的技术要求。合适范围的其他全浸式，具有相等或更高精度的温度计也可使用。要求温度计定期检定，确保温度计有效。

（4）恒温浴：其尺寸大小应能容纳密度计量筒，使试样完全浸没在恒温浴液体表面以下，在试验期间，能保持试验温度在±0.25℃以内。

（5）玻璃搅拌棒：长度约450 mm。

表2-18 密度计技术要求

型号	单位	密度范围	每支单位	刻度间隔	最大刻度误差	弯月面修正值
SY-02	kg/m³ (20℃)	600~1 100	20	0.2	±0.2	+0.3
SY-05		600~1 100	50	0.5	±0.3	+0.7
SY-10		600~1 100	50	1.0	±0.6	+1.4
SY-02	g/cm³ (20℃)	0.600~1.100	0.02	0.000 2	±0.000 2	+0.000 3
SY-05		0.600~1.100	0.05	0.000 5	±0.000 3	+0.000 7
SY-10		0.600~1.100	0.05	0.001 0	±0.000 6	+0.001 4

4. 仪器准备

（1）检查密度计的基准点确定密度计刻度是否处于干管内的正确位置，如果刻度已移动，应废弃此密度计。

（2）使密度计量筒和密度计的温度接近试样的温度。

5. 操作步骤

（1）在试验温度下把试样转移到温度稳定、清洁的密度计量筒中，避免试样飞溅和生成空气泡，并要减少轻组分的挥发。

（2）用一片清洁的滤纸除去试样表面上形成的所有气泡。

（3）把装有试样的量筒垂直地放在没有空气流动的地方。在整个试验期间，环境温度变化应不大于2℃。当环境温度变化大于±2℃时，应使用恒温浴，以免温度变化太大。

（4）用合适的温度计或搅拌棒作垂直旋转运动搅拌试样，使整个量筒中试样的密度和温度达到均匀。记录温度精确到0.1℃。从密度计量筒中取出温度计或搅拌棒。

（5）选取合适的密度计放入待测液体中，达到平衡位置时放开，让密度计自由漂浮，要注意避免弄湿液面以上的干管。把密度计按到平衡点以下1 mm或2 mm，并让它回到平衡位置，观察弯月面形状，如果弯月面形状改变，应清洗密度计干管，重复此项操作直到弯月面形状保持不变。

（6）对于不透明黏稠液体，要等待密度计慢慢地沉入液体中。

（7）对透明低黏度液体，将密度计压入液体中约两个刻度，再放开。由于干管上多余的液体会影响读数，在密度计干管液面以上部分应尽量减少残留液。

（8）在放开时，要轻轻地转动一下密度计，使它能在离开量筒壁的地方静止下来自由漂浮。要有充分的时间让密度计静止，并让所有气泡升到表面，读数前要除去所有气泡。

（9）当密度计离开量筒壁自由漂浮并静止时，按步骤（10）和步骤（11）读取密度计刻度值，读到最接近刻度间隔的1/5。

（10）测定透明液体，先使眼睛稍低于液面的位置，慢慢地升到表面，先看到一个不正的椭圆，然后变成一条与密度计刻度相切的直线，见图2-21，密度计读数为液体主液面与密度计刻度相切的那一点。

（11）测定不透明液体时，先使眼睛稍高于液面的位置观察，见图2-22，密度计读数为弯月面上缘与密度计刻度相切的那一点。

（12）记录密度计读数后，立即小心地取出密度计，并用温度计垂直地搅拌试样。记录温度到0.1℃。若这个温度与开始试验温度相差大于0.5℃，应重新读取密度计和温度计读数，直到温度变化稳定在±0.5℃以内。如果不能得到稳定的温度，把密度计量筒及其内容物放在恒温浴内，再从步骤（3）重新操作。

（13）铅弹蜡封型密度计在高于38℃下使用后，要垂直地晾干和冷却。

6. 计算

（1）对操作步骤（12）中观察到温度计读数做有关修正后，记录精确到0.1℃。

（2）由于密度计读数是按液体弯月面下缘检定的，对不透明液体，应按表2-18中给

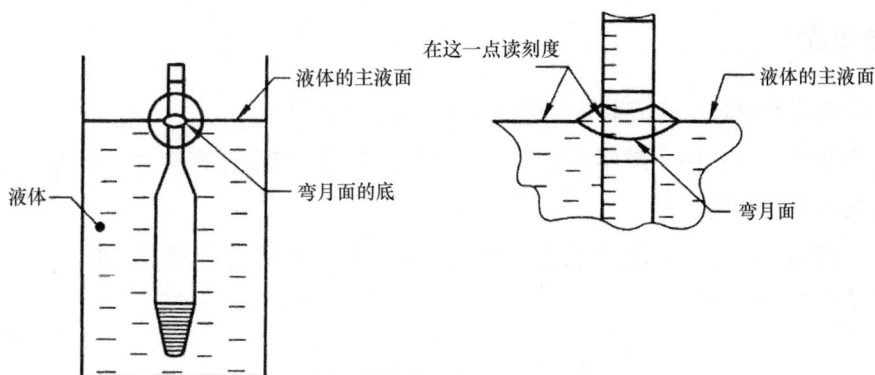

图 2-21 透明液体的密度计刻度读数

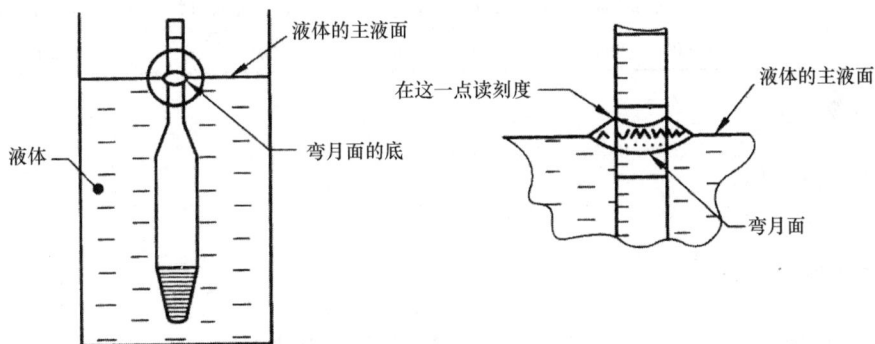

图 2-22 不透明液体的密度计刻度读数

出的弯月面修正值对观察到的密度计读数作弯月面修正。

（3）对观察到的密度计读数做有关修正后，记录精确到 0.1 kg/m³（0.000 1 g/cm³）。

（4）将得到的视密度使用下式作玻璃密度计膨胀系数修正后得到测定温度下的密度。

$$\rho_t = \rho'_t \times [1 - 0.000\ 023(t - 20) - 0.000\ 000\ 02(t - 20)^2] \quad (2-23)$$

式中，t 为试样的温度，℃；ρ'_t 为在温度 t 时试样的视密度；ρ_t 为在温度 t 时试样的密度。

（5）使用下式计算将测定温度下的密度换算到 20℃ 下的标准密度。也可以按相同算法计算其他温度下的密度。

$$\rho_{20} = \rho_t + \gamma(t - 20) \quad (2-24)$$

式中，γ 为密度温度系数，可根据查表或不同液体化工产品实测求得。

7. 报告

密度最终结果报告精确到 0.1 kg/m³（0.000 1 g/cm³），t℃。

8. 精密度

按下述规定来判断试验结果的可靠性（95%置信水平）。

（1）重复性（r）：同一操作者使用同一仪器，对同一样品进行测定，所得连续结果之差不应超过表 2-19 数值。

（2）再现性（R）：不同操作者在不同实验室对同一样品进行测定，两个独立结果之差不应超过表 2-19 数值。

表 2-19　密度计法的精密度

温度范围/℃	重复性（r）		再现性（R）	
	透明低黏度	不透明	透明低黏度	不透明
-2~24.5	0.5 kg/m³ 或 0.000 5 g/cm³	0.6 kg/m³ 或 0.000 6 g/cm³	1.2 kg/m³ 或 0.001 2 g/cm³	1.5 kg/m³ 或 0.001 5 g/cm³

（二）比重瓶法

1. 方法概要

（1）毛细管塞比重瓶法：将试样装入比重瓶，恒温至测定温度，称出试样的质量。由这一质量除以在相同温度下预先测得的比重瓶中水的质量（水值）与其密度之比值，即可计算出试样的密度。

（2）带刻线双毛细管比重瓶法：比重瓶双臂刻度用水校准，以比重瓶内所装水在空气中的表观质量与刻度值作图。将试样注入干燥的比重瓶中，在测定温度下达到恒温后，记下两臂中液面刻度线，并称量，用图表查出等体积水在空气中的表观质量，试样密度的计算同上。

2. 仪器

（1）毛细管塞比重瓶：如图 2-23 所示。

防护帽（磨口帽）型比重瓶［图 2-23（a）］适用于除黏稠和固体产品外的所有样品。通常用于较易挥发的样品。防护帽可减少膨胀与挥发损失。这种形式的比重瓶可在低于室温的条件下用于测定液体样品的密度。

盖吕-萨克比重瓶［图 2-23（b）］适用于除黏稠液体外的不易挥发的液体。

（2）带刻度双毛细管比重瓶（图 2-24）：适用于测定高挥发性液体的密度。容量 1~10 mL，其规格尺寸见表 2-20，总质量不超过 30 g。

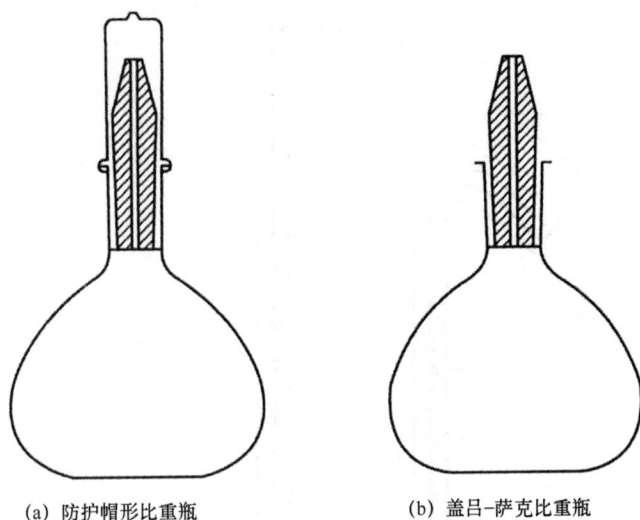

(a) 防护帽形比重瓶　　　　　　(b) 盖吕-萨克比重瓶

图 2-23　毛细管塞比重瓶

表 2-20　带刻度双毛细管比重瓶的规格尺寸

标称容量/mL	1	2	5	10
实际容量与标称容量的最大差值/mL	±0.2	±0.3	±0.5	±1
最大质量/g	30			
总高度（A）/mm	175±5			
刻度以上最小高度（B）/mm	40			
从球到刻度的最小高度（C）/mm	5			
垂直两臂中心线之间的距离（D）/mm	28±2			
管子外径（F）/mm	6			
管子内径（G）/mm	1±0.1			
从球底到零刻度线的长度（H）/mm	40			
球的外径（J）/mm	6.6	14	20	25

（3）恒温水浴：水深在 150 mm 以上，温度可控制在±0.05℃。

（4）浴用温度计：应符合《石油产品试验用玻璃液体温度计技术条件》（GB/T 514—2005）的技术要求。合适范围的其他全浸式，具有相等或更高精度的温度计也可以使用。温度计须在检定有效期内。

（5）比重瓶支架：能垂直地支持比重瓶，使之位于恒温浴中合适位置，由耐腐蚀的金属或其他材料制成。

一种用于带刻度双毛细管比重瓶的支架如图 2-25 所示，它由耐腐蚀的两块金属圆板组成。用 3 个螺杆将 2 块金属圆板组成如图 2-25 所示的形状，比重瓶的一个毛细管臂穿

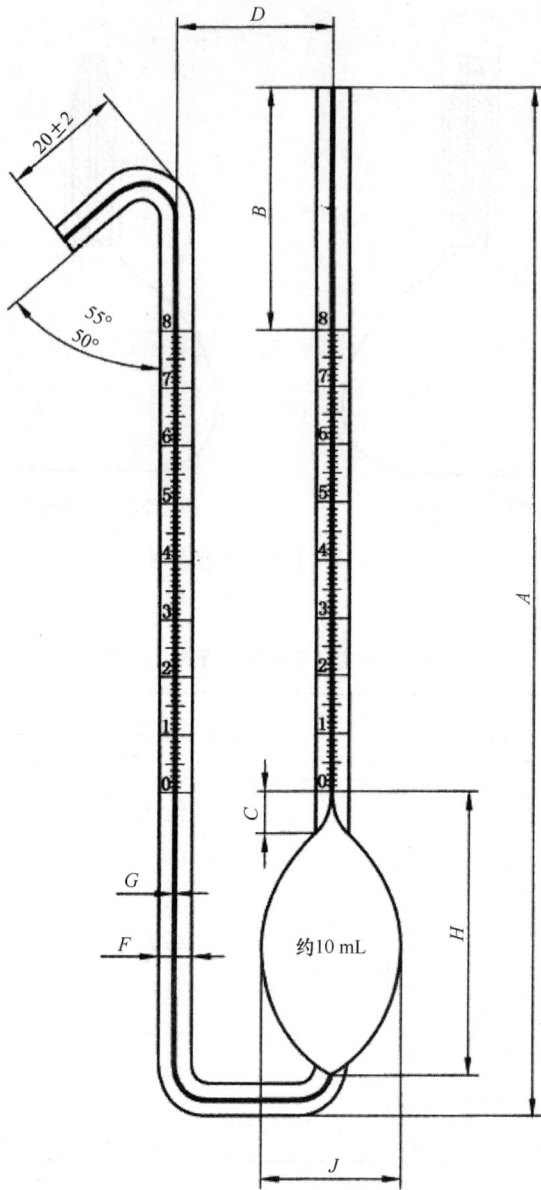

图 2-24 带刻度双毛细管比重瓶（里普金型）（单位：mm）

注：图中 A、B、C、D、F、G、H、J 尺寸见表 2-20

过支架两板的圆孔，并用弹簧片卡牢。整个支架置于恒温水浴上盖的圆孔中。

（6）分析天平：感量 0.000 1 g。

（7）实验室用真空泵：0.5~1 L/s。

（8）真空干燥器。

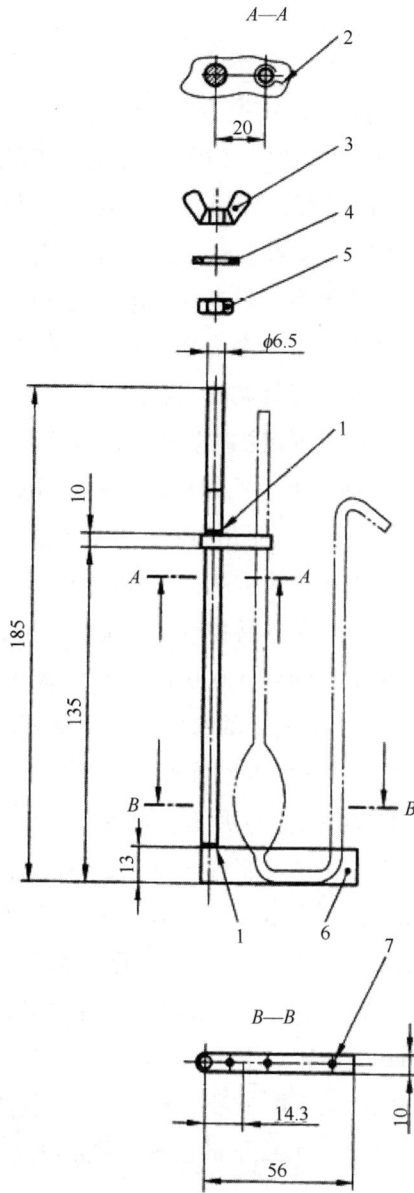

图 2-25　一种适于带刻度双毛细管的支架设计（单位：mm）

1—焊接；2—弹簧夹 0.32（金属薄片，黄铜）；3—蝶形螺帽；4—垫片；5—六角螺帽；

6—金属薄片盘（黄铜），薄片厚 0.315；7—3 个孔，ϕ3

3. 试剂

无水乙醇，分析纯；石油醚，30~60℃，分析纯；铬酸洗液；蒸馏水或去离子水。

4. 准备工作

（1）比重瓶的准备：先清除比重瓶和塞子上的污染物，用铬酸洗液彻底清洗后，用水洗净，再分别用蒸馏水（去离子水）、无水乙醇冲洗，用干燥的空气吹干。

（2）比重瓶的校准（比重瓶水值的测定）：将比重瓶干燥后，冷却至室温，消除比重瓶上可能产生的静电，称量准确至 0.000 1 g，此质量即为空比重瓶质量（m_0）。

注：如果天平箱内没有静电消除器，则可以对比重瓶呼气以消除静电，但要确保比重瓶已恢复到恒定质量。以后的称量均需考虑消除静电。所有称量需在不超过 5℃ 范围内进行，以限制空气密度的变化，确保获得最大的准确性。

毛细管塞比重瓶水值的测定：①规定校准比重瓶的参比温度为 20℃。②用新煮沸并冷却至 18℃ 左右的蒸馏水注满比重瓶，塞上毛细管塞，注意不要压入空气泡。将比重瓶置于 20℃±0.05℃ 的恒温水浴中，浸没至比重瓶颈中部，至少恒温 1 h。用滤纸片迅速擦去毛细管塞顶部多余的水分。如果用防护帽型比重瓶，则将防护帽牢牢地戴在毛细管塞上。③将比重瓶从恒温水浴中取出，使比重瓶及内盛物冷却至稍低于恒温水浴的温度。用清洁、干燥的无毛布擦干比重瓶外壁，称量准确至 0.000 1 g，得到装有水的比重瓶质量（m_c），其与空比重瓶的质量（m_0）之差即为比重瓶的水值。④比重瓶水值应至少测定 5 次，其极差不应大于 0.000 5 g，取算术平均值作为比重瓶的水值。

带刻度双毛细管比重瓶水值的测定：①用新煮沸并冷却至 18℃ 左右的蒸馏水以虹吸法注入比重瓶使液面达到刻线上部。将比重瓶置于 20℃±0.05℃ 的恒温水浴中，使比重瓶中全部液体浸没在恒温水浴液面下，恒温 20 min 后读取两臂液面刻度，读数读到最小分度。②将比重瓶从恒温水浴中取出，用清洁、干燥的无毛布擦干比重瓶外壁，称量，准确至 0.000 1 g。③盛水比重瓶和空比重瓶在空气中的表观质量之差即为比重瓶的水值。陆续从比重瓶中取出一点水，重复测定上、中、下不同刻度部位一系列至少 3 个水值。这些点应位于直线上，如果点离直线的距离大于两个最小分度，经重复测定仍无改变则此比重瓶应废弃。④如果需要测定其他温度下（t_c）的密度，则必须在所需温度下测定比重瓶的水值。

注意：比重瓶每两年需要进行一次校正。

5. 操作步骤

（1）毛细管塞比重瓶法。

1）根据试样选择合适类型和大小的比重瓶，通常 25 mL 和 50 mL 最合适。

2）将干燥、清洁并测过水值的比重瓶称量。25 mL 或更大容量的比重瓶精确至 0.000 5 g；较小容量的比重瓶精确至 0.000 1 g。

3）将试样注满比重瓶，放入恒温水浴中，浸没至比重瓶颈中部。比重瓶在恒温水浴中恒温 20 min，使温度达到测定温度（t_t），并使气泡升到液面，待液面不再变动时，塞上预先处于测定温度的毛细管塞，用滤纸擦去毛细管顶部多余的试样，使毛细管中的试样在塞顶成弯月面。如用防护帽形比重瓶，则戴上防护帽。如液面仍有变动，则在恒温水浴中保持到液面稳定为止。

注：对于产品混合物，有必要确保测定温度和最终报告温度的一致，除非可以接受一个近似结果并已知混合物的体积组成以及混合物组分的修正系数。

4）将比重瓶从恒温水浴中取出，如果不是防护帽型比重瓶，则冷却到稍低于测定温度。如果测定温度高于室温，则冷却至室温。

5）用清洁、干燥的无绒布擦去比重瓶外壁的水和试样后称量（25 mL 或更大容量的比重瓶精确至 0.000 5 g；较小容量的比重瓶精确至 0.000 1 g），得到装有试样的比重瓶质量（m_t）。

（2）带刻度双毛细管比重瓶法。

1）将干燥、清洁并测过水值的比重瓶称量，精确至 0.000 1 g。

2）用虹吸法将低于测定温度的试样装入比重瓶，直到液面达到毛细管刻度部分（以达到刻度的中、下部为宜）。

3）将比重瓶放入恒温水浴中，恒温 20 min，读取两臂中的液面刻度。

注：对于产品混合物，有必要确保测定温度和最终报告温度的一致，除非可以接受一个近似结果并已知混合物的体积组成以及混合物组分的修正系数。

4）将比重瓶从恒温水浴中取出，冷却至室温后称量，精确至 0.000 1 g。

5）对于含有大量沸点低于 20℃ 的高挥发性试样或不能肯定测定过程中是否由于蒸发造成损失的试样，则在装样前，要将试样和比重瓶冷却到 0~5℃。假如露点相当高，以至水蒸气在比重瓶中凝结，可在比重瓶的一臂上接一个干燥管来防止这种现象。对于这类试样，应装在低刻度线，使蒸发损失减小到最小。假如未充满的毛细管臂总长超过 10 cm，则扩散速度是很低的，甚至像异戊烷这样高挥发性化合物，在测定过程中蒸发损失低到可以忽略不计。

6. 计算

当测定密度用于控制产品品质时，测定温度通常选用参比温度（如 20℃）；当测定密度用于产品质量或表观质量计算时，应该在产品计算温度的 ±3℃ 以内测定密度。对于高挥发性样品，为了减少轻组分的损失，应该在 20℃ 或 20℃ 以下测定密度。

（1）密度的计算。

1）当 $t_t = t_c$ 时，按下式计算试样的密度

$$\rho_t = \frac{(m_t - m_0)\rho_c}{(m_c - m_0)} + C \qquad (2-25)$$

式中，ρ_t 为测定温度下试样的密度，kg/m^3；m_0 为空比重瓶在空气中的表观质量，g；m_c 为在校准温度 t_c 时，盛水比重瓶在空气中的表观质量，g；m_t 为在测定温度 t_t 时，盛液体试样比重瓶在空气中的表观质量，g；C 为空气浮力修正值，kg/m^3，见表 2-21；ρ_c 为校准温度 t_c 时水的密度，kg/m^3。

表 2-21　空气浮力修正值

$\dfrac{m_t-m_0}{m_c-m_0}$	修正值 C / ($kg \cdot m^{-3}$)	$\dfrac{m_t-m_0}{m_c-m_0}$	修正值 C / ($kg \cdot m^{-3}$)	$\dfrac{m_t-m_0}{m_c-m_0}$	修正值 C / ($kg \cdot m^{-3}$)	$\dfrac{m_t-m_0}{m_c-m_0}$	修正值 C / ($kg \cdot m^{-3}$)
0.60	0.48	0.70	0.36	0.80	0.24	0.90	0.12
0.61	0.47	0.71	0.35	0.81	0.23	0.91	0.11
0.62	0.46	0.72	0.34	0.82	0.22	0.92	0.10
0.63	0.44	0.73	0.32	0.83	0.20	0.93	0.08
0.64	0.43	0.74	0.31	0.84	0.19	0.94	0.07
0.65	0.42	0.75	0.30	0.85	0.18	0.95	0.06
0.66	0.41	0.76	0.29	0.86	0.17	0.96	0.05
0.67	0.40	0.77	0.28	0.87	0.16	0.97	0.04
0.68	0.38	0.78	0.26	0.88	0.14	0.98	0.02
0.69	0.37	0.79	0.25	0.89	0.13	0.99	0.01

注：上述修正值按标准空气（温度 15.56℃，大气压力为 101.3 kPa）密度为 1.222 kg/m^3 计算，适用于空气密度 1.1～1.3 kg/m^3 的范围。

2）当 $t_t \neq t_c$ 时，按下式计算试样的密度

$$\rho_t = \left[\frac{(m_t - m_0)\rho_c}{(m_c - m_0)} + C \right] \left[\frac{1}{1 - \alpha(t_c - t_t)} \right] \qquad (2-26)$$

式中，ρ_t 为测定温度下试样的密度，kg/m^3；t_c 为比重瓶用水校准时的温度（参比温度 20℃），℃；t_t 为测定试样的温度，℃；α 为玻璃的体积膨胀系数（硼硅玻璃为 $10 \times 10^{-6}℃^{-1}$；钠钙玻璃为 $25 \times 10^{-6}℃^{-1}$，视比重瓶材质而定）。

3）标准温度下的密度可用密度计法中的公式进行计算。

（2）结果的修约。数值小于 1.000 00 g/cm^3 或 1 000.00 kg/m^3 时，一律修约到 5 位有效数字。数值等于或大于 1.000 00 g/cm^3 或 1 000.00 kg/m^3 时，修约到 6 位有效数字。

7. 报告

取重复测定两个结果的算术平均值作为测定结果。密度报告到 0.000 1 g/cm^3 或 0.1 kg/m^3。

8. 精密度

按下述规定来判断试验结果的可靠性（95%置信水平）。

（1）重复性（r）：同一操作者使用同一仪器，对同一样品进行测定，所得连续结果之差不应超过表 2-22 数值。

（2）再现性（R）：不同操作者在不同实验室，对同一样品进行测定，两个独立结果之差不应超过表 2-22 数值。

表 2-22　比重瓶法精密度

试样	毛细管塞比重瓶		带刻度双毛细管比重瓶	
	重复性	再现性	重复性	再现性
不易挥发又不黏稠试样	0.000 6 g/cm³ 或 0.6 kg/m³	0.000 6 g/cm³ 或 0.6 kg/m³	—	—
0.777 0~0.892 0 g/cm³ 或 777.0~892.0 kg/m³	—	—	0.000 7 g/cm³ 或 0.7 kg/m³	0.001 g/cm³ 或 1.0 kg/m³

六、思考题

（1）测定液体石油化工产品的密度意义是什么？测定易挥发石油产品的密度需要注意哪些问题？哪种方法更合适测量其密度？

（2）测定石油产品标准密度时，为什么温度一定要恒定？

（3）测定液体石油化工产品密度的标准方法有哪些？请简述这些方法之间的差异。

试验十三　机械杂质的测定

一、试验目的

（1）了解石油产品中机械杂质的来源及存在的危害；

（2）掌握测定石油产品机械杂质的方法与注意事项。

二、机械杂质的来源及测定意义

（1）概念：石油及其产品中的机械杂质是指存在于油品中所有不溶于所用溶剂（如溶剂汽油、苯、乙醇-乙醚混合液、乙醇-苯混合液等）的沉淀状或悬浮状物质，其组成有沙子、尘土、金属磨屑、矿物盐及炭青质等。

（2）来源：机械杂质的来源主要是生产加工过程、运输与储存时混入。

（3）危害：燃料油中含有杂质将会降低发动机的效率，堵塞油道，对发动机造成磨料磨损；润滑油中含有杂质将增加磨损，损害设备并堵塞润滑油道造成润滑不良等。

三、方法概要

称取一定量的试样，溶于所用的溶剂中（称取的试样量范围及稀释比例见表2-23），用已经恒重的滤纸或微孔玻璃过滤器过滤，被留在滤纸或微孔玻璃过滤器的杂质即为机械杂质。

四、仪器与设备

水浴或电热板；机械真空泵或循环水真空水流泵，保证残压不大于 1.33×10^3 Pa；可加热到105℃±2℃的干燥箱（烘箱）；红外线灯泡；漏斗式微孔玻璃过滤器，P10（孔径 4~10 μm），直径40 mm、60 mm、90 mm；分析天平，感量0.1 mg；烧杯或宽颈的锥形烧瓶；称量瓶；玻璃漏斗；保温漏斗；洗瓶；玻璃棒；吸滤瓶；玻璃干燥皿。

五、试剂与材料

1. 试剂

95%乙醇，化学纯；乙醚，化学纯；甲苯，化学纯；乙醇-甲苯混合溶剂，用95%乙醇和甲苯按体积比为1∶4配制；乙醇-乙醚混合溶剂，用95%乙醇和乙醚按体积比为4∶1配制；硝酸银，分析纯，配成0.1 mol/L的水溶液；水，符合《分析实验室用水规格和试验方法》（GB/T 6682—2008）中三级水的要求。

说明：以上所有试剂使用前要用与试验时所采用的型号相同的滤纸或微孔玻璃过滤器过滤，然后作溶剂用；试验时允许采用等级不低于标准规定的试剂。

2. 材料

定量滤纸，中速，直径11 cm，符合《化学分析滤纸》（GB/T 1914—2007）标准要求；溶剂油，符合《橡胶工业用溶剂油》（SH 0004—1990）标准要求（说明：使用前要用与试验时所采用的型号相同的滤纸或微孔玻璃过滤器过滤，然后作溶剂用）。

六、准备工作

（1）将容器中的试样（不超过容器容积的3/4）摇动5 min，使其混合均匀。石蜡基和黏稠的石油产品应预先加热到40~80℃，润滑油添加剂加热到70~80℃，然后用玻璃棒仔细搅拌 5 min。

（2）试验用滤纸应放在清洁干燥的称量瓶中称量。

（3）带滤纸的敞口称量瓶或微孔玻璃过滤器放在烘箱内，在105℃±2℃下载干燥不少于45 min，然后放在干燥器中冷却 30 min（称量瓶的瓶盖应盖上），进行称量，称准至0.000 2 g。重复干燥（第二次干燥时间只需 30 min）及称量，直至连续两次称量间的差数不超过 0.000 4 g。

七、试验步骤

（1）按表 2-23 的要求将混合好的试样加入烧杯内并称量（至少能容纳稀释试样后的总体积），并用加热溶剂（溶剂油或甲苯）按比例稀释。

在测定石油、深色石油产品、加添加剂的润滑油和添加剂中的机械杂质时，采用甲苯作为溶剂。溶解试样的溶剂油或甲苯，应预先放在水浴内分别加热至40℃和80℃，不应使溶剂沸腾。

表 2-23 称量范围及稀释比例

试样		样品量范围		溶剂体积与样品质量的比例
		样品质量/g	称准至/g	
石油产品：100℃运动黏度	≤20 mm²/s	100	0.05	2~4
	>20 mm²/s	50	0.01	4~6
石油：含机械杂质≤1%（质量分数）		50	0.01	5~10
锅炉燃料：含机械杂质	≤1%（质量分数）	25	0.01	5~10
	>1%（质量分数）	10	0.01	≤15
添加剂		10	0.01	≤15

（2）将恒重好的滤纸放在玻璃漏斗中。放滤纸的漏斗或已恒重的微孔玻璃过滤器用支架固定，趁热过滤试样溶液。溶液沿着玻璃棒流入漏斗（滤纸）或微孔玻璃过滤器，过滤时溶液高度不应超过漏斗（滤纸）或微孔玻璃过滤器的 3/4。试杯上的残留物用热的溶剂油（或甲苯）冲洗后倒入漏斗（滤纸）或微孔玻璃过滤器，黏附在烧杯壁上的试样残渣和固体杂质要用玻璃棒使其松动，并用加热到 40℃的溶剂油（或加热到 80℃的甲苯）冲洗到滤纸或微孔玻璃过滤器上。重复冲洗烧杯的溶剂直至干净为止。

（3）若试样含水较难过滤时，将试样溶液静止 10~20 min 后将烧杯内沉降物上层的溶剂油（或甲苯）溶液小心地倒入漏斗或微孔玻璃过滤器内。然后向烧杯的沉淀物中加入5~15 倍（按体积）的乙醇-乙醚混合溶剂稀释，再进行过滤，试杯中的残渣要用乙醇-乙醚混合溶剂和热的溶剂油（或甲苯）彻底冲洗到滤纸或微孔玻璃过滤器内。

（4）在测定难以过滤的试样时，允许使用减压吸滤和保温漏斗或红外灯泡保温等措施。过滤时必须控制滤速，保持滤液呈滴状，不允许滤液呈线状。

（5）在过滤结束后，对带有沉淀物的滤纸或微孔玻璃过滤器，用装有不超过40℃溶剂油的洗瓶进行清洗，直到滤纸或微孔玻璃过滤器上不再留有试样痕迹且滤出的溶剂完全透明和无色为止。

测定石油、深色石油产品、加添加剂的润滑油和添加剂中的机械杂质时，采用不超过80℃的甲苯冲洗滤纸或微孔玻璃过滤器；测定加添加剂的润滑油和添加剂中的机械杂质时，若滤纸或微孔玻璃过滤器中有不溶于溶剂油和甲苯的残渣，可用加热到60℃的乙醇-甲苯混合溶剂补充冲洗。

（6）在测定石油、添加剂和带添加剂的润滑油的机械杂质时，允许使用热蒸馏水冲洗残渣。对带有沉淀物的滤纸或微孔玻璃过滤器用溶剂冲洗后，在空气中干燥10~15 min，然后用200~300 mL加热到80℃的蒸馏水冲洗。

（7）带有沉淀物的滤纸或微孔玻璃过滤器冲洗完毕后，将带有沉淀物的滤纸放入过滤前所对应的称量瓶中，将敞口称量瓶或微孔玻璃过滤器放在105℃±2℃的烘箱内干燥不少于45 min。然后放在干燥器中冷却30 min（称量瓶的瓶盖需盖上），进行称量，称准至0.000 2 g。重复干燥（第二次干燥只需30 min）及称量的操作，直至两次连续称量间的差数不超过0.000 4 g为止。

（8）若机械杂质的含量不超过石油产品或添加剂的技术标准的要求范围，第二次干燥及称量处理可以省去。

（9）试验时，应同时进行溶剂的空白试验。

八、计算

试样的机械杂质含量 $w\%$（质量分数）按下式计算

$$w = \frac{(m_2 - m_1) - (m_4 - m_3)}{m} \times 100 \qquad (2-27)$$

式中，w 为质量分数，%；m_1 为滤纸和称量瓶的质量（或微孔玻璃过滤器的质量），g；m_2 为带有机械杂质的滤纸和称量瓶的质量（或微孔玻璃过滤器的质量），g；m_3 为空白试验过滤前滤纸和称量瓶的质量（或微孔玻璃过滤器的质量），g；m_4 为空白试验过滤后滤纸和称量瓶的质量（或微孔玻璃过滤器的质量），g；m 为试样的质量，g。

九、报告

（1）取重复测定两个结果的算术平均值作为试验结果。

（2）机械杂质含量在0.005%（质量分数）（包括0.005%）以下时，则可认为无机械杂质。

十、精密度

按下述规定判断测定结果的可靠性（95%置信水平）。

（1）重复性（r）：同一操作者，使用同一设备，用相同的方法对同一试样测得的两个连续试验结果之差，不应大于表2-24的数值。

（2）再现性（R）：不同操作者，使用不同设备，用相同方法对同一试样测得的两个单一、独立的结果之差，不应大于表2-24的数值。

表 2-24　机械杂质方法的精密度（%）

机械杂质（质量分数）	重复性（质量分数）	再现性（质量分数）
≤0.01	0.002 5	0.005
>0.01~0.1	0.005	0.01
>0.1~1.0	0.01	0.02
>1.0	0.10	0.20

为保障油品的正常使用，防止机械杂质的引入是必不可少的。关键在于要控制生产的过程（包装物干净、灌装过程的过滤）、运输（散装的槽罐车的清洁程度）、使用及管理的各个环节，避免机械杂质及其他外来物质的污染。

十一、思考题

（1）测定石油产品中机械杂质的意义是什么？

（2）测定黏稠的添加剂或加有添加剂的润滑油时，为什么要选用混合溶剂？

（3）简述石油产品机械杂质的来源与种类情况。

试验十四　石油产品水分的测定

一、试验目的

（1）了解石油产品中水分的来源、存在方式及其危害；

（2）掌握蒸馏法测定石油产品中水分的操作步骤及注意事项。

二、水分的来源及危害

1. 来源及存在形式

（1）石油产品中水分的来源：在石油产品的生产、储运与使用过程中，由于原材料带入、冷凝水等多种因素导致水分进入石油产品中。

（2）石油产品中水分的存在形式：水分以游离水、乳化水与溶解水 3 种形式存在。游离水最容易除去，溶解水最难除去。

2. 危害

水分的存在将使油品使用性能下降，导致石油产品的乳化、加速变质等后果。如电器用油有水分进入后，其电性能将降低；液压油、汽轮机油等有水分进入后，可能会降低其抗乳化性能、润滑性能并加速油品氧化。

三、方法概要

采用无水有机溶剂与试样按照一定比例混合后，按照一定速率进行蒸馏，有机溶剂在蒸馏回流过程中将试样中的水携带出经过冷凝后，由于水的密度大于有机溶剂而进入接收管底部，通过接收管中的水分的体积数而得到试样的含水的体积数。

四、仪器

水分测定器（图 2-26）包括：圆底玻璃烧瓶，容量为 500 mL；水分接受器（图 2-27）；直管式冷凝管，长度为 250~300 mm。

水分测定器的各部分连接处，可以用磨口塞或软木塞连接（仲裁试验时必须用磨口塞连接）。接受器的刻度在 0.3 mL 以下设有 10 等分的刻度线；0.3~1.0 mL 之间设有 7 等分的刻度线；1.0~10 mL 之间每分度为 0.2 mL。

五、材料

有机溶剂：工业溶剂油或直馏汽油在 80℃ 以上的馏分，溶剂在使用前必须脱水和过滤。无釉瓷片、浮石，或一端封闭的玻璃毛细管，在使用前必须经过烘干。

六、试验步骤

（1）将装入量不超过瓶内容积 3/4 的试样摇动 5 min，要混合均匀。黏稠的或含石蜡的石油产品应预先加热至 40~50℃ 后，才能进行摇匀。

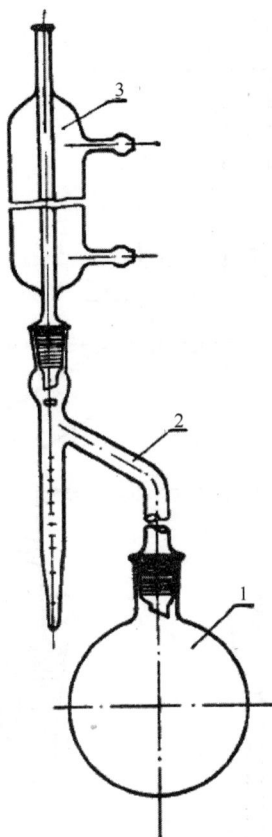

图 2-26　水分测定器
1—圆底烧瓶；2—接受器；3—冷凝管

（2）向预先洗净并烘干的圆底烧瓶称入摇匀的试样 100 g，称准至 0.1 g。

用量筒量取 100 mL 溶剂，注入圆底烧瓶中。将圆底烧瓶中的混合物仔细摇匀后，投入一些无釉瓷片、浮石，或一端封闭的玻璃毛细管。

黏度小的试样可以用量筒量取 100 mL，注入圆底烧瓶中，再用这只未经洗涤的量筒量取 100 mL 的溶剂。圆底烧瓶中的试样质量，等于试样的密度乘以 100 所得之积。试样的水分超过 10% 时，试样的质量应酌量减少，要求蒸出的水不超过 10 mL。

（3）洗净并烘干的接受器的支管紧密地安装在圆底烧瓶上，使支管的斜口进入圆底烧瓶 15~20 mm。然后在接受器上连接直管式冷凝器。直管式冷凝器的内壁要预先用棉花擦干。安装时，冷凝管与接受器的轴心线要互相重合，冷凝管下端的斜口切面要与接受器的支管管口相对。为了避免蒸气逸出，应在塞子缝隙上涂抹火棉胶。进入冷凝管的水温与室温相差较大时，要在冷凝管的上端用棉花塞住，以免空气中的水蒸气进入冷凝管凝结。

注：允许在冷凝管的上端，外接一个干燥管，以免空气中的水蒸气进入冷凝管凝结。

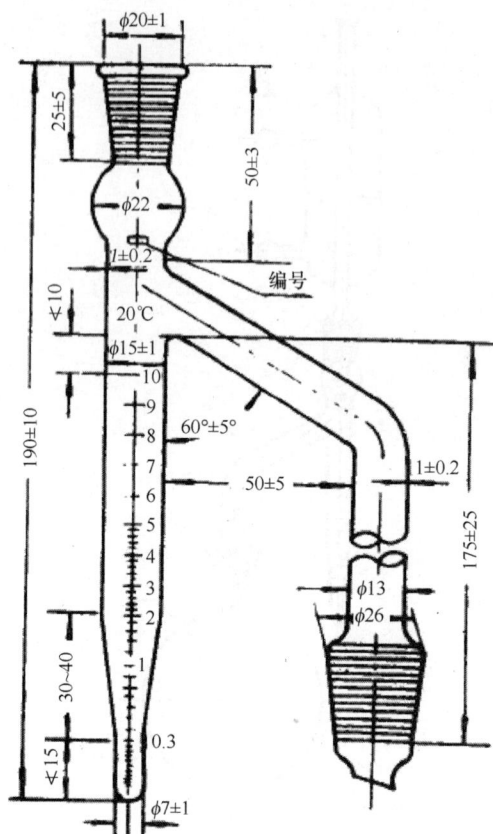

图 2-27　水分接受器（单位：mm）

（4）给圆底烧瓶加热，控制回流速度，使冷凝管的斜口处回流液体保持在 2~4 滴/s。

（5）蒸馏接近完毕时，如果冷凝管内壁沾有水滴，应使圆底烧瓶中的混合物在短时间内进行剧烈沸腾，利用冷凝的溶剂将水滴尽量带入接受器中。

（6）接受器中收集的水体积不再增加，且溶剂的上层完全透明时，应停止加热。回流的时间不应超过 60 min。

停止加热后，如果冷凝管内壁仍沾有水滴，应从冷凝管上端倒入试验所用的溶剂把水滴冲入接受器。若溶剂冲洗无效，就用金属丝或细玻璃棒带有橡皮或塑料头的一端，把冷凝器内壁的水滴刮进接受器中。

（7）圆底烧瓶冷却后，将仪器拆卸，读出接受器中收集水的体积。

当接受器中的溶剂呈现浑浊，而且管底收集的水不超过 0.3 mL 时，将接受器中放入热水中浸 20~30 min，使溶剂澄清，再将接受器冷却到室温，才读出管底收集水的体积。

七、计算

（1）试样的水分质量百分数 X，按下式计算

$$X = \frac{V}{G} \times 100 \qquad (2-28)$$

式中，V 为在接受器中水的体积，mL；G 为试样的质量，g。

　　水在室温下的密度可以视为 1，因此用水的体积数作为水的质量数。试样的质量为 100 g±1 g 时，接受器中收集的水的体积数（mL），可以作为试样的水分质量百分数测定结果。

　　（2）试样的水分体积百分数 Y，按下式计算

$$Y = \frac{V \cdot \rho}{G} \times 100 \qquad (2-29)$$

式中，V 为在接受器中水的体积，mL；ρ 为注入烧瓶时的试样的密度，g/mL；G 为试样的质量，g。

　　说明：量取 100 mL 试样时，在接受器中收集的水的体积数（mL），可以作为试样的水分体积分数测定结果。

八、精密度

　　两次测定中，收集水的体积差数，不应超过接受器的一个刻度。

九、报告

　　（1）测试结束后报告石油产品的含水量时取两次测试的平均值。

　　（2）试样含水量的表述：①无：接受器中无水存在；②痕迹：水分在接受器中最低刻度线下，质量分数低于 0.03%；③X%：水分在接受器最低刻度线上的某个位置。

　　说明：测定石油产品水分的方法很多，如《运行中变压器油和汽轮机油水分含量测定法（库仑法）》（GB/T 7600—2014）、《运行中变压器油、汽轮机油水分测定法（气相色谱法）》（GB/T 7601—2008）、《石油产品、润滑油和添加剂中水含量的测定　卡尔费休库仑滴定法》（GB/T 11133—2015）等，不同的测定标准或者方法使用范围有较大差异，因此在实际工作中可根据产品标准情况选取测定的方法。

十、思考题

　　（1）测定石油产品中水分的意义何在？

　　（2）柴油中水分超标的危害有哪些？请举例说明。

（3）高压抗磨液压油含水在使用中有哪些危害？对于含水的油品在使用前该如何处理？

（4）绝缘油中含水量用什么方法测定？

试验十五　利用指示剂法测定石油产品和润滑剂酸值和碱值

一、试验目的

（1）了解石油产品中酸值、碱值的定义及其来源；

（2）掌握用颜色指示剂法测定石油产品中的酸值或碱值及操作中应注意的问题。

二、定义、意义及用途

1. 定义

（1）酸值：滴定 1 g 试样到规定终点所需的碱量，以 KOH 计，mg/g。

（2）碱值：滴定 1 g 试样到规定终点所需的酸量，以 KOH 计，mg/g。

（3）强酸值：以甲基橙溶液为指示剂，滴定 1 g 试样中热水抽提物至黄色终点所需的碱量，以 KOH 计，mg/g。

（4）使用过的油：在运转或未运转的设备部件中的油（如发动机、齿轮箱、变压器或汽轮机中的油）。

2. 意义及用途

新的和使用过的石油产品中含有一些酸性或碱性组分，它们以添加剂或以使用过程中所形成的降解产物的形式存在，如氧化产物。这些物质的相对含量可以通过酸或碱滴定来测定，从而可以用于润滑油组成的质量控制或测定使用过程中润滑油的降解程度等。

加有添加剂的发动机油、自动传动液等油品通常既能测出酸值又能测出碱值。由于各种各样的氧化产物都可能对酸值造成影响，而且有机酸的腐蚀性变化也很大，但酸值高低与油品对金属的腐蚀趋势之间没有必然的联系。

《石油产品和润滑剂酸值和碱值测定法（颜色指示剂法）》（GB/T 4945—2002）适合于测定能在甲苯和异丙醇混合溶剂中全溶或几乎全溶的石油产品和润滑剂的酸性或碱性组分，用于测定在水中离解常数大于 10^{-9} 的酸或碱。离解常数小于 10^{-9} 的极弱酸或碱不影响测定，如果盐类水解常数大于 10^{-9}，则有影响。

三、方法概要

测定酸值或碱值时，将试样溶解在含有少量水的甲苯或异丙醇混合溶剂中，使其成为均相体系，在室温下分别用标准的碱或酸的醇溶液滴定。通过加入的对-萘酚苯溶液颜色的变化来指示终点（在酸性溶液中显橙色，在碱性溶液中显暗绿色）。

测定强酸值时，用热水抽提试样，以甲基橙为指示剂，用氢氧化钾醇标准溶液滴定抽提的水溶液。

四、仪器与设备

（1）滴定管：50 mL，分度值为 0.1 mL；10 mL，分度值为 0.05 mL。

（2）锥形瓶：250 mL 或 500 mL。

（3）分液漏斗：250 mL。

（4）量筒：10 mL、100 mL 和 1 000 mL。

（5）烧结磨砂玻璃漏斗或陶瓷漏斗。

五、试剂

盐酸、氢氧化钾、异丙醇、氢氧化钡、甲苯，均为分析纯；蒸馏水，符合《分析实验室用水规格和试验方法》（GB/T 6682—2008）三级水规格，或者去离子水；邻苯二甲酸氢钾，基准试剂。

六、试验准备

1. 溶液及溶剂的配制

（1）盐酸异丙醇标准溶液（0.1 mol/L）的配制：取 9 mL 盐酸与 1 000 mL 的异丙醇混合。准确量取 0.1 mol/L 氢氧化钾-异丙醇标准溶液 8 mL，用 125 mL 不含二氧化碳的水稀释，以此溶液作为滴定剂，用电位滴定法进行标定（滴定溶剂需经常标定确保误差不大于 0.000 5 mol/L）。

（2）甲基橙指示剂溶液：将 0.1 g 的甲基橙溶解于 100 mL 水中。

（3）对-萘酚苯指示剂溶液：在滴定溶剂中制备 10 g/L±0.01 g/L 的对-萘酚苯溶液。

（4）氢氧化钾-异丙醇标准溶液（0.1 mol/L）的配制：加入 6 g 固体氢氧化钾于盛有近 1 L 异丙醇溶液的 2 L 烧瓶中，使混合物缓慢沸腾 10~15 min，并搅拌以防止固体在瓶底结块。加入至少 2 g 的氢氧化钡，再使其缓慢沸腾 5~10 min，冷却至室温并静置几个小时，将上层清液用一个细的烧结磨砂玻璃漏斗或陶瓷漏斗过滤，在过滤过程中避免长时间暴露于二氧化碳中。将溶液储存在耐化学腐蚀、不带软木塞、不带橡胶或可皂化的润滑脂塞的试剂瓶中，并用一个装有碱石棉或碱性无纤维的硅酸盐干燥剂的管子来保护。

氢氧化钾溶液标定：经常标定以检测出 0.000 5 mol/L 的变化，方法如下：称约 0.2 g（称准至 0.1 mg）在 110℃±1℃ 中干燥至少 1 h 的邻苯二甲酸氢钾，溶解在不含二氧化碳的 40 mL±1 mL 的水中，用氢氧化钾-异丙醇溶液滴定到下述任意一个终点：①当用电位法标定时，滴定到一个很好确定的拐点，其电位值与碱性缓冲溶液的电位值相符；②当用颜色指示剂法滴定时，加入 6 滴酚酞指示剂溶液，并滴定到持续的粉红色出现。对用于溶解邻苯二甲酸氢钾的水进行空白滴定。

氢氧化钾-异丙醇标准溶液的浓度 M（mol/L）用下式计算

$$M = \frac{W_p}{204.23} \times \frac{1\ 000}{V - V_b} \qquad (2-30)$$

式中，W_p 为邻苯二甲酸氢钾质量，g；204.23 为邻苯二甲酸氢钾的分子量；V 为滴定盐类到指定终点所需滴定剂的量，mL；V_b 为滴定空白所需滴定剂的量，mL。

（5）酚酞指示剂溶液：将 0.1 g±0.01 g 的纯固体酚酞溶解于 50 mL 乙醇和 50 mL 无二氧化碳的水中。

（6）滴定溶剂：500 mL 的甲苯和 5 mL 的水加入到 495 mL 的无水异丙醇中。

2. 使用过油样品的准备

将原容器中用过的油样加热到 60℃±5℃，并搅拌直至所有的沉淀都均匀地分布在油中。如原容器不透明，或样品量超过其 3/4 体积时，将所有样品转移到透明玻璃瓶中并且剧烈搅拌原容器中的样品，使原容器中的所有沉淀物转移到瓶中，在所有沉淀物完全悬浮后，将样品或部分样品通过 154 μm（100 目）的筛网过滤以除去大的污染颗粒。

说明：由于使用过的油在储存中很容易发生变化，从润滑系统上取样后应尽可能地及时分析，并注明采样部位、采样日期和测试日期。

七、操作步骤

1. 酸值的测定

（1）在 250 mL 锥形瓶中，根据表 2-25 的规定称取试样量，加入 100 mL 滴定溶剂和 0.5 mL 对-萘酚苯指示剂溶液，不断地摇动直至试样完全被滴定溶剂溶解。若混合物呈现橙黄色，按本节中酸值的测定步骤（2）进行；若变成绿色或暗绿色，按本节中碱值的测定步骤进行。

表 2-25 试样量取量范围

酸值或碱值（以 KOH 计） / （mg·g⁻¹）	试样量/g		称量精度/g
	新油或浅色油	用过的或深色油品	
0.0~3.0	20.0±2.0	2.0±0.2	0.05/0.01*
>3.0~25.0	2.0±0.2	2.0±0.2	0.01
>25.0~250.0	0.2±0.02	0.2±0.02	0.001

注：*用过的或深色油品在酸值为0.0~3.0范围时，称量精度为0.01 g。

（2）立即在低于30℃下，逐渐加入0.1 mol/L的氢氧化钾-异丙醇标准溶液进行滴定，在终点附近，要用力摇动，但避免二氧化碳进入溶液中（在酸性油的情况下，橙色变成暗绿色表明接近终点）。如果颜色变化能够持续15 s或用两滴0.1 mol/L的盐酸-异丙醇标准溶液使颜色返回，则认为终点。

说明：观察深色油品的滴定终点，在加入最后几滴标准溶液，颜色发生变化时，用力摇动瓶子，以产生少量泡沫，并在试验台的白色荧光灯下观察滴定液。

（3）空白试验：在100 mL的滴定溶剂和0.5 mL的对-萘酚苯指示剂溶液中以0.1 mL或更低的量逐步加入0.1 mol/L的氢氧化钾-异丙醇标准溶液，记录到终点时所需标准溶液的体积。

说明：滴定溶剂中通常会有弱酸杂质，与试样中的强碱组分发生反应，为校正样品的碱值，应测定滴定溶剂中的空白酸值。

2. 强酸值的测定

（1）在250 mL的分液漏斗中加入25 g有代表性的试样，准确至0.1 g，并加入100 mL的沸水，用力摇动。在分层后，将水相放入500 mL的锥形瓶中，用沸水萃取试样两次以上，每次用量50 mL，所有萃取液均加入到锥形瓶中。在萃取的溶液中加入0.1 mL的甲基橙指示剂溶液，若溶液变成粉红色或红色，用0.1 mol/L的氢氧化钾-异丙醇标准溶液滴定，直至溶液变成黄色。若溶液最初颜色不是粉红色或红色，则报告强酸值为零。

（2）空白试验：向250 mL锥形瓶中加入与滴定试样时相同量的沸水200 mL和0.1 mL的甲基橙指示剂溶液后，若溶液颜色为橙黄色，用0.1 mol/L的盐酸-异丙醇标准溶液滴定到与加入指示剂时试样的颜色相同。若颜色为粉红色或红色，用0.1 mol/L的氢氧化钾-异丙醇标准溶液滴定到与试样滴定终点的颜色相同。

3. 碱值的测定

（1）如果含试样的滴定溶液在加入对-萘酚苯指示剂溶液后，呈绿色或暗绿色，立即在低于30℃下用0.1 mol/L的盐酸-异丙醇标准溶液滴定，直至暗绿色变成橙色。

（2）空白试验：按本节酸值的测定中空白试验步骤对溶剂进行空白滴定。

八、计算

1. 酸值

试样酸值，以 KOH 计，mg/g，按下式计算

$$酸值 = \frac{56.1 \times M \times (A - B)}{W} \qquad (2-31)$$

式中，A 为滴定试样所需要氢氧化钾–异丙醇标准溶液的量，mL；B 为滴定空白所需氢氧化钾–异丙醇标准溶液的量，mL；M 为氢氧化钾–异丙醇标准溶液的浓度，mol/L；W 为试样量，g；56.1 为氢氧化钾的摩尔质量，g/mol。

2. 强酸值

试样强酸值，以 KOH 计，mg/g，按式（2-32）或式（2-33）计算。

（1）若用酸滴定空白时：

$$强酸值 = \frac{56.1 \times (CM + Dm)}{W} \qquad (2-32)$$

式中，C 为滴定试样的水萃取液所需氢氧化钾–异丙醇标准溶液的量，mL；M 为氢氧化钾–异丙醇标准溶液的浓度，mol/L；D 为滴定空白所需盐酸–异丙醇标准溶液的量，mL；m 为盐酸–异丙醇标准溶液的浓度，mol/L；W 为试样量，g；56.1 为氢氧化钾的摩尔质量，g/mol。

（2）若用碱滴定空白时：

$$强酸值 = \frac{56.1 \times (C - D) \times M}{W} \qquad (2-33)$$

式中，C 为滴定试样的水萃取液所需氢氧化钾–异丙醇标准溶液的量，mL；M 为氢氧化钾–异丙醇标准溶液的浓度，mol/L；D 为滴定空白所需氢氧化钾–异丙醇标准溶液的量，mL；W 为试样量，g。

3. 碱值

试样碱值，以 KOH 计，mg/g，按下式计算

$$碱值 = \frac{56.1 \times (Em + FM)}{W} \qquad (2-34)$$

式中，E 为滴定试样所需盐酸–异丙醇标准溶液的量，mL；M 为氢氧化钾–异丙醇标准溶液的浓度，mol/L；F 为滴定空白酸值所需氢氧化钾–异丙醇标准溶液的量，mL；m 为盐酸–异丙醇标准溶液的浓度，mol/L；W 为试样量，g；56.1 为氢氧化钾的摩尔质量，g/mol。

九、精密度

按下述规定判断测定结果的可靠性（95%置信水平）。

（1）重复性（r）：同一操作者，在同一实验室，用同一台仪器，对同一样品进行连续两次测定，所得两个结果之差不应超过表2-26的要求。

（2）再现性（R）：不同操作者，在不同实验室，对同一样品进行连续两次测定，所得到的两个单一、独立测定结果之差不应超过表2-26的要求。

表 2-26　精密度　　　　　　单位：以 KOH 计，mg/g

酸（强酸）值或碱值范围	重复性	再现性
0.00~0.1	0.03	0.04
>0.1~0.5	0.05	0.08
>0.5~1.0	0.08	平均值的15%
>1.0~2.0	0.12	平均值的15%

十、报告

取重复测定两个结果的算术平均值作为试验结果。

十一、思考题

（1）请阐述测定石油产品中的酸值与碱值的意义。

（2）配制对–萘酚苯指示剂溶液时需要注意哪些问题？

（3）若测定某个石油产品的酸值（以 KOH 计）为 2.5 mg/g，碱值（以 KOH 计）为 8.5 mg/g，这种产品是否存在？请解释。

试验十六　石油产品水溶性酸或碱的测定

一、试验目的

（1）了解石油产品中水溶性酸或碱的来源及危害；

（2）掌握指示剂法、酸度计或试纸法测定水溶性酸或碱的操作步骤及要求。

二、定义与测定意义

水溶性酸是指石油产品中存在能溶于水的低分子有机酸和无机酸（硫酸及其衍生物磺

酸及酸性硫酸酯等)。

原油及馏分油中几乎不含水溶性酸、碱,油品中的水溶性酸、碱多是油品精制过程中加入的酸、碱残留物。新油中如有水溶性酸和碱,则可能是润滑油在酸、碱精制过程中酸、碱分离不好的结果;贮存和使用过程中的润滑油如含有水溶性酸和碱,则表明润滑油被污染或氧化分解。因此,润滑油的水溶性酸和碱也是一项质量指标。

润滑油的水溶性酸和碱不合格,将腐蚀设备零件。对于汽轮机油,水溶性酸和碱的存在,使其抗乳化性降低。对于变压器油,水溶性酸和碱不合格时,不仅会腐蚀设备,而且会使变压器油电气性能显著下降,严重的将导致设备事故。

三、方法概要

用一定体积的中性蒸馏水(去离子水)或乙醇水溶液和试样在一定温度下相混合、振荡,抽提试样中的水溶性酸或碱,然后将水层或者乙醇-水层分别用甲基橙或酚酞指示剂检查抽出液颜色的变化情况,或用酸度计测定抽提物(水层或者乙醇-水层)的 pH 值或用精密试纸进行定性测定,以判断有无水溶性酸或碱的存在。

四、仪器

(1)分液漏斗:250 mL 或 500 mL。

(2)试管:直径为 15~20 mm,高度为 140~150 mm,无色玻璃。

(3)漏斗:普通玻璃漏斗。

(4)量筒:25 mL、50 mL 和 100 mL。

(5)锥形烧瓶:100 mL 和 250 mL。

(6)瓷蒸发皿。

(7)电热板及水浴。

(8)酸度计:具有玻璃-氯化银电极(或玻璃-甘汞电极),精度为 pH≤0.01。

五、试剂与材料

1. 试剂

甲基橙,配制成 0.02%甲基橙水溶液;酚酞,配制成 1%酚酞乙醇溶液;95%乙醇,分析纯。

2. 材料

滤纸,工业滤纸;溶剂油,符合《油漆及清洗用溶剂油》(GB 1922—2006)1 号低芳型的要求；蒸馏水，符合《分析实验室用水规格和试验方法》（GB/T 6682—2008）中三级水规定；pH 试纸，范围 1~14。

六、准备工作

（1）试样的准备：将试样置于玻璃瓶中，不超过其容积的 3/4，摇动 5 min。黏稠的或石蜡试样应预先加热至 50~60℃再摇动。当试样为润滑脂时，用刮刀将试样的表层（3~5 mm）刮掉，然后，至少在不靠近容器壁的 3 处，取约等量的试样置入陶瓷蒸发皿，并小心地用玻璃棒搅匀。

（2）95%乙醇必须用甲基橙和酚酞指示剂，或酸度计检验呈中性后，方可使用。

七、试验步骤

（1）当试验液体石油产品时，将 50 mL 试样和 50 mL 蒸馏水放入分液漏斗，加热至 50~60℃。轻质石油产品，如汽油和溶剂油等均不加热。

对 50℃运动黏度大于 75 mm²/s 的石油产品，应预先在室温下与 50 mL 汽油混合，然后加入 50 mL 加热至 50~60℃的蒸馏水。

将分液漏斗中的试验溶液，轻轻地摇动 5 min，不允许乳化，放出澄清后下部的水层，经滤纸过滤后，滤入锥形烧瓶中。

（2）当试验润滑脂、石蜡、地蜡和含蜡组分时，取 50 g 预先熔化好的试样，称准至 0.01 g，将其置于瓷陶蒸发皿或锥形烧瓶中，然后注入 50 mL 蒸馏水，并煮沸至完全熔化。冷却至室温后，小心地将下部水层倒入有滤纸的漏斗中，滤入锥形烧瓶。对已凝固的产品（如石蜡和地蜡等），则事先用玻璃棒刺破蜡层。

（3）当试验添加剂产品时，向分液漏斗中注入 10 mL 试样和 40 mL 溶剂油，再加入 50 mL 加热至 50~60℃蒸馏水。将分液漏斗摇动 5 min，澄清后分出下部水层，经有滤纸的漏斗，滤入锥形烧瓶。

（4）若当石油产品用水混合，即用水抽提水溶性酸或碱，产生乳化时，则用 50~60℃的 1∶1 的 95%乙醇水溶液代替蒸馏水处理，以后的按步骤（1）或步骤（3）进行。

注：试验柴油、碱洗润滑油、含添加剂润滑油和粗制的残留石油产品时，遇到试样的水抽出液对酚酞呈现碱性反应时，也可按本试验步骤进行。

（5）将前面步骤（1）（2）（3）或（4）试验所得抽提物，用酸度计、pH 试纸或指示剂测定水溶性酸或碱。

1）用酸度计测定水溶性酸或碱。向烧杯中注入 30~50 mL 抽提物，电极浸入深度为 10~12 mm，按酸度计使用要求测定 pH 值。根据表 2-27 确定试样抽提物水溶液或乙醇水溶液中有无水溶性酸或碱。

抽提液酸碱范围与 pH 值关系见表 2-27。

表 2-27　抽提液酸碱范围与 pH 值关系

石油产品水（或乙醇水溶液）抽提物特性	pH 值
酸性	<4.5
弱酸性	4.5~5.0
无水溶性酸或碱	>5.0~9.0
弱碱性	>9.0~10.0
碱性	>10.0

注意：有争议时采用酸度计法。

2）用指示剂测定水溶性酸或碱。向两个试管中分别放 1~2 mL 抽提物，在第一支试管中，加入 2 滴甲基橙溶液，并将它与装有相同体积蒸馏水和甲基橙溶液的第三支试管相比较。如果抽提物呈玫瑰色，则表示所试石油产品里有水溶性酸存在。

在第二支盛有抽提物的试管中加入 3 滴酚酞溶液，如果溶液呈玫瑰色或红色时，则表示有水溶性碱存在。

当抽提物用甲基橙或酚酞为指示剂，没有呈现玫瑰色或红色时，则认为没有水溶性酸或碱。

3）用 pH 试纸测定水溶性酸或碱。将用热水抽提液倒入一个试验烧杯中，用洁净的玻璃板蘸取少量抽提液倒在一小张 pH 试纸上，根据试纸上变色程度与标准 pH 色差进行对比。得出抽提液含酸或碱，或者两者均不含。

八、精密度

同一操作者所提出的两个结果之差，不应大于 0.05。

九、报告

取重复测定两个 pH 值的算术平均值作为试验结果。

十、思考题

（1）石油产品含水溶性酸或碱的危害有哪些？
（2）为什么进行水溶性试验时要采用热水来抽提？

试验十七　石油产品颜色测定

一、试验目的

（1）了解石油产品颜色号的划分；

（2）了解利用标准色板法测定石油产品的原理；

（3）掌握利用比色仪测定石油产品颜色的操作。

二、方法概要

将待测试样注入专用的玻璃容器后放入比色计中，用一个标准光源从 0.5~8.0 值排列的颜色玻璃圆片（标准色板）进行比较，如果标准玻璃比色板和试样颜色相同时，将其作为该试样的色号。如果试样颜色找不到确切匹配的颜色，而是介于两个标准之间时，就采取相邻颜色较深的标准玻璃比色板号作为试样的颜色。

三、仪器与材料

1. 仪器

（1）比色仪：由光源、玻璃颜色标准板、带盖的试样容器和目镜组成。

（2）试样容器：透明无色玻璃的试样容器。仲裁试验用如图 2-28 所示的玻璃试样杯。常规试验允许用内径为 30~33.5 mm，高为 115~125 mm 的透明平底玻璃试管。

（3）试样容器盖：可由任何适当材料制成，盖的内面是暗黑色。

2. 材料

稀释剂：煤油，用于试样时稀释深色样品。要求煤油的颜色比在 1 L 蒸馏水中溶解 4.8 mg 重铬酸钾配成的溶液颜色要浅。

四、准备工作

（1）将液体石油产品倒入试样容器至少 50 mm 以上的深度，观察颜色，若试样不清晰，可把样品加热到高于浊点 6℃以上或至浑浊消失，然后在该温度下测其颜色。如果样品的颜色比 8 号标准颜色更深，则将 15 份样品（按体积）加入 85 份体积的稀释剂混合后，测定混合物的颜色。

（2）石油蜡包括软蜡，将样品加热到高于蜡熔点 11~17℃，并在此温度下测定其颜

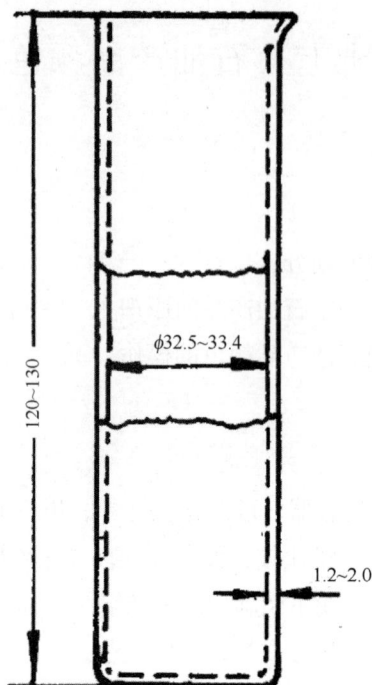

图 2-28　标准玻璃试样杯（单位：mm）

色。如果样品颜色深于 8 号，则将 15 份熔融的样品（按体积）与同一温度的 85 份体积的稀释剂混合，并测定此温度下混合物的颜色。

五、试验步骤

（1）把蒸馏水注入试样容器至 50 mm 以上的高度，将该试样容器放在比色计的格室内，通过该格室可观测到该标准玻璃比色板；再将装试样的另一个试样容器放进另一格室内。盖上盖子，以隔绝一切外来光线。

（2）接通光源，比较试样和标准玻璃比色板的颜色。确定和试样颜色相同的标准玻璃比色板号，当不能完全相同时，就采用相邻颜色较深的标准玻璃比色板号。玻璃色板号见表 2-28。

表 2-28　玻璃颜色标准比色板

GB 色号	颜色坐标*			发光透射比 CIE 标准光源 D65 $\tau\,[\lambda]$
	X	Y	Z	
0.5	0.462	0.473	0.065	0.86±0.06
1.0	0.489	0.475	0.036	0.77±0.06

续表

GB 色号	颜色坐标*			发光透射比 CIE 标准光源 D65 $\tau[\lambda]$
	X	Y	Z	
1.5	0.521	0.464	0.015	0.67±0.06
2.0	0.552	0.442	0.006	0.55±0.06
2.5	0.582	0.416	0.002	0.44±0.04
3.0	0.611	0.388	0.001	0.31±0.04
3.5	0.640	0.359	0.001	0.22±0.04
4.0	0.671	0.328	0.001	0.152±0.022
4.5	0.703	0.296	0.001	0.109±0.016
5.0	0.736	0.264	0.000	0.081±0.012
5.5	0.770	0.230	0.000	0.058±0.010
6.0	0.805	0.195	0.000	0.040±0.008
6.5	0.841	0.159	0.000	0.026±0.006
7.0	0.877	0.123	0.000	0.016±0.004
7.5	0.915	0.085	0.000	0.008 1±0.001 6
8.0	0.956	0.044	0.000	0.002 5±0.000 6

注：*颜色坐标的公差为±0.006。

六、报告

（1）与试样颜色相同的标准玻璃比色板号作为试样颜色的色号。

（2）若试样的颜色居于两个标准玻璃比色板之间，则报告较深的玻璃比色板号，并在色号前面加"小于"。不能报告为颜色深于给出的标准。除非颜色比 8 号深，可报告为大于 8 号。

（3）如果试样用煤油稀释，则在报告混合物颜色的色号后面加上"稀释"两字。

七、精密度

按下述规定判断测定结果的可靠性（95%置信水平）。

（1）重复性（r）：同一操作者用同一台仪器得到的两个结果之差不得大于 0.5 颜色号。

（2）再现性（R）：两个实验室对同一试样得到的结果之差不得大于 0.5 颜色号。

八、思考题

（1）石油产品颜色出现差异的原因有哪些？为什么同种类型的润滑油基础油黏度越大颜色越深？

（2）为什么采用加氢技术处理后的柴油几乎无色？请解释原因。

试验十八　燃料胶质含量的测定（喷射蒸发法）

一、试验目的

（1）了解燃料中胶质的定义及来源；

（2）了解过高的胶质含量对燃料的危害；

（3）掌握燃料胶质含量测定的方法与操作中需要注意的问题。

二、术语和定义

（1）实际胶质：航空燃料的蒸发残渣，未经进一步处理。

（2）溶剂洗胶质含量：非航空燃料的蒸发残渣经过正庚烷洗涤，除去洗涤液后的残渣量。

注：对车用汽油或非航空汽油，溶剂洗胶质以前被称作"实际胶质"。

（3）未洗胶质含量：在试验条件下，非航空燃料的蒸发残渣量，未经进一步处理。

三、方法概要

已知量的试样在控制的温度、空气或蒸气流的条件下蒸发。若试样为航空燃料，则将所得残渣称量并以"mg/100 mL"报告。若为车用汽油，则将正庚烷抽提前和抽提后的残渣分别称量，所得结果以"mg/100 mL"报告。

四、仪器

（1）天平：感量为0.1 mg。

（2）烧杯：100 mL，其尺寸如图2-29所示。

将烧杯编成组，每组的个数以蒸发浴中烧杯孔的个数而定，给各组中每个烧杯用数字或字母做标记，包括配衡烧杯。

（3）冷却容器：干燥器或其他能盖紧的容器。用来冷却称量前的烧杯，不必使用干燥剂。

（4）浴：按图 2-29 所示原理构成。浴应有两个或多个烧杯孔和排气口，在配上 500~600 μm 铜或不锈钢制成的锥形转接器后，每个排气口的流速应为 1 000 mL/s±150 mL/s。若使用液体浴，应该用合适的液体装到距顶部 25 mm 以内。

（5）流量计：见图 2-29，能测量每个排气口或蒸汽的流量为 1 000 mL/s。可以用压力计测量每个排气口空气或蒸汽的流量为 1 000 mL/s±150 mL/s。

（6）烧结玻璃漏斗：粗孔，容量 150 mL。

（7）蒸汽：确保在蒸汽浴进气口处产生 232~246℃所需蒸汽量。

（8）温度计：符合《石油产品试验用玻璃液体温度计技术条件》（GB/T 514—2005）中 GB-29 号温度计的技术要求。

（9）带刻度量筒：容量 50 mL±0.5 mL。

（10）转移工具：扁头不锈钢镊子或不锈钢钳子，用于取出烧杯和锥形转接器。

五、材料与试剂

空气，压力不大于 35 kPa 的过滤、干燥洁净空气；蒸汽，无油污状残余物，压力不低于 35 kPa；正庚烷，分析纯；胶质溶剂，等体积甲苯和丙酮的混合物。

六、准备工作

（1）采样：按产品规定的方法或方式采取有代表性样品；若产品没有特殊规定时按《石油液体手工取样法》（GB/T 4756—2015）规定，所取样品应具有代表性。

（2）空气喷射装置的组装：按图 2-29 组装空气喷射装置。在室温下调节试验装置出口的空气流量为 600 mL/s±90 mL/s。检查其余出口的空气流量是否一致。

说明：常温常压下每个出口的读数为 600 mL/s±90 mL/s，将保证在 155℃±5℃的温度下输出量为 1 000 mL/s±150 mL/s。

加热蒸发浴直到浴的温度达到 160~165℃，将空气引入装置，直到每个出口的流量达到试验的要求。用温度计测量每个孔的温度，温度计的感温泡应插到孔中烧杯的底部。温度超出 150~160℃范围的任何孔都不适用本方法。

（3）蒸汽喷射装置的组装及操作：按照图 2-29 所示，加热蒸发浴使装置进入操作状态。当温度到达 232℃时，慢慢地将干蒸汽引入系统，直到每个出口的流量达到 1 000 mL/s±150 mL/s 为止。调节浴温在 232~246℃的范围内。用温度计测量温度，温度计的感温泡应插到装上锥形转接器的每个浴孔的烧杯的底部。温度与 232℃相差大于 3℃的任何孔都不适用本方法。

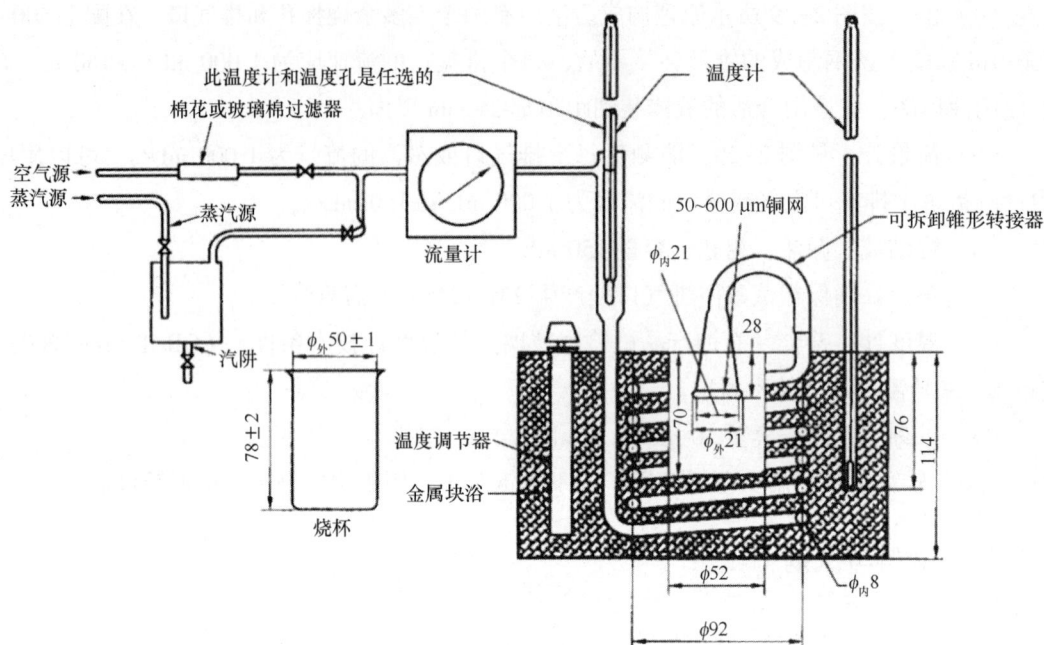

图 2-29　喷射蒸发法胶质含量测定仪（单位：mm）

七、校准和标准化

1. 空气流量校正

（1）检验或校正空气流量以确保在常温和常压下所有出口达到 600 mL/s±90 mL/s。

（2）将设备分开，用校准过的流量计在常温常压下测定每个出口的流量（为保证数据的准确，流量计的背压应小于 1 kPa）。

2. 蒸汽流量校正

（1）检验或校正蒸汽流量以确保在常温和常压下所有出口达到 1 000 mL/s±150 mL/s。

（2）在蒸汽出口处连接一铜管，并将铜管伸到一个装有碎冰并称过质量的 2 L 带刻度的量筒中。使蒸汽排入量筒约 60 s。调节量筒位置，使铜管末端浸入水中的深度小于 50 mm，以防止过大的反压。经过适当的时间后，从量筒中移开铜管，称量筒质量，其增加的质量即代表冷凝的蒸汽量，按下式计算蒸汽流量

$$R = \frac{1\ 000 \times (m_1 - m_2)}{m_k \times t} \qquad (2-35)$$

式中，R 为蒸汽流量，mL/s；m_1 为盛有冷凝蒸汽的刻度量筒的质量，g；m_2 为冰和刻度

量筒的质量，g；m_k 为常压下，232℃时，1 000 mL 蒸汽的质量，其值为 0.434 g；t 为冷凝时间，s。

八、试验步骤

（1）用胶质溶剂洗涤烧杯（包括配衡烧杯）直至无胶质为止。用水彻底清洗，并把它们浸泡在温和的碱性或中性的实验室去污剂清洗液中。合格的清洗标准应和使用铬酸洗液清洗过的样品容器所得到的质量相当（新配的，浸泡 6 h 用蒸馏水清洗并干燥）。进行比较时，可采用目测外观及在试验条件下测量玻璃器皿的加热失重。用不锈钢镊子从清洗液中取出烧杯，并在后续的操作中也只允许镊子持取。先用自来水，然后用蒸馏水彻底洗涤烧杯，并在 150℃的烘箱中至少干燥 1 h。将烧杯放在天平附近的冷却容器中至少冷却 2 h。

（2）由表 2-29 所给数据，选择车用汽油或航空燃料相应的操作条件。把蒸发浴加热到规定的操作温度。将空气或蒸汽引入装置，并调节流量至 600 mL/s±90 mL/s 或 1 000 mL/s±150 mL/s。

表 2-29　试样操作条件　　　　　　　　　　　　　单位：℃

样品类型	蒸发介质	操作温度	
		浴	试验孔
航空汽油和车用汽油	空气	160～165	150～160
喷气燃料	蒸汽	232～246	229～235

（3）称量配衡烧杯和各试验烧杯的质量，称至 0.1 mg 并记录。

（4）若样品中存在悬浮或沉淀的固体物质，则用适当的方法充分混匀样品容器内的物质，立即在常压下使一定量的样品通过烧结玻璃漏斗过滤，滤液按步骤（5）至步骤（7）处理。

（5）用刻度量筒称取 50 mL±0.5 mL 的试样，倒入每个称过的烧杯（配衡烧杯除外）中。每种待测的燃料各用一个烧杯。把装有试样的烧杯和配衡烧杯放入蒸发浴中，放进第一个烧杯和放进最后一个烧杯之间的时间要尽可能短。当使用空气蒸发试样时，应使用不锈钢镊子或钳子，放在锥形转接器。当用蒸汽蒸发时，允许用不锈钢镊子或钳子放进锥形转接器之前把试杯热 3～4 min。而锥形转接器在接到出口前需用蒸汽预热，锥形转接器要放在热蒸汽浴顶端的中央，开始通入空气或蒸汽达到规定的流速，保持规定的温度和流量，使试样蒸发 30 min±0.5 min。

说明：在引入空气或蒸汽流时，避免样品飞溅。飞溅将导致胶质的测定结果偏低。

（6）加热结束时，用不锈钢镊子或钳子移走锥形转接器，将烧杯从浴中转移到冷却器中，将冷却容器放在天平附近至少 2 h。按照顺序称量各个烧杯并记录其质量。

（7）盛有车用汽油残渣的烧杯，按步骤（8）至步骤（12）完成试样。

（8）对未洗胶质含量结果小于 0.5 mg/100mL 的非航空燃料，则不必进行洗涤与后续测量。如果未洗胶质含量不小于 0.5 mg/100mL，向每个盛有残渣的烧杯中加入 25 mL 正庚烷并轻轻地旋转 30 s，使混合物静置 10 min。用同样的方法处理配衡烧杯。

（9）小心地倒掉正庚烷溶液，防止任何固体残渣损失。

（10）用第二份 25 mL 正庚烷，按步骤（8）和步骤（9）重新进行抽提，若抽提液带色，则应重新进行第三次抽提。不能进行 3 次以上的抽提。

说明：不能进行 3 次以上的抽提，因为部分不能溶解的胶质可能会由于机械操作而损失，这样会导致测得的溶剂洗胶质含量偏低。

（11）把烧杯（包括配衡烧杯）放进保持在 160~165℃ 的蒸发浴中，不放锥形转接器，使烧杯干燥 5 min±0.5 min。

（12）干燥结束时，用不锈钢镊子或钳子从浴中取出烧杯，放进冷却容器中，并使其在天平附近冷却至少 2 h。称量配衡烧杯和各试验烧杯的质量，称至 0.1 mg 并记录。

九、计算

（1）航空燃料的实际胶质含量按下式计算

$$A = 2\,000(B - D + X - Y) \tag{2-36}$$

（2）车用汽油或其他非航空燃料的溶剂洗胶质含量按下式计算

$$S = 2\,000(C - D + X - Z) \tag{2-37}$$

（3）车用汽油或其他非航空燃料的未洗胶质含量按下式计算

$$U = 2\,000(B - D + X - Y) \tag{2-38}$$

式中，A 为实际胶质含量，mg/100mL；S 为溶剂洗胶质含量，mg/100mL；U 为未洗胶质含量，mg/100mL；B 为试验步骤（6）中记下的试样试杯加残渣质量，g；C 为试验步骤（12）中记下的试样试杯加残渣质量，g；D 为试验步骤（3）中记下的空烧杯质量，g；X 为试验步骤（3）中记下的配衡烧杯质量，g；Y 为试验步骤（6）中记下的空烧杯质量，g；Z 为试验步骤（12）中记下的配衡烧杯质量，g。

十、报告

（1）对航空燃料实际胶质含量大于或等于 1 mg/100mL 的结果，报告实际胶质含量结果，按照《数值修约规则与极限数值的表示和判定》（GB/T 8170—2008）对数值进行修约，精确至 1 mg/100mL；对于小于 1 mg/100mL 的结果，报告实际胶质含量为"<1 mg/100mL"。

（2）对非航空燃料溶剂洗胶质或未洗胶质含量大于或等于 0.5 mg/100mL 的结果，报告溶剂洗胶质或未洗胶质含量结果，按照《数值修约规则与极限数值的表示与判定》（GB/T 8170—2008）对数值进行修约，精确至 0.5 mg/100mL；对于小于 0.5 mg/100mL 的结果，报告为"<0.5 mg/100mL"。如果未洗胶质含量小于 0.5 mg/100mL，溶剂洗胶质含量也报告为"<0.5 mg/100mL"。

（3）对所有试样，如果蒸发前进行过滤步骤，则在胶质含量结果的数值后注明"过滤后"的字样。

十一、精密度

由实验室间统计测试结果得到的精密度中重复性要求及再现性要求见表 2-30 及见图 2-30（95%置信水平）。

（1）重复性（r）：由同一操作者，使用同一仪器，在相同的操作条件下，对同一样品进行的两个试验结果之差，对于航空汽油实际胶质含量、喷气燃料实际胶质含量、车用汽油未洗胶质含量、车用汽油溶剂洗胶质含量不应超过表 2-30 中规定的数值。

（2）再现性（R）：由不同操作者在不同实验室，对同一样品进行测定，所得两个独立结果之差，对于航空汽油实际胶质含量、喷气燃料实际胶质含量、车用汽油未洗胶质含量、车用汽油溶剂洗胶质含量不应超过表 2-30 中规定的数值。

表 2-30　精密度

样品类型	重复性（r）/（mg/100mL）	再现性（R）/（mg/100mL）
航空汽油实际胶质含量	$1.11+0.095\overline{X}_1$	$2.09+0.126\overline{X}_2$
喷气燃料实际胶质含量	$0.588\,2+0.249\,0\overline{X}_1$	$2.941+0.279\,4\overline{X}_2$
车用汽油未洗胶质含量	$0.997\overline{X}_1^{0.4}$	$1.928\overline{X}_2^{0.4}$
车用汽油溶剂洗胶质含量	$1.298\overline{X}_1^{0.3}$	$2.494\overline{X}_2^{0.3}$

注：$\overline{X}_1$ 为重复测定的算术平均值；$\overline{X}_2$ 为两个独立结果的算术平均值。

十二、思考题

（1）《车用汽油》（GB 17930—2013）标准中的胶质含量指标是多少？过高的胶质含量对使用是否有影响？为什么？

（2）在测定车用汽油胶质时需要注意哪些问题？

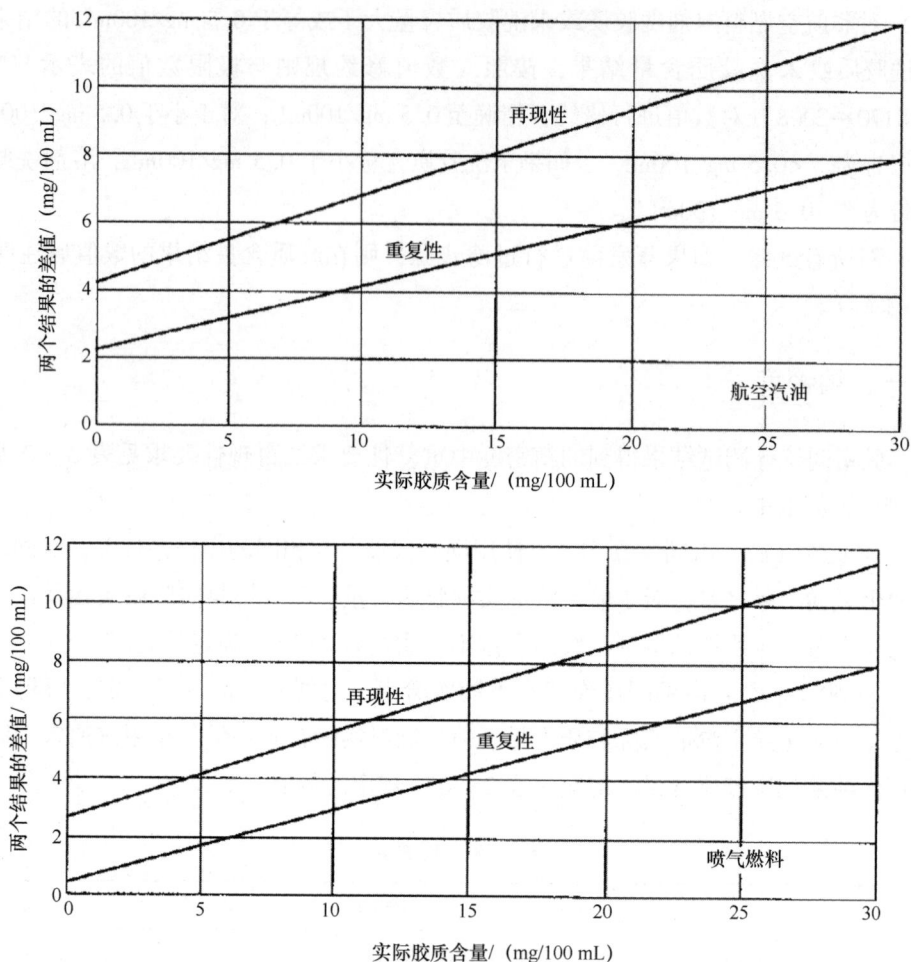

图 2-30 航空燃料实际胶质的精密度

试验十九　润滑剂极压性能测定（四球法）

一、试验目的

（1）了解测定润滑剂极压性能的意义；

（2）了解四球法测定润滑剂极压性能中的有关定义与概念；

（3）掌握四球法测定润滑剂中负荷-磨损指数 LWI、烧结点 P_D 和最大无卡咬负荷 P_B 的操作步骤及注意事项。

二、术语

（1）负荷-磨损指数（load-wear index，LWI）：在所加负荷下润滑剂使磨损减少到最小的极压能力指数。在本试验条件下，它等于在烧结点以前按 0.1 对数单位负荷加到 3 个静止球上，做 10 次试验所测得的校正负荷的平均值。

（2）烧结点（P_D）：本试验条件下，转动球同下面 3 个静止球烧结在一起的最小负荷。它表示已超过润滑剂的极限工作能力。

注：某些试样在试验时 4 个钢球并不发生真正的烧结，而是出现严重的擦伤。在这种情况下，以产生 4 mm 磨痕直径所加的负荷为烧结点。

（3）校正负荷（P_J）：每次试验所加负荷和在该负荷下的赫兹直径与磨痕直径之比相乘所得到的负荷值。

（4）赫兹直径（D_h）：在静负荷下，由钢球弹性变形所引起的压痕平均直径。它可由下式计算

$$D_h = 4.08 \times 10^{-2} \times P^{1/3} \tag{2-39}$$

式中，P 为静负荷，N；D_h 为赫兹直径，mm。

如果静负荷单位为 kgf，则式（2-39）应改写成

$$D_h = 8.73 \times 10^{-2} \times P^{1/3} \tag{2-40}$$

（5）补偿直径（D_b）：在有润滑剂存在，但不引起卡咬或烧结的试验负荷下，转动球对静止球所产生的平均磨痕直径。

注：所测得的磨痕直径不超过表 2-31 的第 4 栏内所列数值的 5%。

（6）赫兹线：它是双对数坐标纸上的一条直线，纵坐标为在静负荷下所得到的压痕直径，横坐标为所加负荷，见图 2-31。

（7）补偿线：它是双对数坐标纸上所作的一条直线，纵坐标为在动负荷下所得到的磨痕直径，横坐标为所加负荷，见图 2-31。

注：①补偿线坐标值列于表 2-31 的第 2 栏和第 4 栏内；②某些润滑剂的无卡咬磨痕直径在补偿线以上，如甲基苯基硅油、氯化甲基苯基硅油、硅苯撑、苯基醚以及某些石油和氯化石蜡的混合物。

（8）最大无卡咬负荷（P_B）：在试验条件下不发生卡咬的最大负荷，在该负荷下所测得的磨痕直径不超过相应补偿线以上数值的 5%。

（9）初期卡咬区：引起润滑剂油膜瞬时破坏的负荷区域。油膜瞬时破坏可由磨损直径增大和摩擦力测量值瞬时增大看出。

（10）立即卡咬区：在磨损负荷曲线上，该区域的特征是出现卡咬、烧结或大的磨痕。

三、方法概要

四球机的一个顶球，在施加负荷的条件下对着油盒内的 3 个静止球旋转。油盒内的试

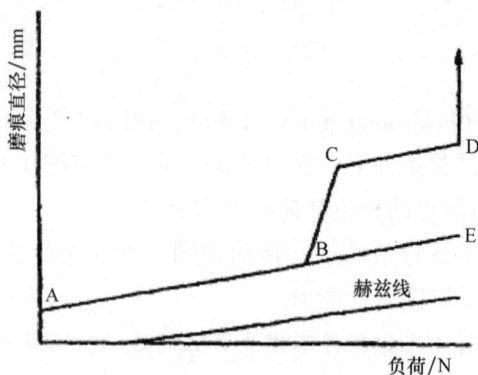

图 2-31　负荷-磨损曲线简图

ABE—补偿线；B—最大无卡咬点；BC—初期卡咬区；CD—立即卡咬区；D—烧结点

样浸没 3 个试验钢球。主轴转速为 1 760 r/min±40 r/min。试样温度为 18~35℃。按标准《润滑剂极压性能测定法（四球法）》（GB/T 12583—1998）的规定逐级加负荷，做一系列的 10 s 试验直至发生烧结。烧结点以前做 10 次试验。如果最大无卡咬负荷和烧结点之间的试验不足 10 次，且最大无卡咬负荷之前的磨痕直径是在不大于相应补偿线上磨痕直径的 5% 范围内（图 2-31 中的 AB 部分），则这部分的试验不必去做，其校正负荷可查表 2-31 得到，这时可假定最大无卡咬负荷及其以前所产生的磨痕直径与补偿直径相等，总的推测到 10 次试验即可。上述假定的磨痕直径见表 2-31，最大无卡咬负荷和烧结点的曲线见图 2-31。

四、仪器与材料

1. 仪器

（1）四球极压试验机：四球极压试验机既可以是液压式，也可以是杠杆式，主轴转速需满足试验条件的上限要求，负荷不低于 7 845 N（800 kgf）。四球机油盒装置如图 2-32 所示。

注：①把四球极压试验机和四球磨损试验机分开使用是重要的。四球极压试验机适用于做极压性能试验，但精确度较差，不适于做磨损试验。②四球极压试验机应每年用参考油标定，并检验其补偿线的可靠性。

（2）显微镜：装有测微仪的直读式显微镜或自动精密测量仪器。读数值精确到 0.01 mm。

（3）计时器：精确至 0.1 s。

（4）摩擦力记录仪。

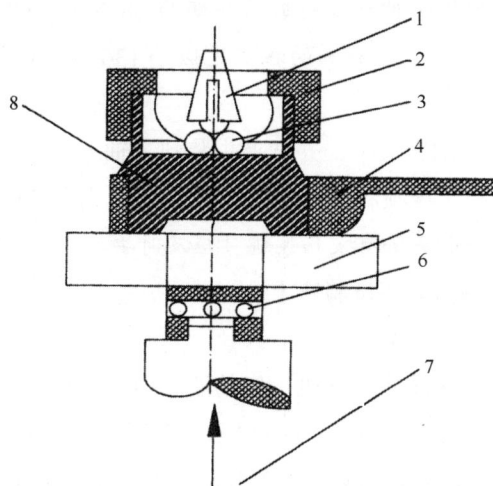

图 2-32　四球机油盒装置示意图

1—顶球夹头；2—螺母；3—试验钢球；4—摩擦力杆；

5—隔板；6—止推轴承；7—负荷；8—油盒

2. 材料

（1）石油醚：分析纯，60~90℃。

（2）溶剂油：符合《油漆及清洗用溶剂油》（GB 1922—2006）中的 2 号要求。

（3）试验钢球：四球机专用试验钢球。优质铬合金轴承钢 GCr15A，钢球直径 12.7 mm，硬度 HRC64~66。

五、准备工作

（1）在通风柜内用溶剂油清洗试验钢球、油盒、夹头及其他在试验过程中与试样接触的零件，再用石油醚洗涤两次，然后吹干备用。清洗后的试验钢球应光洁无锈斑。

注：不要用四氯化碳或其他具有承载能力的溶剂清洗，以免影响试验结果。

（2）四球机：①液压式四球机要求打开电源，调整主轴转速到 1 760 r/min±40 r/min，空转 2~3 min；②杠杆式四球机要提升杠杆臂，并由锁紧装置把杠杆臂固定在提升的位置，打开电源，空转 2~3 min。

（3）调整好计时器。

六、试验步骤

（1）把 3 个试验钢球放在油盒内。并把压紧环放在试验钢球上面，用螺母上紧。把试样倒入油盒内，使试样浸没钢球。

注：研究表明，当扭力扳手对螺母施加的扭矩为 68 N·m±7 N·m（6.93 kgf·m ± 0.71 kgf·m）时可提高重复性；当施加的扭矩近似于 136 N·m（13.87 kgf·m）时，烧结点会明显偏低。

（2）将一个试验钢球装到夹头中，并把夹头装到主轴上。

注：由于夹头不断地经受磨损和卡咬，因此每次试验前应仔细检查夹头，如果发现试验钢球与夹头不能紧密结合或夹头有咬伤痕迹，应及时更换。

（3）把组装好的试验油盒装在试验座上。

（4）试样温度控制在 18~35℃。

（5）四球机加负荷。①液压式四球机：启动液压油泵，油盒上升，使下面 3 个试验钢球与顶上试验钢球接触，缓缓地加负荷；②杠杆式四球机：把隔板置于油盒和止推轴承之间，松开杠杆臂锁紧装置，使杠杆臂处于水平位置。把砝码盘放在杠杆臂刻槽内，缓缓加砝码。如果使用摩擦力测量装置，应接好连线。

注：加负荷时应避免冲击负荷，它会引起试验钢球永久变形。

（6）启动电机，运转 10 s±0.2 s。

注：四球机主轴的制动时间不计算在内。

（7）取下油盒和夹头，并卸下夹头中的试验钢球。

（8）按下列方法测量试验钢球的磨痕直径：①方法 A：从油盒中取出试验钢球，擦拭并清洗后，把试验钢球放在适当的球座上，用直读式显微镜或其他自动精密测量仪器，在磨痕的水平方向和垂直方向测量 3 个试验钢球中任意一个试验钢球的磨痕直径，取算术平均值，精确到 0.01 mm。②方法 B：倒掉油盒中的试样，不取出试验钢球，用直读式显微镜或其他自动精密测量仪器，在磨痕的水平和垂直方向测量 3 个试验钢球中任意一个试验钢球的磨痕直径，取算术平均值，精确到 0.01 mm。③操作者也可以按方法 A 或方法 B 测量 3 个试验钢球的磨痕直径，取算术平均值，精确到 0.01 mm。④每次试验后，把磨痕直径记录在表 2-31 中，并与补偿线磨痕直径进行比较。

注：在用方法 A 或方法 B 前，操作者应仔细观察油盒内的 3 个试验钢球，如果 3 个试脸钢球的磨痕直径有明显的差异，那么就必须测量 3 个试验铜球的磨痕直径。

（9）最大无卡咬负荷 P_B 的测定：测定最大无卡咬负荷时，要求在该负荷下的磨痕直径不得大于相应补偿线上磨痕直径（即补偿直径）的 5%。如果测得某负荷下的磨痕直径大于相应补偿线上磨痕直径的 5%，则下次试验就在较低一级的负荷下进行，直到确定最大无卡咬负荷为止。

《润滑剂极压性能测定法（四球法）》（GB/T 12583—1998）提供了用以判断 P_B 点的 $P \sim D_b$（1+5%）数值表，见表 2-32。例如某试样在 784 N（80 kgf）负荷下测量的磨痕直径为 0.47 mm，查表 2-32 得知在 784 N（80 kgf）负荷下 D_b（1+5%）为 0.45 mm，则可

断定该试样的 P_B 值小于 784 N（80 kgf）。再在低一级负荷下做试验，直到测得的磨痕直径等于或小于 D_b（1+5%），则该负荷即为 P_B 点。

注：①测定 P_B 点的级别见表 2-32，P_B 点在 392 N（40 kgf）以下精确至 20 N（2 kgf）；402 N（41 kgf）～784 N（80 kgf）精确至 29 N（3 kgf）；794 N（81 kgf）～1 177 N（120 kgf）精确至 49 N（5 kgf）；1 187 N（121 kgf）～1 569 N（160 kgf）精确至 69 N（7 kgf）；1 569 N（160 kgf）以上精确至 98 N（10 kgf）。②当用摩擦力测量仪时，最大无卡咬负荷可由记录笔逐渐横向移动看出。

表 2-31　四球机极压试验记录

GB/T 12583　　　　　　　　　　　试验编号：　　　　　　　　　　　送样单位：

　　　　　　　　　　　　　　　　试样名称：　　　　　　　　　　　试验日期：

1	2	3	4	5	6	7
负荷级别	负荷 L/N（kgf）	平均磨痕直径 x/mm	补偿直径 D_b/mm	LD_h 系数	校正负荷 LD_h/x/N（kgf）	计算
1	59（6）			9.32（0.95）		
2	78（8）			13.73（1.40）		
3	98（10）		0.21	18.44（1.88）		
4	127（13）		0.23	26.18（2.67）		
5	157（16）		0.25	34.52（3.52）		
6	196（20）		0.27	46.48（4.74）		
7	235（24）		0.28	59.33（6.05）		查表 2-23
8	314（32）		0.31	86.98（8.87）		A_1 =
9	392（40）		0.33	117.28（11.96）		
10	490（50）		0.36	157.88（16.10）		
11	618（63）		0.39	214.36（21.86）		计算 A_2 =
12	784（80）		0.42	294.96（30.08）		
13	981（100）		0.46	397.14（40.50）		$LWI = \dfrac{A_1+A_2}{10}$
14	1 236（126）		0.50	541.29（55.20）		
15	1 569（160）		0.54	743.29（75.80）		$= \dfrac{A}{10} =$
16	1 961（200）		0.59	1 002.17（102.20）		
17	2 452（250）			1 348.33（137.50）		
18	3 089（315）			1 834.70（187.10）		
19	3 922（400）			2 529.95（258.00）		
20	4 903（500）			3 402.68（347.00）		
21	6 080（620）			4 530.37（462.00）		
22	7 845（800）			6 364.09（649.00）		
试验结果		P_B =　　　　N（kgf） P_D =　　　　N（kgf） LWI =　　　　N（kgf）			操作者： 校　核： 日　期：	

表 2-32　判断 P_B 点的 $P \sim D_b$ （1+5%）

P/N（kgf）	D_b（1+5%）/mm
98（10）	0.22
108（11）	0.23
118（12）	0.23
127（13）	0.24
137（14）	0.25
157（16）	0.26
177（18）	0.27
196（20）	0.28
216（22）	0.29
235（24）	0.30
255（26）	0.30
275（28）	0.31
294（30）	0.32
314（32）	0.33
333（34）	0.33
353（36）	0.34
373（38）	0.35
392（40）	0.35
412（42）	0.36
431（44）	0.36
461（47）	0.37
490（50）	0.38
510（52）	0.39
530（54）	0.39
559（57）	0.40
588（60）	0.40
618（63）	0.41
637（65）	0.42
667（68）	0.42
696（71）	0.43
726（74）	0.44
755（77）	0.44
784（80）	0.45
834（85）	0.46
883（90）	0.47

P/N（kgf）	D_b（1+5%）/mm
932（95）	0.47
981（100）	0.48
1 020（104）	0.49
1 069（109）	0.50
1 118（114）	0.50
1 167（119）	0.51
1 236（126）	0.52
1 294（132）	0.53
1 363（139）	0.54
1 432（146）	0.55
1 500（153）	0.56
1 569（160）	0.57
1 667（170）	0.58
1 765（180）	0.59
1 863（190）	0.60
1 961（200）	0.61

（10）烧结点 P_D 的测定：按表2-31的负荷级别，一般从784 N（80 kgf）开始，逐级加负荷进行一系列的10 s试验，记录所测得的磨痕直径，直到发生烧结。在发生烧结的负荷下进行一次重复试验。试验均烧结，则此试验负荷即为烧结点。如不发生烧结则在较高一级负荷下进行新的试验，并重复进行直至确定烧结点。

注：①当由于金属的转移影响了试验钢球所形成的磨痕表面时，其磨痕直径的测量是困难的。应将金属转移物去掉再测定。如果磨痕边缘模糊或不规则不好测定时，则用估算法确定磨痕直径。②发生烧结时，应立即关闭电机，否则会损坏机器，试验钢球和夹头之间也会产生严重擦伤。下列方法判断是否烧结：A. 摩擦力记录仪指示笔剧烈地振动；B. 电机噪声增加；C. 油盒冒烟；D. 负荷杠杆突然下降。

（11）负荷-磨损指数 LWI 的测定：按上述第（9）条测定最大无卡咬负荷 P_B，并按表2-31确定 P_B 属于哪一级负荷后从 P_B 点高一级的负荷做起，逐级加大负荷做一系列的10 s试验，直到发生烧结。查补偿线上校正负荷总表，见表2-33，并按式（2-41）计算出负荷-磨损指数 LWI。在大量筛选试验时可用附注（一）的负荷-磨损指数 LWI 快速计算法进行估算。如果某些试样所测得的磨痕直径全部在 D_b（1+5%）以上，则在烧结点以前应按负荷级别做10次试验，按式（2-41）计算负荷-磨损指数 LWI。

注：查表2-32时应注意 P_B 点的靠级，如果测得的 P_B 点在表2-32的两个负荷之间，

应先将 P_B 靠低一级负荷。如 $P_B = 1\ 667$ N（170 kgf），则靠 $P_B = 1\ 569$ N（160 kgf），然后再查补偿线上校正负荷总表。

表 2-33　补充线上校正负荷总表　　　　单位：N(kgf)

最大无卡负荷 P_B	烧结点 P_D										
	7 485 (800)	6 080 (620)	4 903 (500)	3 922 (400)	3 089 (315)	2 452 (250)	1 961 (200)	1 569 (160)	1 236 (126)	981 (100)	784 (80)
1 961(200)	5 717 (583)	6 266 (639)	6 707 (684)	7 060 (720)	7 345 (749)	7 551 (770)					
1 569(160)	4 020 (410)	4 570 (466)	5 011 (511)	5 364 (547)	5 648 (576)	5 854 (597)	6 031 (615)				
1 236(126)	2 646 (296.8)	3 195 (325.8)	3 633 (370.5)	3 991 (407)	4 266 (435)	4 481 (457)	4 648 (474)	4 795 (489)			
981(100)	1 566 (159.7)	2 116 (215.8)	2 554 (260.5)	2 909 (296.7)	3 190 (325.3)	3 402 (346.9)	3 573 (364.4)	3 707 (378)	3 824 (390)		
784(80)	702 (716)	1 252 (127.7)	1 691 (172.4)	2 046 (208.6)	2 386 (237.2)	2 532 (258.2)	2 709 (276.3)	2 844 (290)	2 961 (302)	3 050 (311)	
618(63)		550 (56.1)	988 (100.8)	1 343 (137)	1 624 (165.6)	1 835 (187.1)	2 007 (204.7)	2 146 (218.8)	2 259 (230.4)	2 347 (239.3)	2 418 (246.7)
490(50)		438 (44.7)	793 (80.9)	1 074 (109.5)	1 284 (131)	1 457 (148.6)	1 595 (162.7)	1 709 (174.3)	1 796 (183.2)	1 869 (190.6)	
392(40)			355 (36.2)	635 (64.8)	847 (86.4)	1 019 (103.9)	1 157 (118)	1 271 (129.6)	1 359 (138.6)	1 431 (145.9)	
314(32)				280 (28.6)	492 (50.2)	664 (67.7)	802 (81.8)	916 (93.4)	1 004 (102.4)	1 076 (109.7)	
235(24)					212 (21.6)	383 (39.1)	522 (53.2)	635 (64.8)	724 (73.8)	795 (81.1)	
196(2)						173 (17.6)	310 (31.6)	424 (43.2)	512 (52.2)	581 (59.2)	
157(16)							138 (14.1)	252 (25.7)	399 (34.6)	412 (42)	
127(13)								114 (11.6)	202 (20.6)	274 (27.9)	
98(10)									88 (9.0)	160 (16.3)	
78(8)										73 (7.4)	

七、计算与报告

（1）最大无卡咬负荷 P_B 点按上述试验步骤第（9）条测定并报告最大无卡咬负荷 P_B，N（kgf）。

（2）烧结点 P_D：按上述试验步骤第（10）条测定并报告烧结点 P_D，N（kgf）。

（3）负荷-磨损指数 LWI。

1）负荷-磨损指数 LWI 按下式计算和报告

$$LWI = \frac{A_1 + A_2}{10} = \frac{A}{10} \qquad (2-41)$$

式中，LWI 为负荷-磨损指数，N（kgf）；A 为烧结点前 10 次试验的校正负荷总和，N（kgf）；A_1 为补偿线上的校正负荷之和，N（kgf）；A_2 为最大无卡咬负荷之后的校正负荷之和，N（kgf）。

注：如果该试验结果符合补偿线，则 A 可定义为烧结点前补偿线上校正负荷之和 A_1 与非补偿线上校正负荷之和 A_2 相加之和，总共 10 次试验负荷级。

2）最大无卡咬负荷之后和烧结点之间每次试验的校正负荷 P_J，按下式计算

$$P_J = L \times \frac{D_h}{x} \qquad (2-42)$$

式中，P_J 为校正负荷，N（kgf）；L 为试验负荷，如果用杠杆式四球机，则 L 为砝码和砝码盘总重力乘杠杆臂之比，N（kgf）；D_h 为赫兹直径，mm；x 为由试验所测得的平均磨痕直径，mm。

如果最大无卡咬负荷及其低于最大无卡咬负荷的磨痕直径在不高于补偿线的 5% 范围内，可假定其磨痕直径与补偿直径相当。因此，这部分试验不必进行，其校正负荷可从表 2-33 最大无卡咬负荷和烧结点的交叉点查得。例如，试样的最大无卡咬负荷为 510 N（52 kgf），接着做 618、784、981、1 236 和 1 569N（63、80、100、126 和 160 kgf）负荷的试验，烧结点是 1 961 N（200 kgf）。从表 2-33 可以查得 P_B 490 N 和 P_D 1961 N（50 kgf 和 200 kgf）的交叉点为 1 457 N（148.6 kgf）。此值为补偿线上的校正负荷总和。它是利用补偿线分别求出 490、392、314、235 和 196 N（50、40、32、24 和 20 kgf）负荷的磨痕直径，而得到的各级校正负荷之和。

非补偿线部分的校正负荷按式（2-42）逐级计算。

八、精密度

如果试验结果符合补偿线，则按下列规定判断试验结果的可靠性（95% 的置信水平）。

（1）重复性（r）：同一操作者，用同一台设备，同一样品，在规定的条件下，连续两次试验结果之差不得超过下列数值：①最大无卡咬负荷：平均值的 15%；②烧结点：一级

负荷增量；③负荷–磨损指数：平均值的 17%。

（2）再现性（R）：不同的操作者，在不同的实验室，用同一样品，在规定的条件下，两个实验室的独立试验结果之差不得超过下列数值：①最大无卡咬负荷：平均值的 30%；②烧结点：一级负荷增量；③负荷–磨损指数：平均值的 44%。

（3）标准《润滑剂极压性能测定法（四球法）》（GB/T 12583—1998）没有建立烧结点大于 3 922 N（400 kgf）和试验结果不符合补偿线的样品的精密度。

九、思考题

（1）四球试验机的基本原理是什么？主要测量项目是什么？

（2）四球试验机的摩擦方式、接触方式和加载方式是什么？

（3）按照本试验标准，四球试验机的转速和滑动速度分别为多少？

（4）磨损试验一般是在什么条件下进行（如负荷，时间）？常用什么指标来判断抗磨损性能？

（5）根据四球试验机的原理，请推测影响试验精度的因素有哪些？

附注

负荷–磨损指数（LWI）快速计算法

一、范围

本方法适用于润滑剂负荷–磨损指数 LWI 的快速计算，尤其是对大批量样品的筛选。

二、试验步骤

（1）测定 P_B：按标准《润滑剂极压性能测定法（四球法）》（GB/T 12583—1998）试验步骤第（9）条测定最大无卡咬负荷 P_B。

（2）测定 P_D：按标准《润滑剂极压性能测定法（四球法）》（GB/T 12583—1998）试验步骤第（10）条测定烧结点 P_D。

三、LWI 计算

按下列公式计算 LWI，计算时首先考虑 P_B 和 P_D 的级差。

（1）当 P_B 与 P_D 的级差 ≤2 时：

$$LWI = 0.230P_B + 0.130P_D$$

（2）当 $P_D \geqslant 9.8 \times 620$ N 或 P_B 与 P_D 的级差 $\geqslant 8$ 时：

$$LWI = 0.184\ P_B + 0.092P_D + 4.9$$

（3）当 $P_D \leqslant 9.8 \times 160$ N 时：

$$LWI = 0.116\ 0(P_B + P_D)$$

（4）当 9.8×200 N $\leqslant P_D \leqslant 9.8 \times 500$ N 时：

$$LWI = 0.116(P_B + P_D) + 3.6$$

试验二十　润滑油泡沫特性测定法

一、试验目的

（1）了解润滑剂泡沫发生的原因及抑制机理；

（2）了解润滑剂中过量泡沫的危害；

（3）掌握测定润滑油中泡沫趋向性与稳定性的操作步骤与注意事项。

二、术语定义及润滑剂泡沫危害

1. 术语定义

（1）扩散头：本试验中是指将气体扩散到液体里的部件。

（2）泡沫：在液体内部或表面聚集起来的气泡，从体积上考虑，其中空气（气体）是主要组成部分。

（3）润滑剂：加到两个相对运动的表面间，能减少其摩擦或磨损的物质。

（4）最大孔径：本试验中是指扩散头毛细孔圆形截面积的直径（μm），从表面张力的影响考虑，相当于扩散头的最大孔径。

（5）渗透率：在 2.45 kPa 气体压力下，通过扩散头的气体流量（mL/min）。

2. 润滑剂泡沫危害

在高速齿轮（或液压系统）、大容积泵送和飞溅润滑系统中，润滑油生成泡沫的倾向是一个严重的问题，由此引起的不良润滑、气穴现象和润滑剂的溢流损失都会导致机械故障。

三、方法概要

试样在 24℃ 时，用恒定流速的空气吹气 5 min，然后静止 10 min。在每个周期结束时，分别测定试样中泡沫的体积。取第二份试样,在93.5℃下进行试验,当泡沫消失后,再在24℃下进行重复试验。

四、仪器

(1)泡沫试验设备:采用满足《润滑油泡沫特性测定法》(GB/T 12579—2002)润滑油泡沫特性试验器进行测试,如图2-33所示。具体包括以下各项。

1)量筒:容量1 000 mL,最小分度为10 mL,从量筒内底部到1 000 mL刻度线距离为335~385 mm。圆口,如果切割,需要经过精细抛光。

注:当量筒带有倾倒嘴时,割掉其倾倒嘴部分,使其顶口呈圆形。

2)塞子:由橡胶或其他合适的材料制成,与上述量筒的圆形顶口相匹配。塞子中心应有两个圆孔,一个插进气管,另一个插出气管。

3)扩散头:由烧结的结晶状氧化铝制成的砂芯球,直径为25.4 mm;或是由烧结的5 μm多孔不锈钢制成的圆柱形。当按规定的方法测量时,应符合下述要求:最大孔径不大于80 μm,渗透率为3 000~6 000 mL/min。气体扩散头与进气管连接,如图2-34所示。

(2)试验浴:其尺寸足以使量筒至少浸至900 mL的刻线处,并能使浴温维持在规定温度的±0.5℃范围内。浴和浴液应透明,以便读取浸入的量筒刻度。

注:①直径约300 mm,高约450 mm的圆柱形硼硅玻璃缸可满足使用要求;② 93.5℃浴应放在一个足够大的透明容器内,以防破裂。

(3)空气源:从空气源通过气体扩散头的空气流量能保持在94 mL/min±5 mL/min。空气还须通过一个高为300 mm的干燥塔。干燥塔应依次按下述步骤填充:在干燥塔的收口处以上依次放20 mm的脱脂棉、110 mm的干燥剂、40 mm的变色硅胶、30 mm的干燥剂、20 mm的脱脂棉。当变色硅胶开始变色时,则必须重新填充干燥塔。

注:已干燥到露点-60℃或更低时,且经检验(有检验合格证)不含烃的空气,不必通过干燥塔。

(4)流量计:能够测量流量为94 mL/min±5 mL/min。

(5)体积测量装置:在流速为94 mL/min时,能精确测量约470 mL的气体体积。

注:可选用经校准的分度值为0.01 L的湿式气体流量计。

(6)计时器:仪器自带或者实验室自备。

(7)温度计:水银式玻璃温度计,符合规格要求,或者选用全浸式,测量范围为0~50℃和50~100℃,最小分度值为0.1℃的温度计。

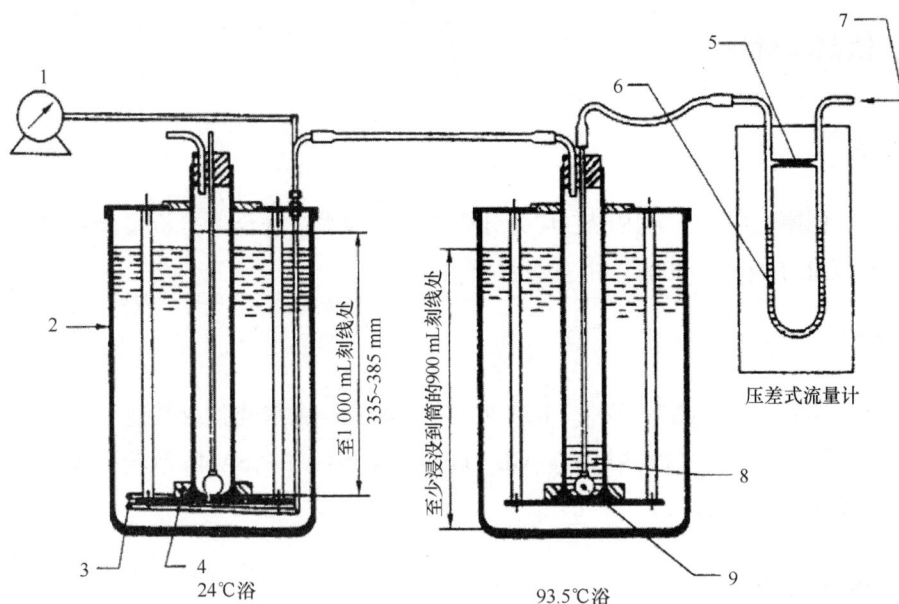

图 2-33　泡沫试验设备

1—流量计；2—硼硅玻璃浴缸（φ30 mm×450 mm）；3—铜盘管（至少一圈）；

4—重金属环；5—毛细管（φ0.4 mm×16 mm）；6—邻苯二甲酸丁酯；

7—空气流量（89~99 mL/min）；8—1 000 mL带刻度量筒；9—气体扩散头

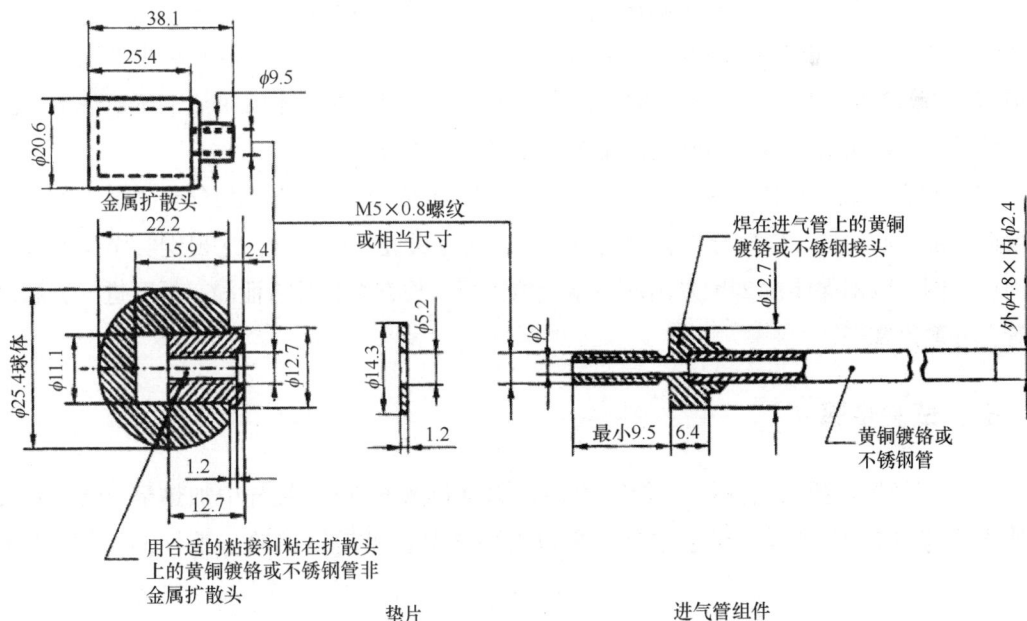

图 2-34　气体扩散头与进气管连接示意图（单位：mm）

五、试剂和材料

1. 试剂

正庚烷、丙酮、甲苯、异丙醇，均为分析纯；蒸馏水，符合《分析实验室用水规格和试验方法》（GB/T 6682—2008）中三级水要求。

2. 材料

清洗剂，非离子型，能溶于水；干燥剂，变色硅胶、脱水硅胶或其他合适的材料；SL 10W-40 汽油机油，符合《汽油机油》（GB 11121—2006）；L-TSA 46 汽轮机油，符合《涡轮机油》（GB 11120—2011）。

六、准备工作

每次试验之后，必须彻底清洗试验用量筒和进气管，以除去前一次试验留下的痕量添加剂，这些添加剂会严重影响下一次的试验结果。

（1）量筒的清洗：先依次用甲苯、正庚烷和清洗剂仔细清洗量筒，然后用水和丙酮冲洗，最后再用清洁、干燥的空气流将量筒吹干，量筒的内壁排水要干净，不能留水滴。

（2）气体扩散头的清洗：分别用甲苯和正庚烷清洗扩散头，方法如下：将扩散头浸入约 300 mL 溶剂中，用抽真空和压气的方法，使部分溶剂来回通过扩散头至少 5 次。然后用清洁、干燥的空气将进气管和扩散头彻底吹干。最后用一块干净的布沾上正庚烷擦拭进气管的外部，再用清洁的干布擦拭，注意不要擦到扩散头。

（3）仪器安装：按仪器使用说明安装仪器。调节进气管的位置，使气体扩散头恰好接触量筒底部中心位置。空气导入管和流量计的连接应通过一根铜管，这根铜管至少要绕冷浴内壁一圈，以确保能在 24℃ 左右测量空气的体积。检查系统是否泄漏。拆开进气管和出气管，并取出塞子。

七、试验步骤

（1）不经机械摇动或搅拌，将约 200 mL 试样倒入 600 mL 烧杯中加热至 49℃±3℃，并使之冷却到 24℃±3℃〔对于储存两周以上的样品，见后继试验步骤（5）选择步骤 A〕。

注：后文步骤（2）和步骤（4）所述的步骤都应在前一个步骤完成后 3 h 之内进行，步骤（3）中试验应在试样达到温度要求后立即进行，并且要求量筒浸入 93.5℃ 浴中的时间不超过 3 h。

（2）程序Ⅰ：将试样倒入量筒中，使液面达到 190 mL 刻线处，将量筒浸入 24℃ 浴中，至少浸没至 900 mL 刻线处，用一个重的金属环使其固定，防止上浮。当油温达到浴温时，塞上塞子，接上扩散头和未与空气源连接的进气管，扩散头浸泡约 5 min 后，将出气管与气体体积测量装置连接，并接通空气源，调节空气流速为 94 mL/min±5 mL/min。通过气体扩散头的空气要求是清洁和干燥的。从气体扩散头中出现第一个气泡起开始计时，通气 5 min±3 s。立即记录泡沫的体积（即从总体积减去液体的体积），精确至 5 mL。通过系统的空气总体积应为 470 mL±25 mL。从流量计上拆下软管，切断空气源。让量筒静置 10 min±10 s，再次记录泡沫的体积，精确至 5 mL。

（3）程序Ⅱ：将第二份试样倒入清洁的量筒中，使液面达到 180 mL 处，将量筒浸入 93.5℃ 浴中，至少浸没到 900 mL 刻线处。当油温达到 93℃±1℃ 时，插入清洁的气体扩散头及进气管，并按步骤（2）所述进行试验，分别记录在吹气结束时及静止周期结束时泡沫的体积，精确至 5 mL。

（4）程序Ⅲ：用搅动的方法破坏步骤（3）试验后产生的泡沫。将试验量筒置于室温，使试样冷却至低于 43.5℃，然后将量筒放入 24℃ 的浴中。当试样温度达到浴温后，插入清洁的进气管和扩散头，按步骤（2）所述进行试验，在吹气结束及静止周期结束时，分别记录泡沫体积，精确至 5 mL。

注：如果是黏性油，静止 3 h 不足以消除气泡，可静止更长时间，但需记录时间，并在结果中加以注明。

（5）某些类型的润滑油在贮存中，因泡沫抑制剂分散性的改变，致使泡沫增多，如怀疑有以上现象，可以用下述选择步骤 A 来进行。

选择步骤 A：按准备工作中步骤（2）气体扩散头的清洗要求清洗一个带高速搅拌器的 1 L 容器，将 18~32℃ 的 500 mL 试样加入此容器中，并以最大速度搅拌 1 min。在搅拌过程中，常常会带进一些空气。因此，需使其静止，以消除引入的泡沫，并且使油温达到 24℃±3℃，搅拌后 3 h 之内，开始按步骤（2）程序Ⅰ进行试验。

注：①某些润滑油只需要测定某个温度下的泡沫性能，在进行试样时需掌握产品标准的要求。②对于某些汽油机油除需要完成 3 个程序的测试外，还需要进行 150℃ 的高温泡沫性能试验。

八、精密度

按下述规定判断结果的可靠性（95% 置信水平）。

本试验的精密度在下面的（1）和（2）中给出。对于选择步骤 A，尚未制定出精密度。

（1）重复性（r）：同一操作者使用同一仪器，在恒定的试验条件下，对同一试样重复测定的两个试验结果之差不能超过下两式的值

$$r(程序\ \text{I}\ 和程序\ \text{II}) = 10 + 0.22X \tag{2-43}$$

$$r(程序\ \text{III}) = 15 + 0.33X \tag{2-44}$$

式中，X 为两个测定结果的平均值，mL。

（2）再现性（R）：不同的操作者，在不同的实验室对同一试样得到的两个独立的试验结果之差不能超过下两式的值

$$R(程序\ \text{I}\ 和程序\ \text{II}) = 15 + 0.45X \tag{2-45}$$

$$R(程序\ \text{III}) = 35 + 1.01X \tag{2-46}$$

式中，X 为两个测定结果的平均值，mL。

九、报告

报告结果精确到 5 mL，表示为"泡沫倾向"（在吹气周期结束时的泡沫体积，mL）和/或"泡沫稳定性"（在静止周期结束时的泡沫体积，mL）。每个结果要注明程序号以及试样是直接测定还是经过搅拌（选择步骤 A）后测定的。

当泡沫或气泡层没有完全覆盖油的表面，且可见到片状或"眼睛"状的清晰油品时，报告泡沫体积为"0 mL"。

十、思考题

（1）测定润滑油泡沫特性有什么意义？

（2）SL10W-40 汽油机油泡沫特性指标是多少？测定 SL10W-40 汽油机油泡沫特性时需注意什么？

试验二十一　润滑油氧化安定性的测定（旋转氧弹法）

一、试验目的

（1）了解润滑油的氧化机理及抑制氧化机理；

（2）了解评价工业润滑油抗氧化能力的方法；

（3）掌握利用旋转氧弹法测定 L-TSA 46 汽轮机油的操作过程及注意事项。

二、原理

1. 润滑油氧化机理

润滑油的氧化过程是烃类与氧和热作用的一个极其复杂的过程。许多学者针对润滑油

的氧化曾提出多个理论给予阐述，目前公认的是谢苗诺夫的自由基链反应理论，它主要包括链的初始阶段、链的增长阶段、链的转移阶段和链的终止阶段。

（1）链的初始阶段：

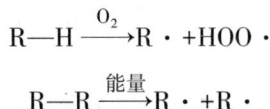

$$R—H \xrightarrow{O_2} R \cdot +HOO \cdot$$

$$R—R \xrightarrow{能量} R \cdot +R \cdot$$

当烃类暴露在光照、高温或者有金属接触的环境中时，主要通过氢的夺取和碳碳键的断裂，形成烷基自由基。这个反应通常速度较慢，有一定的抑制期（又称氧化诱导期）。而且不同品种的润滑油有着不同的抑制期。

（2）链的增长阶段：

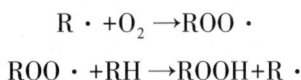

$$R \cdot +O_2 \rightarrow ROO \cdot$$

$$ROO \cdot +RH \rightarrow ROOH+R \cdot$$

在链增长阶段，烷基自由基和氧气迅速反应生成烷过氧基。烷过氧基和烃类基础油的分子进一步反应，夺取烃类基础油分子的氢原子后生成氢过氧化物和二级烷基自由基。生成的二级烷基自由基继续与烃类基础油分子反应，重复链增长阶段，这个过程循环往复，加速了烃类基础油的氧化。

（3）链的转移阶段：

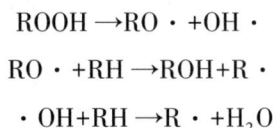

$$ROOH \rightarrow RO \cdot +OH \cdot$$

$$RO \cdot +RH \rightarrow ROH+R \cdot$$

$$\cdot OH+RH \rightarrow R \cdot +H_2O$$

链的转移阶段是一个非常重要的阶段，通常在高温（>120℃）的条件下发生。氢过氧化物被氧化分解成烷氧自由基和羟基自由基。生成的烷氧基团进一步与烃类基础油分子反应生成烷基自由基，又回到了链增长阶段，加速了氧化过程；同时生成了大量的低分子量的物质，比如酸、醇、醛、酮等，影响了润滑油的物理化学性能，提高了润滑油的增发性能和极性。

（4）链的终止阶段：

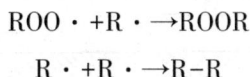

$$ROO \cdot +R \cdot \rightarrow ROOR$$

$$R \cdot +R \cdot \rightarrow R-R$$

随着氧化的进一步进行，进入了自由基链的终止阶段。低分子量的醇、醛、酮等物质通过缩合、聚合等方式生成了大分子量的物质，使得润滑油的黏度大幅度地上升。

2. 旋转氧弹法测定润滑油氧化性能的原理及作用

利用旋转氧弹法评定润滑油的抗氧化性能，实际上是一个加速润滑油氧化的过程，即在氧气、水和催化剂且高于润滑油正常的使用温度下，对润滑油进行加速氧化从而评价润滑油的抗氧化性能。通过试验时间的长短来评定润滑油抗氧化性能的优劣。

旋转氧弹法主要用于评定具有相同组成（基础油和添加剂）新的和使用中的涡轮机油（汽轮机油）的氧化安定性，也可以用于其他工业润滑油产品研发与生产控制。

多数润滑油中加有抗氧化剂（酚类、胺类或别的类型等）以抑制润滑油的氧化，从而延长润滑油的使用寿命。一般而言，润滑油氧化到一定程度后，其性能将发生显著的变化，无法满足设备润滑的需要，需要对所使用的润滑油进行更换。

三、方法概要

将试样、水和铜催化剂线圈一起放入到一个带盖的玻璃盛样器内，置于装有压力表的氧弹中。氧弹在室温下充入 620 kPa（90 psi，6.2 bar）压力的氧气，放入规定的恒温油浴中（涡轮机油 150℃，矿物绝缘油 140℃），使其以 100 r/min 的速度与水平面呈 30°角轴向旋转。试验达到规定的压力降所需的时间（min）即为试样的氧化安定性。

注：100 kPa＝1.00 bar＝14.5 psi

四、仪器

旋转氧弹试验组件由氧弹、带有 4 个孔的聚四氟乙烯盖子的玻璃盛样器、O 形密封圈、固定弹簧、催化剂线圈、压力表、温度计和试验油浴组成，如图 2-35、图 2-36 和图 2-37 所示。

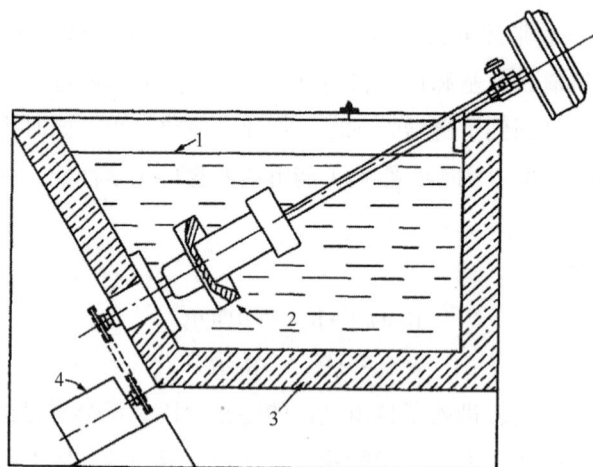

图 2-35　旋转氧弹试验仪示意图

1—液面；2—转动托架，100 r/min；3—绝热层；4—驱动装置

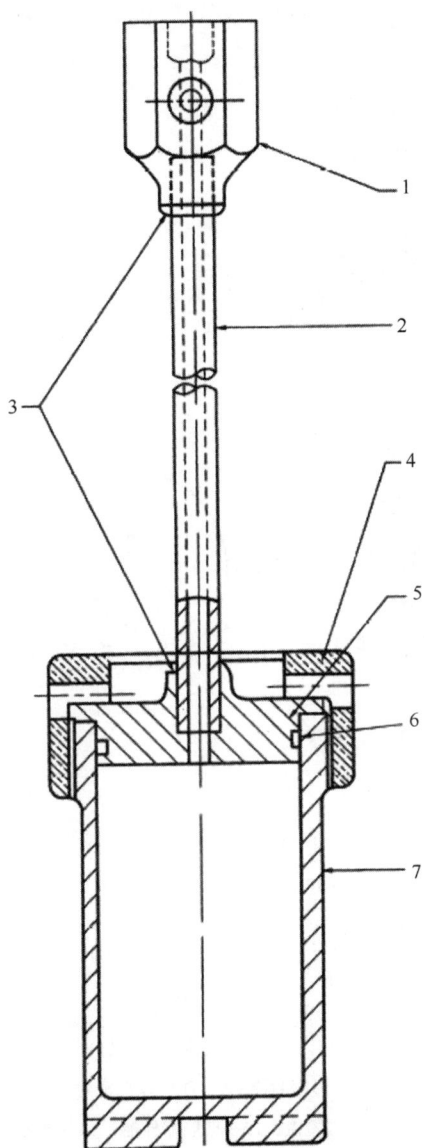

图 2-36 氧弹剖面图

1—弹柄头；2—弹柄；3—焊点；4—锁环；5—平盖；

6—O 形密封圈；7—弹体

五、试剂与材料

异丙醇，分析纯；正庚烷，分析纯，纯度不低于 99.0%（摩尔分数）；氢氧化钾异丙醇溶液（1%），分析纯；丙酮，分析纯；氧气，纯度不低于 99.5%；硅酮润滑脂；碳化硅砂布，粒度 100 号；催化剂线圈，电解铜丝，直径 1.63 mm±0.01 mm，纯度 99.9%；溶剂

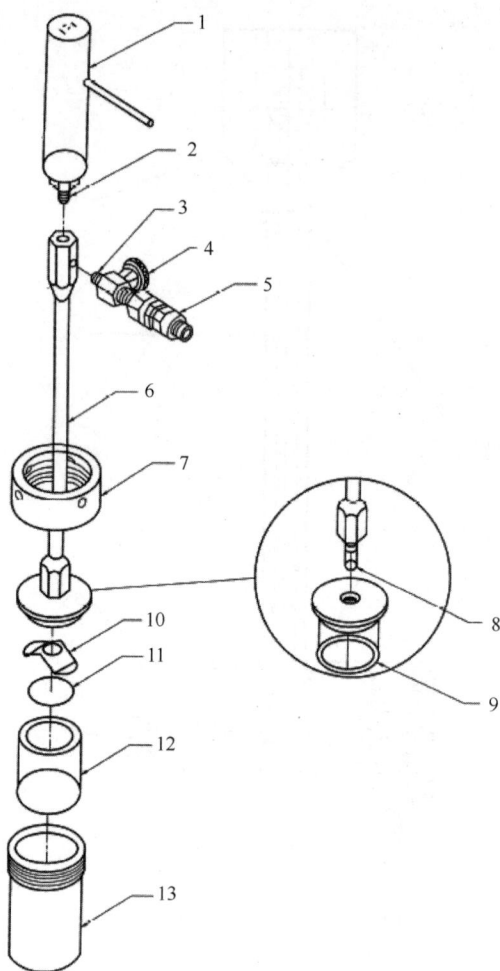

图 2-37　氧弹装配图

1—传感器；2，3—螺纹（聚四氟乙烯-管带）；4—针阀；5—快速释放接头；

6—弹柄；7—锁环；8—O 形密封圈；9—O 形弹性密封圈；10—固定弹簧；

11—聚四氟乙烯盖；12—玻璃盛样器；13—弹体

油，符合《油漆及清洗用溶剂油》（GB 1922—2006）中 2 号或 3 号溶剂油的规定；水，符合《分析实验室用水规格和试验方法》（GB/T 6682—2008）二级水的规格。

六、准备工作

（1）催化剂线圈的准备：在使用前，用碳化硅砂布对 3 m 长的铜丝进行磨光后，用清洁、干燥的布把铜丝上的磨屑擦干净。将铜丝绕成外径为 44~48 mm，质量为 55.6 g±0.3 g，延伸高度为 40~42 mm 的线圈。用异丙醇清洗并用空气干燥，如果需要，将线圈旋转插入玻璃盛样器中，每一个样品使用一个新线圈。

（2）氧弹的清洗：用热的液体洗涤剂清洗氧弹体、平盖和弹柄内侧后用水漂洗干净，用异丙醇冲洗弹柄内侧并用清洁的压缩空气吹干。如果氧弹体、平盖和弹柄内侧经简单清洗后仍可闻到酸味，则需要用1%的氢氧化钾醇溶液清洗并重复上述的清洗过程。

（3）玻璃容器的清洗：先用合适的溶液（溶剂油或丙酮）清洗和漂洗，然后在含水的洗涤溶液中浸泡或刷洗。用自来水重复擦洗和冲刷，再用异丙醇和蒸馏水冲洗，最后用空气干燥。

（4）聚四氟乙烯盖子的清洗：用合适的溶剂去掉残余油迹后再用洗涤溶液冲洗干净，然后用自来水充分漂洗，接着用蒸馏水漂洗，最后用空气干燥。

七、试验步骤

（1）装弹：称量装有新清洁好的催化剂线圈的玻璃盛样器的质量。向盛样器内加 50 g±0.5 g 的润滑油试样并加入 5 mL 蒸馏水（或纯净水）。另外再向单体中加入 5 mL 蒸馏水（或纯净水），并将样品盛样器轻轻滑入弹体中，在盛样器上盖上聚四氟乙烯盖子并在盖子的顶部放置一个固定弹簧。在氧弹平盖密封槽中的 O 形密封圈的外层涂上一层薄薄的硅酮润滑脂来提供润滑，把氧弹平盖插入氧弹体中。用手拧紧锁环，在压力表螺纹接头的螺纹上涂一层薄薄的硅酮润滑脂（聚四氟乙烯管带可代替硅酮润滑脂）并把压力表拧进氧弹沟槽的顶部中央，把与压力表相连接的氧气管线连接到氧弹弹柄的进口阀上，慢慢拧开氧气输送阀门直到压力达到 620 kPa，关闭氧气输送阀门，拧松接头或使用一个排放阀慢慢释放压力，重复吹扫两次以上（上述吹扫要持续 3 min）。调节氧气调节阀在室温 25℃ 下使压力达到 620 kPa（90 psi，6.2 bar），对于涡轮机油，温度每高于或低于 25℃ 室温 2.0℃，压力就应相应增加或减少 5 kPa（0.7 psi，0.05 bar）；对于绝缘油，温度每高于或低于 25℃ 室温 2.8℃，压力就应相应增加或减少 7 kPa（1.0 psi，0.07 bar），以获得所需的初始压力，当氧弹达到所需的压力后关紧进口阀门。

如有必要可将氧弹浸入水中试漏。试漏后的氧弹必须用干毛巾擦干或吹风机吹干，避免把水带到热的试验油浴中引起油的溅射。

（2）氧化：在搅拌情况下，使油浴达到所规定的试验温度（涡轮机油为 150℃，绝缘油为 140℃），关闭搅拌器，将氧弹插入转动架中，记录时间，重新启动搅拌器。在氧弹放入油浴后 15 min 内，油浴的温度要稳定到试验温度，温度波动范围为 ±0.1℃。

（3）在整个试验中，保持氧弹完全浸没并连续匀速地转动。标准转动速度为 100 r/min±5 r/min，任何可感觉到的转速波动会导致错误的结果。

（4）当试验压力从最高点下降 175 kPa（1.75 bar，25.4 psi）后，试验结束（注1）。175 kPa 的压降通常与诱导期法的快速压降相对应，但并不总是相对应，当不符合时，要对试验的有效性提出疑问（注2）。氧弹压力表记录纸见图 2-38，典型试验压力与时间关系曲线见图 2-39。

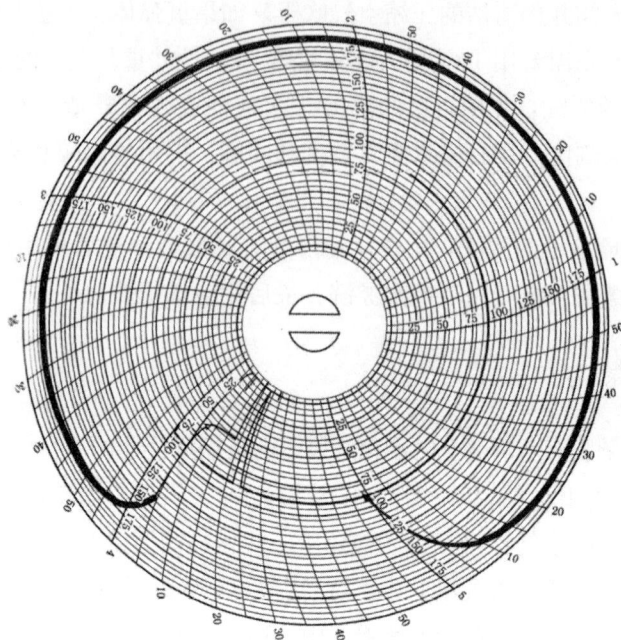

图 2-38　压力表记录纸

（测量氧弹内压力到 620 kPa，分度值为 1.5 kPa）

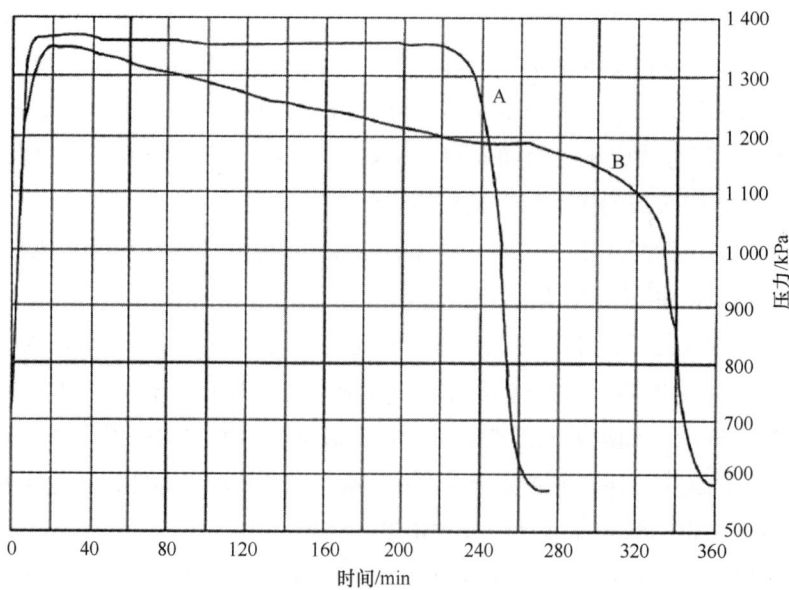

图 2-39　两个旋转氧弹试验的压力与时间关系曲线

注1：标准的试验步骤是当压降达到 175 kPa（25.4 psi，1.75 bar）时，试验结束。然而操作者也可以选择较小的压降，或选择预先定好大概 100 min 的试验时间来观察油品的情况以结束试验，100 min 远远低于含抗氧剂新油的诱导期。

注2：标准的试验见图 2-39 的曲线 A，预计最大压力 30 min 内达到，形成一个压力平稳阶段，然后可以观察到诱导期的快速压降。曲线 B 中，在诱导期法转折点到达之前，压力有一个平缓降低，对此较难评价。虽然一些合成液体会产生此类型的曲线，但是压力的逐渐降低也可能是因氧弹泄漏造成的。如果怀疑有泄漏，用另外一个氧弹重新进行试验。如果重复试验仍是相同类型的曲线，则认为试验结果是有效的。

5. 试验结束后，从油浴中取出氧弹并冷却至室温，尽快将氧弹浸入轻质矿物油中并在里面搅拌几下，快速洗掉附着在上面的浴油。用热水清洗氧弹并在冷水中浸泡使其快速达到室温或让氧弹在空气中冷却到室温。打开针形阀，放掉残气。打开氧弹，取出聚四氟乙烯盖和玻璃盛样器，观察试样和铜催化剂线圈情况并做记录。

八、精密度

按下述规定来判断试验结果的可靠性（95%置信水平）。

（1）重复性（r）：同一操作者，使用同一仪器对同一样品进行测定，所得连续测定结果之差，不应超过表 2-34 的数值。

（2）再现性（R）：不同操作者，在不同实验室对同一样品进行测定所得到两个独立的结果之差，不应超过表 2-34 的数值。

表 2-34　精密度　　　　　　　　　　　　　　　　　　　　　　单位：min

油品类型	重复性	再现性
矿物绝缘油	23	43
涡轮机油	$0.12X_1$	$0.22X_2$

注：X_1 为重复测定结果的算术平均值，min；X_2 为两个独立测定结果的算术平均值，min。

九、报告

1. 结果表示

根据图 2-39 曲线 A，观察记录的压力-时间曲线并确立曲线中的平稳压力。记录压力从平稳压力下降 175 kPa（25.4 psi，1.75 bar）的时间。如果重复试验，两个平稳压力之差不应超过 35 kPa；根据图 2-39 曲线 B，观察记录的压力-时间曲线并确立试验在初始 30 min 内达到的最大压力。记录压力从最大压力下降 175 kPa（25.4 psi，1.75 bar）的时间。如果重复试验，两个平稳压力之差不应超过 35 kPa。

2. 结果报告

根据图 2-39 曲线 A，试样的氧化寿命为试验开始到压力从平稳压力下降 175 kPa（25.4 psi，1.75 bar）的时间，单位为 min；根据图 2-39 曲线 B，试样的氧化寿命为试验开始到压力从最大压力下降 175 kPa（25.4 psi，1.75 bar）的时间，单位为 min。

十、思考题

（1）测定润滑油氧化安定性有何意义？
（2）采用旋转氧弹法测定润滑油氧化安定性过程中需注意什么？
（3）测定润滑剂抗氧化性能的标准（方法）有哪些？请简述各种标准（方法）的使用范围与差异。

试验二十二　L-TSA 46 汽轮机油抗乳化性能测定

一、试验目的

（1）了解石油产品发生乳化的原因；
（2）了解润滑油发生乳化引起的危害及避免发生乳化的方法；
（3）掌握测定润滑油产品抗乳化的操作过程及注意事项。

二、定义与意义

测定油品与水混合后分离的能力称为抗乳化性试验。

润滑油的抗乳化性与其洁净度关系较大，若润滑油中的机械杂质较多，或含有皂类、酸类及生成的油泥等，在有水存在的情况下，润滑油就容易乳化而生成乳化液。抗乳化性差的油品，其氧化稳定性（安定性）也差。

三、方法概要

在量筒中装入 40 mL 试样和 40 mL 蒸馏水，并在 54℃或 82℃下以 1 500 r/min±15 r/min 的搅拌速率搅拌油水混合物 5 min，搅拌结束后记录乳化液分离所需的时间。静止 30 min 或 60 min 后，如果乳化液没有完全分离，或乳化层没有减少为 3 mL 或更少，则记录此时油层（或合成液）、水层和乳化层的体积。

四、仪器

（1）量筒：容量 100 mL。由耐热玻璃或化学性质相同的其他玻璃制成，刻度在 5～100 mL 范围内，分度值为 1.0 mL，量筒的整体高度为 225～260 mm，从量筒顶部到距底部 6 mm 处的长度内，量筒内径在 27～30 mm 范围内，量筒刻度线上任何点的刻度误差不应大于 1 mL。

（2）水浴：水浴的温度控制精度为±1℃，能固定量筒。能同时插入两支以上试样量筒。

（3）搅拌器：由镀铬钢或不锈钢制成的叶片与连杆组成。叶片长 120 mm±1.5 mm，宽 19 mm±0.5 mm，厚 1.5 mm。连杆直径约为 6 mm，并与叶片相固定，且与搅拌装置相连，传动装置能使叶片在其纵向轴的转速为 1 500 r/min±15 r/min。量筒固定后，将叶片插入量筒内，距量筒底部 6 mm 处，此时将连杆与传动装置啮合。在搅拌过程中，叶片底部中心处摆动不应超过转动轴中心线 1 mm。当不使用时，可以将搅拌棒垂直升起，以便清洗量筒顶部。

（4）电机：数显无级变速。转速可控制在 1 500 r/min±15 r/min 内。

（5）时间控制器：仪器自带，可准确控制在 5 min±5 s。

（6）计时器：秒表或者其他时间记录器。

五、试剂与材料

1. 试剂

石油醚，60～90℃，分析纯；无水乙醇，分析纯；蒸馏水，符合《分析实验室用水规格和试验方法》（GB/T 6682—2008）二级水规定。

2. 材料

清洗溶剂，轻组分碳氢化合物，如石油醚等；铬酸洗液；脱脂棉、竹镊子、石蕊试纸、包有耐油橡胶的玻璃棒。

六、准备工作

（1）取样：试验对少量的污染很敏感，因此取样时必须严格按照《石油液体手工取样法》（GB/T 4756—2015）进行。

（2）用清洗溶剂清洗量筒，再用铬酸洗液、自来水、蒸馏水依次进一步清洗量筒，直到量筒内壁不挂水珠为止。

（3）用脱脂棉、竹镊子在石油醚、无水乙醇中依次清洗搅拌棒和叶片并风干。同时在清洗过程中注意不要将搅拌棒弄弯曲。

七、试验步骤

（1）将水浴加热至54℃±1℃（若测定黏度大的油品加热至82℃±1℃），并保持恒定。向干净的量筒内慢慢倒入40 mL试验水，然后倒入试样40 mL至量筒刻度为80 mL处。将量筒放入54℃±1℃（或82℃±1℃）恒温浴中，通过与电机连接后将搅拌叶片放入需要进行试验的量筒内，静置约10 min，使量筒内的水、油温度与叶片、水浴温度一致，要求预热时间不超过30 min。

说明：①如初始体积是在室温下测量的，则要考虑随着试验温度的升高而产生的体积膨胀。例如，在82℃时，总体积会膨胀2~3 mL，因此需要校正82℃下的每一个体积读数，以便使油（合成液）、水或乳化液的总体积读数不超过80 mL。②在测试船舶用的特定油或燃料时，可以用1%氯化钠溶液或合成海水（如《加抑制剂矿物油在水存在下防诱性能试验法》（GB/T 11143—2008）方法中规定的）来代替蒸馏水。

（2）量筒固定在搅拌叶片的正下方，降低叶片至距量筒底部6 mm处，将传动装置与连杆啮合，开始搅拌，调节转速并观察转速数显读数，确保转速控制在1 500 r/min±15 r/min内，搅拌试样5 min后停止搅拌，提起搅拌棒，用包有耐油橡胶的玻璃棒把搅拌叶片上的由刮落到量筒内，每隔5 min，观察并记录量筒内分离的油、水和乳化层体积数。必要时将量筒移出水浴，观察并记录。

八、报告

（1）油水分离表述：试验结束后，记录达到产品水分离性能要求或超出了水分离性能要求的试验范围（通常54℃±1℃时为30 min，82℃±1℃时为60 min时，乳化液为3 mL或更少）的时间，且每隔5 min记录试验结果，油层报告的最大体积数为43 mL。结果的报告格式见表2-35。

表2-35　油水分离性能结果描述

表示法	详　细　说　明
40-40-0（20）	完全分离时间为20 min、15 min时，残留的乳化层超过3 mL
39-38-3（20）	没有出现完全分离，但乳化层降至3 mL，试验结束
39-35-6（60）	60 min后，残留的乳化层超过3 mL，即39 mL的油，35 mL的水，6 mL的乳化层
41-37-2（20）	没有出现完全分离，但乳化层在20 min后减少到3 mL或更少
43-37-0（30）	30 min后，乳化层减少到3 mL或更少。25 min时，乳化层超过3 mL，例如，0-36-44或43-33-4

（2）油层–水层–乳化层外观描述：《石油和合成液水分离性测定法》（GB/T 7305—2003）方法试验中各层外观描述见表2-36。

表 2-36　油水分离试验中各层外观描述

油（富油）层	水层或富水层	乳化层
① 透明	① 透明	① 模糊的花边
② 雾状	② 花边状或有水泡，或两者均有	② 浑浊（或乳状）
③ 浑浊（或乳白状）	③ 雾状	③ 奶油状
④ ①，②和③的组合现象	④ 浑浊（或乳白状）	④ ①，②和③的组合现象
	⑤ ①，②，③和④的组合现象	

（3）界面外观描述：试验结束后，对油/乳化层和水/乳化层界面外观表述为：①界面清楚，明显；②界面不清楚，有泡；③界面不清楚，有花边。

（4）报告除54℃以外的试验温度和除蒸馏水以外的溶液介质。

九、精密度

试验方法的精密度是以40℃、运动黏度为 28.8～90 mm²/s 的汽轮机油为试验油而取得的，试验完成时，乳化层为 3 mL 或更少。精密度如图2-39所示，该图表明油品平均乳化层的测试结果所允许的重复性和再现性（95%置信水平）的最大偏差。但这也许不适用于其他油品或合成液。

精密度测定图（图2-40）使用说明：以 min 为单位，计算平均测定结果。从纵坐标上的零点 A 向右移到横坐标上的 B 点，根据试验的平均结果，计算并找出误差点 C⁺ 和 C⁻。如果误差点落在重复性区域内，则表明结果在精密度范围内。

例如：有一个油样的乳化性为 40-40-0（10 min）和 40-40-0（15 min），试验的平均时间结果为 12.5 min（B），误差为+2.5（C⁺）和-2.5（C⁻）。这些点落在重复性区域内。

该图同样适用于不同实验室间的再现性结果测定。

十、思考题

（1）石油产品发生乳化的原因有哪些？如何防止石油产品乳化？

（2）测定工业润滑油乳化时，为什么要求测试用的材料与设备洁净？

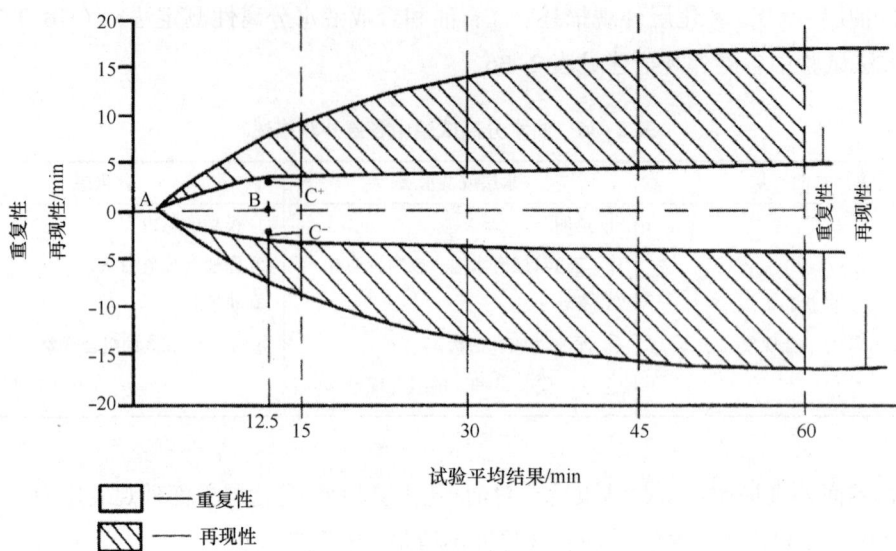

图 2-40　精密度测定图

试验二十三　润滑油空气释放性能测定

一、试验目的

（1）了解润滑油空气释放性能的概念及测定意义；

（2）掌握测定润滑油空气释放性能的操作步骤及注意事项。

二、定义及测定范围

空气释放性能：即润滑油分离雾沫空气的能力。

空气释放值：即在规定的试验条件下，试样中雾沫空气的体积减少到 0.2% 时所需的时间，此时间为气泡分离时间，以 min 表示。

润滑油空气释放值测定法适用于测定汽轮机油、液压油等石油产品的空气释放性能。

三、方法概要

将试样加热到 25℃、50℃或 75℃，通过对试样吹入过量的压缩空气，使试样剧烈搅动，空气在试样中形成小气泡，即雾沫空气。停气后记录试样中雾沫空气体积减到 0.2% 的时间。

四、仪器与材料

1. 仪器

空气释放值仪器由以下几部分组成，如图 2-41 所示。

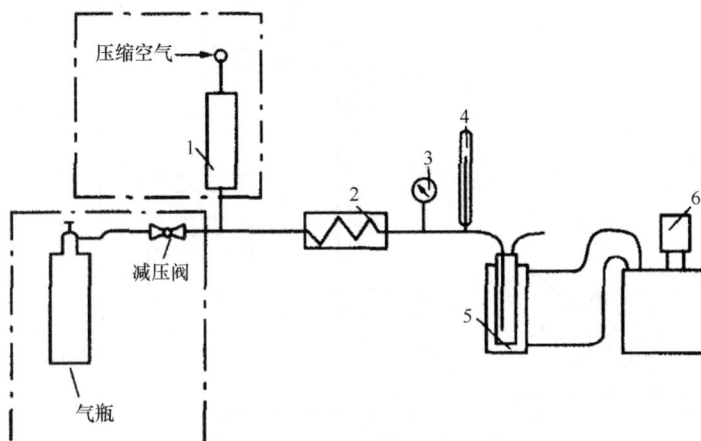

图 2-41 空气释放值试验设备示意图

1—空气过滤器；2—空气加热炉；3—压力表；4—温度计；5—耐热夹套玻璃试管；6—循环水浴

（1）耐热夹套玻璃试管（图 2-42）：一个可通循环水的夹套试样管，管口磨口要配合紧密，可承受 19.6 kPa（0.2 kgf/cm²）的压力。管中装有空气入口毛细管、挡油板和空气出口管。

（2）空气释放值测定仪：由压力表［0~98 kPa（0~1 kgf/cm²）］、空气加热炉（600 W）、温度计（0~100℃，分度值 1℃）组成。

（3）循环水浴：可保持试管恒温在 25℃±1℃、50℃±1℃ 或 75℃±1℃。

（4）小密度计：一套 4 支，范围在 0.830 0~0.840 0 g/cm³、0.840 0~0.850 0 g/cm³、0.850 0~0.860 0 g/cm³、0.860 0~0.870 0 g/cm³，分度为 0.000 5 g/cm³。

（5）计时器：秒表。

（6）干燥烘箱：能控制温度到 100℃。

2. 材料

压缩空气，除去水和油的过滤空气或瓶装压缩空气；铬酸洗液，50 g 重铬酸钾溶解于 1 L 浓硫酸中，贮存在磨口玻璃瓶中作清洗用。

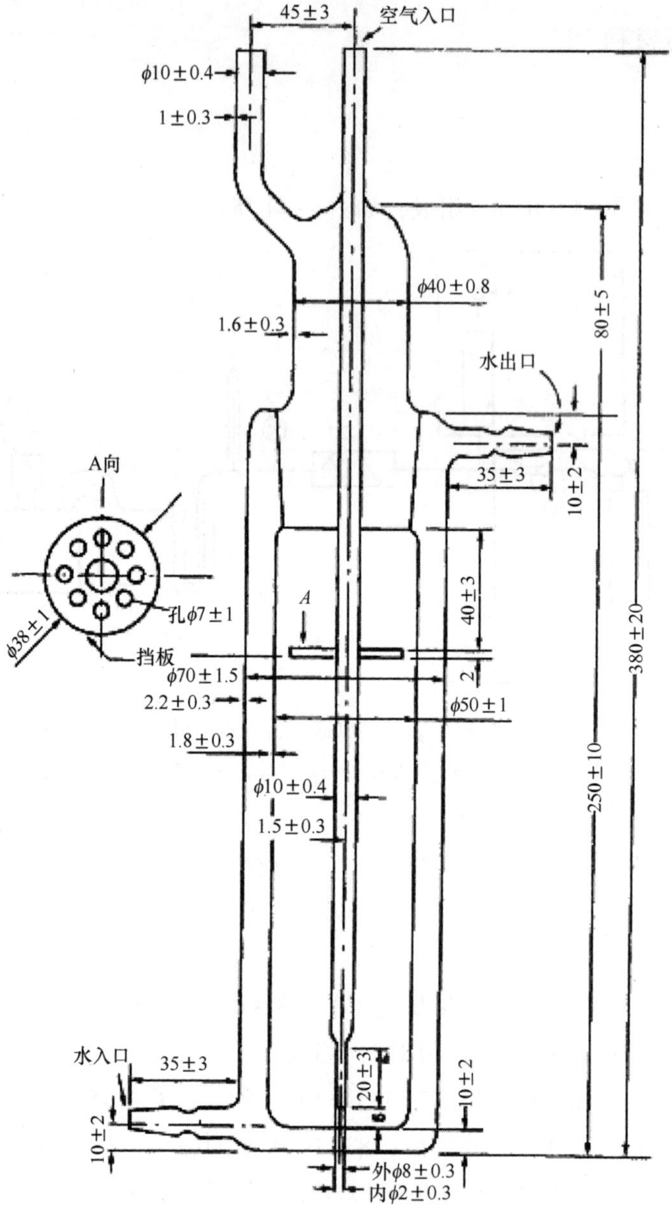

图 2-42　耐热夹套玻璃试管（单位：mm）

五、试验步骤

（1）将用铬酸洗液洗净、干燥的耐热夹套玻璃试管，按图 2-41 装好。

（2）倒 180 mL 试样于耐热夹套玻璃试管中，放入小密度计。

（3）接通循环水浴，让试样达到试验温度，一般循环 30 min。

（4）从小密度计上读数，读到 0.001 g/cm³，用镊子动小密度计，使其上下移动，静止后再读数一次，两次读数应当一致。若两次读数不重复，过 5 min 再读一次，直至重复为止。记录此密度值，即初始密度 d_0。

（5）从试管中取出小密度计，放入烘箱中，保持在试验温度下。在试管中放入通气管，接通气源，5 min 后通入压缩空气，在试验温度下使压力达到表压 19.6 kPa（0.2 kgf/cm²），保持压力和温度，必要时进行调节。通气时同时打开空气加热器，使空气温度控制在试验温度的±5℃范围内。

（6）420 s±1 s（7 min）后停止通入空气，立即开动秒表。迅速从试管中取出通气管，从烘箱中取出小密度计再放回试管中。

（7）当密度计的值变化到空气体积减少至 0.2%处，也即 $d_t = d_0 - 0.001\ 7$ 时，记录停气到此点的时间。若气泡分离在 15 min 内，记录时间精确到 0.1 min；大于 15 min，精确到 1 min，如停气 30 min 后密度值还未达到 d_t 值，则停止试验。

六、报告

试验结束后，报告试验在某个温度下的气泡分离时间，以 min 表示，此时间即为该温度下试样的空气释放值。

七、精密度

（1）重复性（r）：同一操作者，使用同一仪器重复测定的两个结果之差，不应超过表 2-37 的数值。

（2）再现性（R）：不同操作者，不同测试仪器测定的同一试样的两个结果之差，不应超过表 2-37 的数值。

表 2-37　空气释放值精密度　　　　　　单位：min

空气释放值	重复性	再现性
<5	0.7	2.1
5~10	1.3	3.6
>10~15	1.6	4.7

说明：润滑油的空气释放性能差将严重影响设备的使用，对设备造成伤害，导致设备或其他事故。例如在液压油中夹杂气泡，会造成驱动系统压力不足和传动迟缓，严重时产生异常的噪声、气穴、振动等，因此，要求液压油应具有良好的消泡性能和空气释放性能。

八、思考题

（1）为什么液压油或者汽轮机油需要有优异的空气释放性能？

（2）测定液压油或汽轮机油空气释放性能时要注意哪些问题？

试验二十四　石油产品铜片腐蚀试验法

一、试验目的

（1）了解石油产品腐蚀金属的原因；

（2）掌握测定石油产品铜片腐蚀的操作步骤及注意事项。

二、方法概要

把一块磨光好的铜片浸没在一定量的试样中，并按产品标准要求加热到指定的温度，保持一定的时间。待试验周期结束时，取出铜片，经洗涤后与腐蚀标准色板进行对比确定腐蚀级别。

注意：在整个试验过程中不能用手直接接触试验铜片；试验的精度决定于铜片的磨光和清洗，必须严格按照标准规定的制备程序和要求进行。

三、仪器与材料

1. 仪器

（1）试验弹：用不锈钢按图2-43所示尺寸制作，并能承受689 kPa（5 168 mmHg）试验表压。

（2）试管：长度150 mm，外径25 mm，壁厚1~2 mm。在试管30 mL处刻一环线。

（3）水浴或其他液体浴：能维持在试验所需的温度40℃±1℃、50℃±1℃或100℃±1℃（或其他所需温度）范围内，有适合的支架能支撑试验弹保持在垂直的位置，并使整个试验弹能浸没在浴液中，有合适的支架能支持试管在垂直位置，并浸没至浴液中约100 mm深度。

（4）磨片夹钳或夹具：供磨片时牢固地夹住铜片而不损坏边缘用。夹具的详细尺寸见图2-44。

（5）观察试管：扁平形，如图2-45所示。在试验结束时，供检验用或在贮存期间供盛放腐蚀的铜片用。

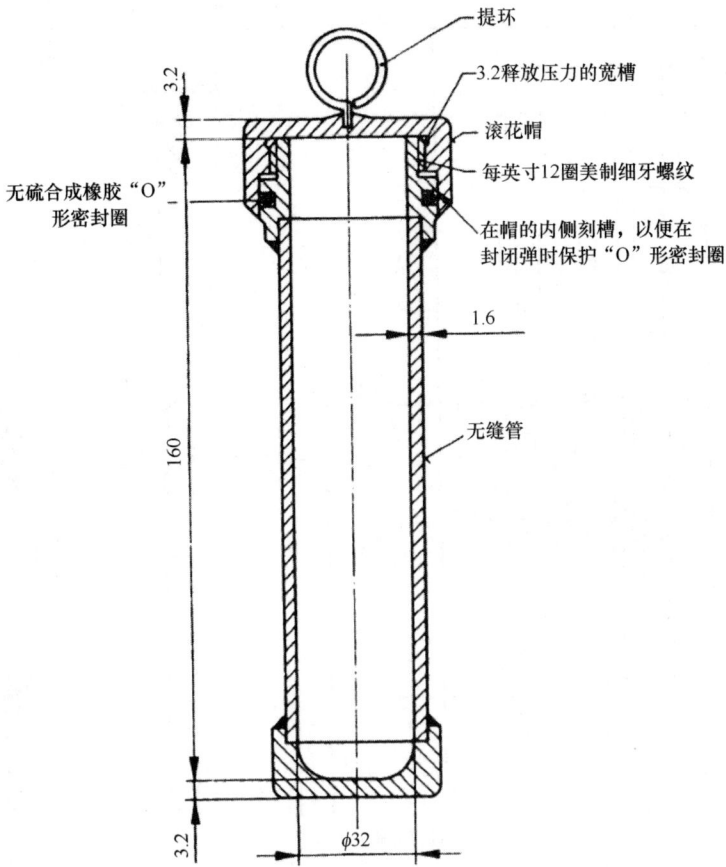

图 2-43　铜片腐蚀试验弹（单位：mm）

（6）温度计：全浸，最小分度 1℃或小于 1℃。

2. 材料

（1）洗涤溶剂：只要在 50℃，试验 3 h 不使铜片变色的任何易挥发、无硫烃类溶剂均可以使用。可以选用异辛烷，分析纯石油醚（90~120℃）等溶剂。

（2）铜片：纯度大于 99.9%的电解铜，宽度为 12.5 mm，厚 1.5~3.0 mm，长度 75 mm。符合《铜分类》（GB 466—1982）中的 Cu2（2 号铜）的要求。

铜片可重复使用，但当铜片表面出现有不能磨去的坑点或深道痕迹，或在处理过程中，表面发生变形时，就不能再用。

（3）磨光材料：65 μm（240 粒度）的碳化硅或氧化铝（刚玉）砂纸（或砂布），105 μm（150 目）的碳化硅或氧化铝（刚玉）砂粒以及药用脱脂棉（有争议时，用碳化硅材质的磨光材料）。

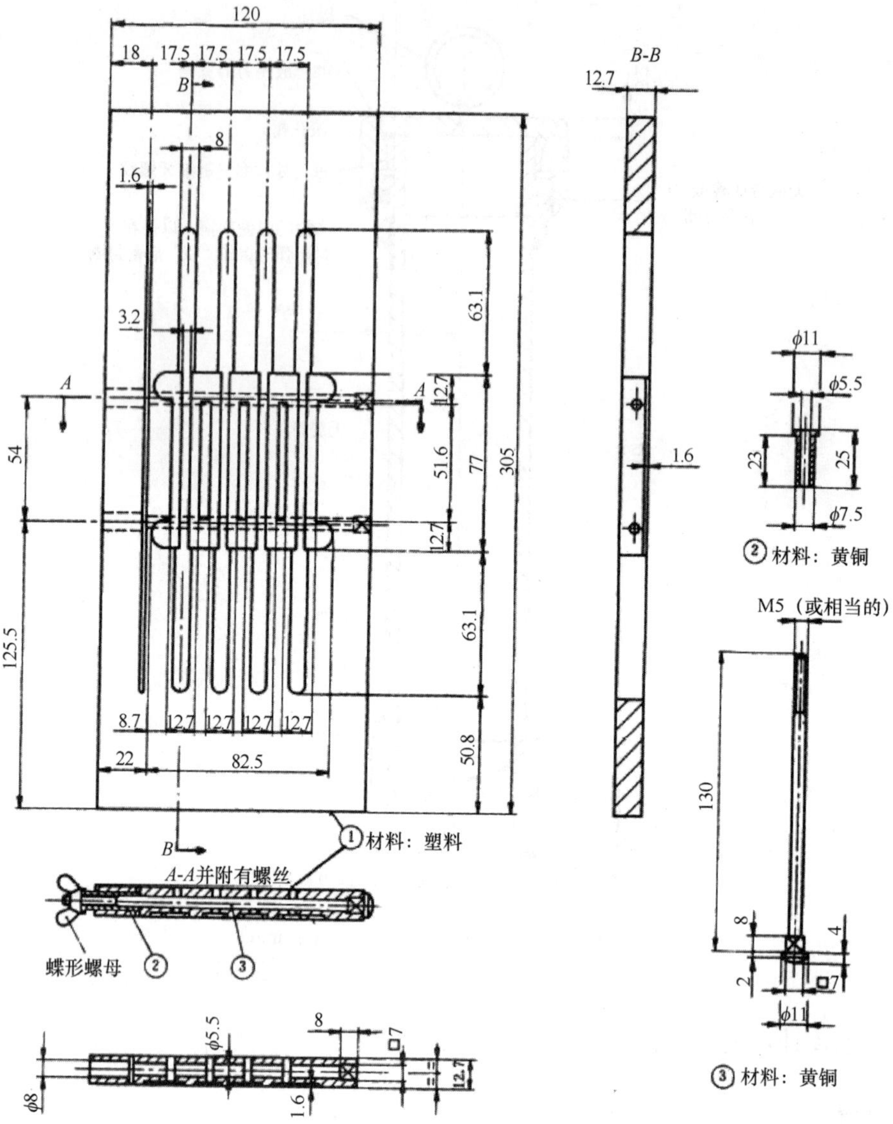

图 2-44　多功能夹具（单位：mm）

3. 腐蚀标准色板

腐蚀标准色板是由全色加工复制而成的。它是在一块铝薄板上印制四色加工而成的。腐蚀标准色板是由代表性失去光泽表面和腐蚀增加程度的典型试验铜片组成（表 2-38）。为保护起见，这些腐蚀标准色板被嵌在塑料板中。在每块标准色板的反面给出了腐蚀标准色板的使用说明。

为了避免色板可能褪色，腐蚀标准色板应避光存放。试验用的腐蚀标准色板要用另一块在避光下仔细地保护的（新的）腐蚀标准色板与它进行比较来检查其褪色情况。在散射

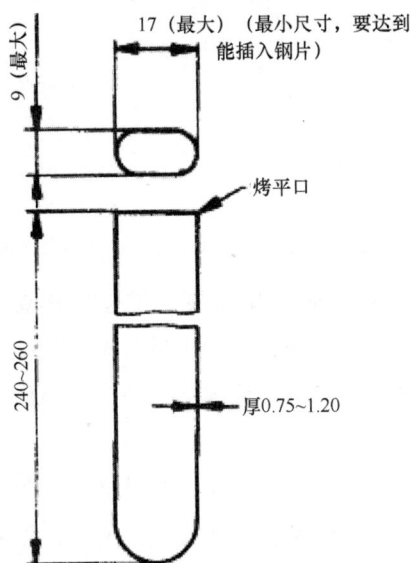

图 2-45 观察试管（单位：mm）

的日光（或与散射的日光相当的光线）下，对色板进行观察：先从上方直接看，然后再从45°角看。如果观察到任何褪色的迹象，特别是在腐蚀标准色板的最左边的色板有这种迹象，则废弃这块色板。

如果塑料板表面显示出过多的刻痕，则应该更换这块腐蚀标准色板。

表 2-38 腐蚀标准色板的分级

分级	名称	说明*
新磨光的铜片	—	**
1	轻度变色	①淡橙色，几乎与新磨光的铜片一样 ②深橙色
2	中度变色	①紫红色 ②淡紫色 ③带有淡紫蓝色，或银色，或两种都有，并分别覆盖在紫红色上的多彩色 ④银色 ⑤黄铜色或金黄色
3	深度变色	①洋红色覆盖在黄铜色上的多彩色 ②有红和绿显示的多彩色（孔雀绿），但不带灰色
4	腐蚀	①透明的黑色、深灰色或仅带有孔雀绿的棕色 ②石墨黑色或无光泽的黑色 ③有光泽的黑色或乌黑发亮的黑色

注：*铜片腐蚀标准色板是由表中这些说明所表示的色板组成的。

**此系列中所包括的新磨光铜片，仅作为试验前铜片的外观标志。即使一个不腐蚀的试样经过试验后也不可能重现这种外观。

四、试片的制备

1. 表面准备

为了有效地达到预期的结果，需先用碳化硅或氧化铝（刚玉）砂纸（或砂布）把铜片 6 个面上的瑕疵去掉。再用 65 μm（240 粒度）的碳化硅或氧化铝（刚玉）砂纸（或砂布）处理，以除去在此以前或其他等级砂纸留下的打磨痕迹。用定量滤纸擦去铜片上的金属屑后，把铜片浸没在洗涤溶剂中。铜片从洗涤溶剂中取出后，可直接进行最后磨光，或贮存在洗涤溶剂中备用。

表面准备的操作步骤：把一张砂纸放在平坦的表面上，用煤油或洗涤溶剂湿润砂纸，以旋转动作将铜片对着砂纸摩擦，用无灰滤纸或夹钳夹持，以防止铜片与手接触。也可通过电机来加工铜片表面。

2. 最后磨光

从洗涤溶剂中取出铜片，用无灰滤纸保护手指来夹拿铜片。取一些 105 μm（150 目）的碳化硅或氧化铝（刚玉）砂粒放在玻璃板上，用一滴洗涤溶剂湿润并用一块脱脂棉蘸取砂粒。用不锈钢镊子夹持铜片（不得用手指接触）。先摩擦铜片的各端边，然后将铜片夹在夹钳上，用沾在脱脂棉上的碳化硅或氧化铝（刚玉）砂粒磨光主要表面。磨时要沿铜片的长轴方向，在返回来磨之前，使动程越出铜片的末端。用一块干净的脱脂棉使劲地摩擦铜片，以除去所有的金属屑，直到用一块新的脱脂棉擦拭时不再留下污斑为止。当铜片擦净后，马上浸入已准备好的试样中。

五、取样

（1）对会使铜片造成轻度变暗的各种试样，应该贮存在干净的深色玻璃瓶、塑料瓶或其他不致影响试样腐蚀性的合适的容器中。镀锡容器会影响试样的腐蚀程度，因此，不能使用镀锡铁皮容器来贮存试样。

（2）容器要尽可能装满试样，取样后立即盖上。取样时要小心，防止试样直接暴露于阳光下，甚至散射的日光下。实验室收到试样后，在打开容器后尽快进行试验。

（3）如果在试样中看到有悬浮水（浑浊），则用一张中速定性滤纸把足够体积的试样过滤到一个清洁、干燥的试管中。

六、试验步骤

1. 试验条件

不同的产品采用不同的试验步骤，分述如下。某些产品类别很宽，可以用多于一组的条件进行试验。在这种情况下，对规定的某一产品的铜片质量要求，将被限制在单一的一组条件下进行试验。下面叙述的时间和温度大多数是通常使用的条件。

（1）航空汽油、喷气燃料：把完全清澈和无任何悬浮水或无内含水的试样倒入清洁、干燥的试管中 30 mL 刻线处，并将经过最后磨光的干净的铜片在 1 min 内浸入该试管的试样中。把该试管小心地滑入试验弹中，并把弹盖旋紧。把试验弹完全浸入已维持在 100℃±1℃ 的水浴中。在浴中放置 2 h±5 min 后，取出试验弹，并在自来水中冲几分钟。打开试验弹盖，取出试管，按铜片的检查所述的方法对试验后的铜片进行检查。

（2）天然汽油：同航空汽油、喷气燃料一样进行，但温度为 40℃±1℃，试验时间为 3 h±5 min。

（3）柴油、燃料油、车用汽油：把完全清澈、无悬浮水或内含水的试样，倒入清洁、干燥的试管中 300 mL 刻线处，并将经过最后磨光的干净的铜片在 1 min 内浸入该试管的试样中。用一个有排气孔（打一个直径为 2~3 mm 小孔）的软木塞塞住试管。把该试管放到已维持在 50℃±1℃ 的浴中。在试验过程中，试管的内容物要防止强烈光线。在浴中放置 3 h±5 min 后，按铜片的检查所述的方法对试验后的铜片进行检查。

（4）溶剂油、煤油：把完全清澈、无悬浮水或内含水的试样，倒入清洁、干燥的试管中 300 mL 刻线处，并将经过最后磨光的干净的铜片在 1 min 内浸入该试管的试样中。用一个有排气孔（打一个直径为 2~3 mm 小孔）的软木塞塞住试管。把该试管放到已维持在 100℃±1℃ 的浴中。在试验过程中，试管的内容物要防止强烈光线。在浴中放置 3 h±5 min 后，按铜片的检查所述检查铜片。

（5）润滑油：按柴油、燃料油、车用汽油一致的方式进行试验，但温度为 100℃±1℃。此外，还可以在改变了的试验时间和温度下进行试验。为统一起见，建议从 120℃ 起，以 30℃ 为一个平均增量向上提高温度。

2. 铜片的检查

把试管的内容物倒入 150 mL 高型烧杯中，倒时要让铜片轻轻地滑入，以避免碰破烧杯。用不锈钢镊子立即将铜片取出，浸入洗涤溶剂中，洗去试样。立即取出铜片，用定量滤纸吸干铜片上的洗涤溶剂。将铜片与腐蚀标准色板比较以检查变色或腐蚀迹象。比较时，把铜片和腐蚀标准色板对光线成 45°角折射的方式拿持，进行观察。

如果把铜片放在扁平试管中，能避免夹持的铜片在检查和比较过程中留下斑迹和弄脏。扁平试管要用脱脂棉塞住。

七、结果的表示与评判

试验结束后，对铜片进行清洗后按照腐蚀标准色板进行对比从而将试片进行腐蚀分级。

（1）对照腐蚀标准色板，与某一腐蚀级对应即表示试样的腐蚀性就属于这个级别。

（2）当铜片介于两种相邻的标准色板之间的腐蚀级时，则按试样的腐蚀级归属于变色严重的腐蚀级。当铜片出现有比标准色板中1级②还深的橙色时，则认为铜片仍属1级；但是，如果观察到有红颜色时，则所观察的铜片判断为2级。

（3）2级中紫红色铜片可能被误认为黄铜色完全被洋红色的色彩所覆盖的3级。为了区别这两个级别，可以把铜片浸没在洗涤溶剂中。2级会出现一深橙色，而3级不变色。

（4）为了区别2级和3级中多种颜色的铜片，把铜片放入试管中，并把这支试管平放在315~370℃的电热板上4~6 min。另外用一支试管，放入一支高温蒸馏用温度计，观察这支温度计的温度来调节电炉的温度。如果铜片先呈现银色，然后再呈现为金黄色，则认为铜片属2级。如果铜片出现如4级所述透明的黑色及其他各色，则认为铜片属3级。

注意：如果沿铜片的平面的边缘棱角出现一个比铜片大部分表面腐蚀级还要高的腐蚀级别的话，则需重新进行试验。这种情况大多是因磨片时磨损了边缘而引起的。

如果重复测定的两个结果不相同，则重新进行试验。当重新试验的两个结果仍不相同时，则按变色严重的腐蚀级来判断试样。

八、报告

报告试验结果时，按表2-38所列级别中的一个腐蚀级报告试样的腐蚀，同时报告试验时间和试验温度。

说明：《石油产品铜片腐蚀试验法》（GB/T 5096—1985）在工业润滑油中运用最广泛，多数工业润滑油进行腐蚀试验时，试验温度为100℃，少数黏度较大的润滑油试验温度为121℃，试验时间多为3 h。

九、思考题

（1）以汽轮机油为例，说明工业润滑油为什么需要测定腐蚀性能。

（2）为什么不同类型的石油产品测定腐蚀性能时，试验温度有差异？

试验二十五　润滑油液相锈蚀测定

一、试验目的

（1）了解在润滑油存在的条件下设备发生液相锈蚀的原因；

（2）了解测定润滑油液相锈蚀的意义；

（3）掌握测定润滑油的防锈蚀性能的操作过程及注意事项。

二、金属发生锈蚀的原因及润滑油的作用

金属表面生锈，主要是由于和空气中的氧、水分或腐蚀性物质接触所致，如果使金属表面和这些锈蚀性物质隔绝，在金属表面上形成隔膜，就可以达到防锈的目的。

润滑油有一定的防锈性，但一般矿物油和金属吸附力不强，形成油膜不牢固，而且易于吸收并溶解部分水分和氧，容易浸透油膜，因而所起到的防锈隔膜作用是十分微弱的。为了弥补这些缺点，通常加入防锈剂。在防锈油中，防锈剂分子一端与金属表面紧密地吸附，另一端则和基础油分子相吸附，形成比较坚固的吸附膜，以达到防锈，即隔绝水分、氧及其他锈蚀性物质的目的。

三、试验概要

将 300 mL 试样和 30 mL 蒸馏水（A 法）或合成海水（B 法）混合，把圆柱形的试样钢棒全部浸入油水（或合成海水）混合物中，在 60℃±1℃ 下，以 1 000 r/min±50 r/min 速度搅拌。建议试验周期为 24 h，也可用根据合同双方的要求，确定适当的试验周期。试验周期结束后观察试验钢棒锈蚀的痕迹和锈蚀的程度。

除方法 A 与方法 B 以外，还有方法 C，方法 C 适用于密度比水大的液体。

方法 A 与方法 B 所使用搅拌器不能使蒸馏水与比水密度大的液体完全混合，需要增加辅助搅拌器，此外建议使用聚四氟乙烯的手柄与聚三氟氯乙烯烧杯盖。在试验报告中要注明采用的是合成海水或者是蒸馏水。

四、仪器

（1）油浴：可保持试样温度在 60℃±1℃ 的恒温液体浴。适宜做浴用的油，其 40℃ 运动黏度为 28.8~35.2 mm²/s。浴槽应带盖，盖上具有放试验烧杯用的孔。也可以使用蒸馏水作为恒温浴介质，常用蒸馏水作为液相锈蚀恒温浴介质。

（2）烧杯：容积为 400 mL，耐热高型无嘴烧杯（图 2-46），高度（从内底中心测量）

约为 127 mm，内径约为 70 mm（在中段测得）。

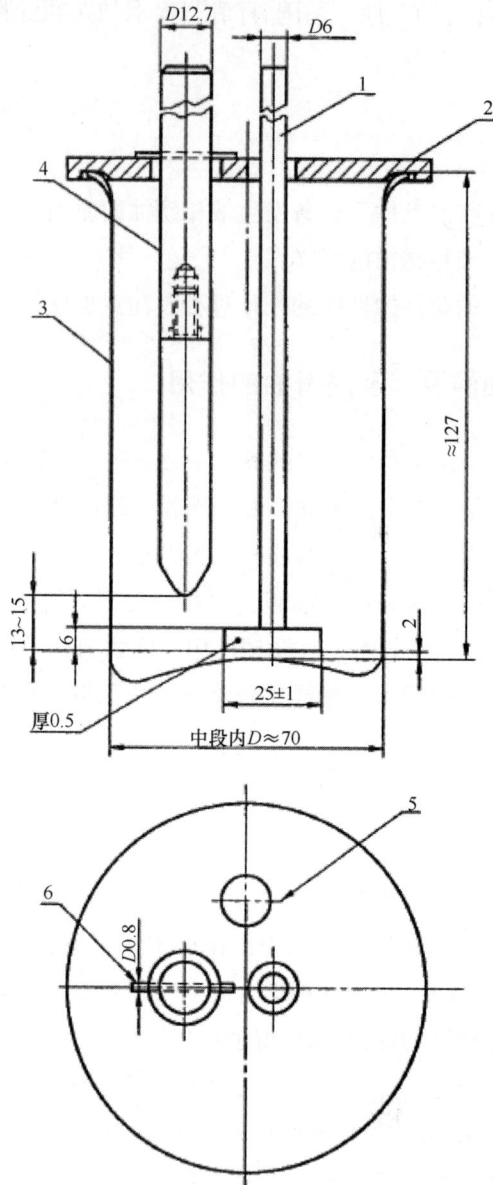

图 2-46　仪器组织示意图（单位：mm）

1—搅拌器；2—烧杯盖；3—烧杯；4—试验钢棒组合件；

5—温度计插孔；6—销子

（3）烧杯盖：由玻璃或聚甲基丙烯酸甲酯树脂（PMMA）制成的扁平烧杯盖，用适当的方法，如带边或者带槽，使盖定位。在盖的任意直径上备有两个孔；一个孔用于安装搅拌器，孔的直径为 12 mm，其圆心到盖的中心距离为 6.4 mm；另外一个孔在盖的中心另一边，用于放置试验钢棒组合件，孔的直径为 18 mm，其圆心到盖的中心距离为 16 mm。
另外，第三个孔用于放置温度计，孔的直径为 12 mm，其圆心到盖的中心距离为22.5 mm，
且位于通过另外两孔直径的中垂线上，如图 2-47 所示。

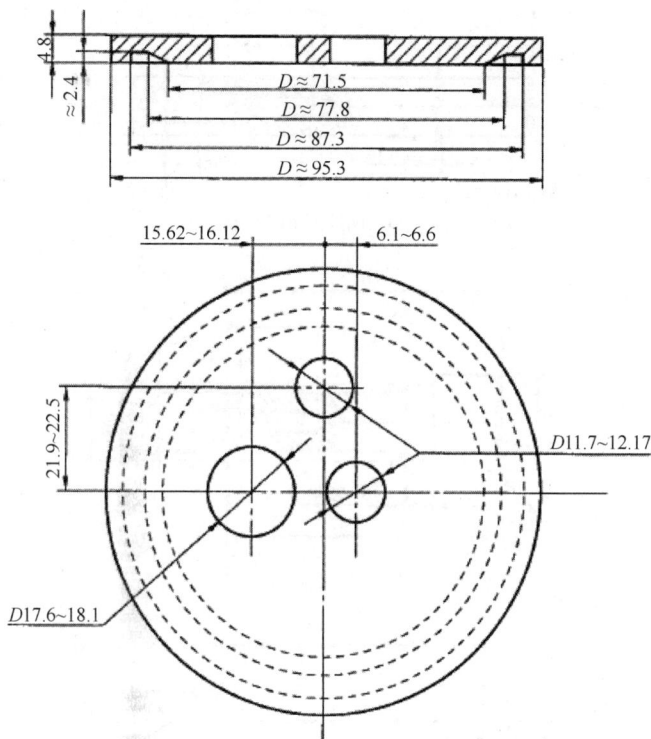

图 2-47 烧杯盖

（4）试验钢棒：尺寸如图 2-48 所示，材质应符合 ASTM A108—2003 的 10180 级或
BS970 第一部分：1983-070M20 钢棒的技术要求，即：

碳（C）：0.15%~0.20%（质量分数）；锰（Mn）：0.60%~0.90%（质量分数）；硫
（S）≤0.05%（质量分数）；磷（P）≤0.04%（质量分数）；硅（Si）<0.10%（质量分
数）。

（5）钢棒塑料手柄：由聚甲基丙烯酸甲酯树脂（PMMA）制成，其尺寸如图 2-48
（a）（b）所示。当试验合成液时，塑料手柄应用耐化学品的材料，例如聚四氟乙烯（PT-
FE）制成。

（6）搅拌器：符合《不锈钢棒》（GB/T 1220—2007）中 1Cr18Ni9Ti 要求的不锈钢制
成，其结构是倒"T"字形，在直径为 6 mm 的搅拌杆上装一个 25 mm×6 mm×0.6 mm 的
扁平叶片，叶片对称于杆并在同一垂直平面内。

（7）搅拌装置：可保持搅拌速度在 1 000 r/min±50 r/min。

（8）研磨和抛光设备：可夹住试验钢棒的合适夹头及一台转速为 1 700～1 800 r/min 旋转试验钢棒的设备 [图 2-48（c），图 2-49]。

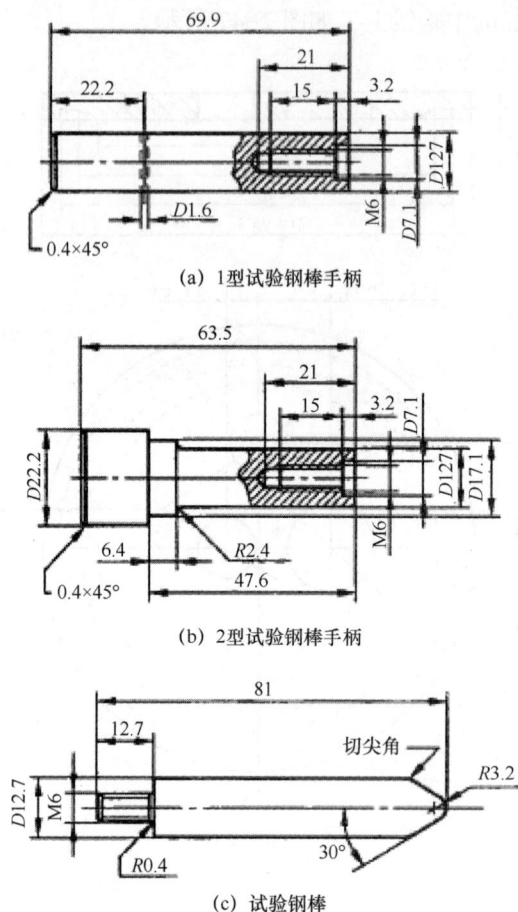

（a）1型试验钢棒手柄

（b）2型试验钢棒手柄

（c）试验钢棒

图 2-48　试验钢棒和钢棒塑料手柄（单位：mm）

（9）烘箱：能保持温度在 65℃。

五、试剂和材料

异辛烷，分析纯；石油醚，90～120℃，分析纯；蒸馏水，符合《分析实验室用水规格和试验方法》（GB/T 6682—2008）中三级水要求；铬酸清洗液或其他相当的、有效的玻璃器皿清洗剂；砂布，150 号（99 μm）和 240 号（53.5 μm）或与其等效的金属加工用氧化铝砂布；合成海水，其配方组成见表 2-39。

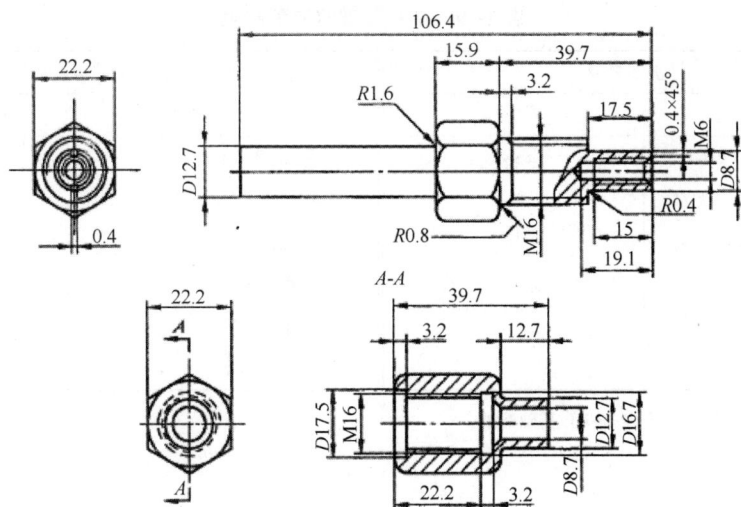

图 2-49　抛光试验钢棒用夹头（单位：mm）

表 2-39　合成海水配方表

盐	质量浓度/（g·L^{-1}）
氯化钠（NaCl）	24.54
氯化镁（MgCl$_2$·6H$_2$O）	11.10
硫酸钠（Na$_2$SO$_4$）	4.09
氯化钙（CaCl$_2$）	1.16
氯化钾（KCl）	0.69
碳酸氢钠（NaHCO$_3$）	0.20
溴化钾（KBr）	0.10
硼酸（H$_3$BO$_3$）	0.03
氯化锶（SrCl$_2$·6H$_2$O）	0.04
氟化钠（NaF）	0.003

　　按照下述方法配制合成海水，可避免在高浓度溶液中析出沉淀。先用化学纯试剂和蒸馏水制备如表 2-40 所示的基础溶液 7 L。将 245.4 g 氯化钠（NaCl）和 40.94 g 硫酸钠（Na$_2$SO$_4$）溶解于 5~7 L 蒸馏水中，加入 200 mL 1 号基础溶液和 100 mL 2 号基础溶液，稀释到 10 L，进行搅拌，再加入 0.05 mol/L 碳酸钠溶液（Na$_2$CO$_3$），直到 pH 值为 7.8~8.2（需碳酸钠溶液 1~2 mL）。

表 2-40　7 L 基础溶液配制表

1 号基础溶液		2 号基础溶液	
盐	质量/g	盐	质量/g
氯化镁（MgCl$_2$·6H$_2$O）	3 885	氯化钾（KCl）	483
氯化钙（CaCl$_2$），无水	406	碳酸氢钠（NaHCO$_3$）	140
氯化锶（SrCl$_2$·6H$_2$O）	14	溴化钾（KBr）	70
蒸馏水	余量*	硼酸（H$_3$BO$_3$）	21
—	—	氟化钠（NaF）	2.1
—	—	蒸馏水	余量*

注：＊用蒸馏水溶解并配制成 7 L 基础溶液。

六、采样

采样应符合《石油液体手工取样法》（GB/T 4756—2015）的技术要求，所取样品须具有代表性。测试样品可取自油罐、油桶、小容器或运行设备。

七、准备工作

（1）每次试验应准备两根试验钢棒，可以是新的或使用过的试验钢棒。

（2）初磨：如果试验钢棒以前使用过，且表面无锈蚀或其他不平整，初磨则可省去。如果用新的试验钢棒或者试验钢棒表面的任意一处有锈蚀或凹凸不平，则先用石油醚或异辛烷进行清洗，再用 150 号氧化铝砂布研磨，以除去肉眼能看见的全部凹凸不平整、坑点及伤痕。将试验钢棒固定在研磨和抛光设备的夹头上，以 1 700～1 800 r/min 的速度旋转试验钢棒，可用旧的 150 号氧化铝砂布研磨，以除去锈蚀或表面较大的凹凸不平之处。再用新 150 号氧化铝砂布完成磨光，立即用 240 号氧化铝砂布进行最后的抛光或从夹头上取下试验钢棒，在使用前贮存在异辛烷中。当使用过的试验钢棒直径减少到 9.5 mm 时，不可再用。

（3）最后抛光：①试验前，必须用 240 号氧化铝砂布对试验钢棒进行最后抛光。若试验钢棒初磨已经完成，则停止运转试验钢棒的电动机，对于从异辛烷中取出的试验钢棒（使用过的无锈钢棒应贮放在异辛烷中），用一块干净的布把试验钢棒擦干，安装在夹头上，用一块 240 号新氧化铝砂布纵向打磨静止的试验钢棒，使整个表面出现可见的痕迹，再以 1 700～1 800 r/min 的速度旋转试验钢棒，用 240 号新氧化铝砂布紧紧围绕试验钢棒半周，平稳而适当地拉住砂布松动的一端，持续 1～2 min 进行抛光，使之产生没有纵向划痕的均匀精细的磨光表面。②为确保平肩（试验钢棒垂直于螺纹杆的部分）没有锈蚀，此表面也应抛光。将 240 号氧化铝砂布放在夹具和平肩之间，用较短时间旋转试验钢棒就可抛光好表面。③从夹头上取下试验钢棒，不要用手接触，用一块干净且干燥的无绒棉布或纸（或驼毛刷）轻轻揩拭，将试验钢棒装在塑料手柄上，立即浸入试样中。试验钢棒可直接放入热的试样中，也可先放入装有试验的干燥试管中，然后将试样钢棒从试管中取出，稍沥干，再放入热试样中。

八、试验步骤

1. 蒸馏水法（方法 A）

（1）按照试验步骤清洗烧杯，用蒸馏水彻底清洗并放入烘箱中干燥。用同样的方法清洗玻璃烧杯盖和玻璃搅拌棒。不锈钢搅拌棒体和 PMMA 盖则先用石油醚或异辛烷清洗，再用热水充分冲洗，最后用蒸馏水洗，放在温度不超过 65℃ 的烘箱中烘干。

（2）将 300 mL 试样倒入烧杯，并将烧杯放入能使试样温度保持在 60℃±1℃ 的油浴（或水浴）孔中，借烧杯边缘固定，使烧杯悬挂在油（或水）浴盖上。浴中的液面不得低于烧杯内油面。盖上烧杯盖，装上搅拌器，使搅拌杆距离装有试样的烧杯中心 6 mm，叶片距烧杯底不超过 2 mm。将温度计插入烧杯盖上温度计孔中，其浸入深度为 56 mm。开动搅拌器，当温度达到 60℃±1℃ 时，放入准备好的试验钢棒。

（3）将试验钢棒组合件悬挂在烧杯盖上的试样孔中，使其下端距烧杯底 13~15 mm。

（4）继续搅拌 30 min，以确保试验钢棒完全润湿。在搅拌的情况下，取出温度计片刻，通过温度计孔加入 30 mL 蒸馏水，水沉入烧杯底部，重新放回温度计。由水加入时起，以 1 000 r/min±50 r/min 的速度继续搅拌 24 h，并保持油-水混合物温度在 60℃±1℃。在 24 h 后，停止搅拌，取出试验钢棒沥干，然后用石油醚或异辛烷洗涤，如有必要可以用漆涂层将试验棒保护起来。

说明：ASTM D665—2003 建议试验周期为 4 h，但按合同双方的要求，试验周期可长可短。

2. 合成海水（方法 B）

操作步骤同蒸馏水一致，唯一差别是用合成海水替代蒸馏水。

3. 比水密度大的液体（方法 C）

（1）由于用于方法 A 和方法 B 的搅拌器所产生的搅拌作用不足以使水和比其密度大的液体达到完全融合，因此对测试比水密度大的液体的条款做了适当修改。其他步骤同方法 A（或方法 B）一致。鉴于方法 C 可以用蒸馏水或合成海水，因此若使用方法 C，应在报告中注明是蒸馏水还是合成海水。

（2）搅拌器：除与前述相同外，在搅拌杆上安装一个辅助叶片（图 2-50），其材质为不锈钢，尺寸为 19.0 mm×12.7 mm×0.6 mm，辅助叶片在搅拌杆上的位置是其底边距 T 形叶片的顶边 57 mm 处，并且两个叶片的平面在同一垂直平面上。

（3）试验钢棒及其准备工作与前述方法一致。

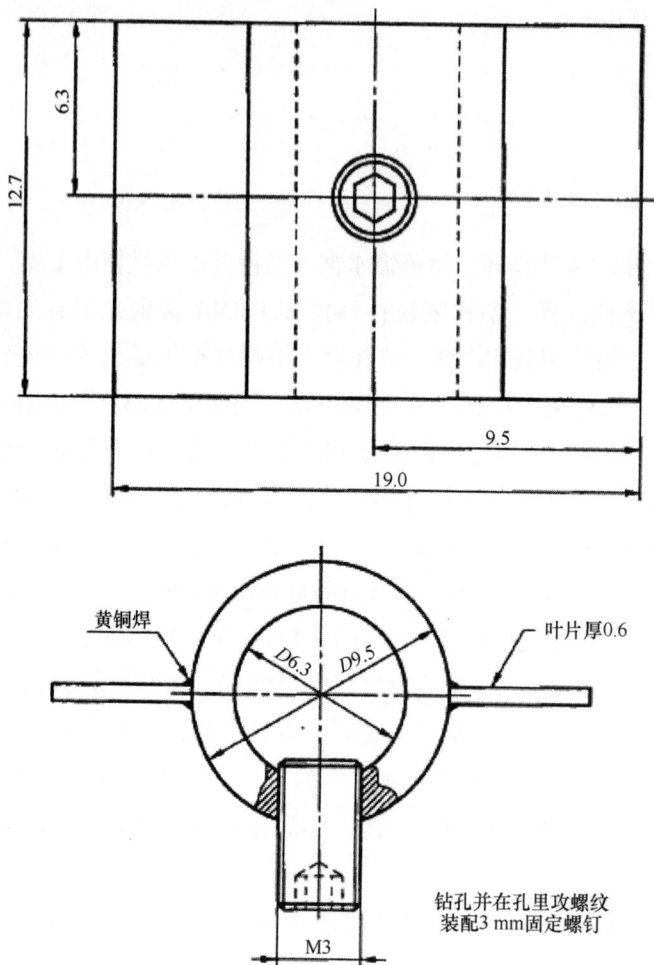

图 2-50　辅助叶片（单位：mm）

九、结果判断

液相锈蚀试验结束后需要按照腐蚀程度分级标准及以下规则，对试验钢棒的锈蚀程度进行分级。

（1）试验结束时，试验钢棒的所有检查均不使用放大镜，并应在普通光线（照度 650 lx）下进行。试验钢棒上凡出现任何肉眼可见的锈点和条纹即为锈蚀的试验钢棒。

（2）试验中，锈蚀是指发生锈蚀的试验面积，可以通过颜色的变化判断，或用无绒棉布或薄纸擦拭后，在试验钢棒表面可判断出的坑点及凹凸不平。在试验钢棒本身不褪色或不存在斑点的情况下，如果表面褪色或斑点可被无绒棉布或薄纸很容易擦掉，则不应认为是锈蚀。

（3）为了报告某种试样合格与否，必须进行平行试验。如在试验周期结束时，两根试验钢棒均无锈蚀，那么试样为"合格"。如两根试验钢棒均锈蚀，那么试样为"不合格"。

如一根试验钢棒锈蚀而另一根不锈蚀，则应再取两根试验钢棒重新进行试验。如果重新做的两根试验钢棒中任何一根出现锈蚀，则应报告该试样为不合格；如果重新做的两根试验钢棒均无锈蚀，则报告该试样为合格。

锈蚀程度分级：关于锈蚀程度的表述，《加抑制剂矿物油在水存在下防诱性能试验法》（GB/T 11143—2008）建议按下述锈蚀程度进行分级：①轻微锈蚀：限于锈蚀点不点超过6个，每个锈蚀点直径不大于 1 mm；②中等锈蚀：锈蚀超过 6 个，但小于试验钢棒表面积的 5%；③严重锈蚀：锈蚀面积超过试验钢棒表面积的 5%。

（4）参比油：在方法 A 中合格而方法 B 中不合格，其配制如下：在白矿物油［运动黏度符合《工业白油》（SH/T 0006—2002）中 32 号工业白油要求］中加入 0.015%（质量分数）的添加剂，添加剂由 60%（质量分数）十二烯基丁二酸和 40%（质量分数）普通石蜡基油（40℃运动黏度 19.8~24.2 mm^2/s）构成。

说明：应使用与 Lubrizol 850 性能相当的十二烯基丁二酸。

十、报告

试验结束并对钢棒的锈蚀分级后，在进行试验报告时需要包括以下内容：①测试产品的型号和名称；②试验日期；③指明采用 A、B、C 中哪种方法，如用方法 C，应注明是用蒸馏水还是合成海水；④试验周期；⑤试验结果，如需要，报告中应指出锈蚀程度的等级。

十一、思考题

（1）为什么有些润滑油产品需要用蒸馏水与合成海水两种方法来评价其防锈性能？

（2）在进行试验过程中需要注意哪些问题？

试验二十六　液压油污染度的测定

一、试验目的

（1）了解液压油污染度的测定方法；

（2）了解液压油污染的来源及危害；

（3）掌握双滤膜法和单滤膜法测定液压油污染度的操作步骤及注意事项。

二、液压介质作用及测定污染度的意义

1. 作用

在液压系统中，功率是借助于密闭回路中的受压液体来传递和控制的。该液体既是润滑剂，又是功率传递介质。

可靠的系统性能需要对液体介质的清洁度进行控制。液体介质中颗粒污染定性的和定量的测定要求在进行液样采集和进行污染性质及程度测定时具有准确性。

2. 测定意义

液压系统中的污染介质被颗粒污染后，在一定压力下，颗粒物将对液压系统造成伤害，堵塞精密的阀（如伺服阀），严重的将堵塞液压系统的油道，造成润滑不良，引起液压系统工作不稳，造成设备损坏并可能引发严重设备事故。

测定液体污染的称重法需要称量单位体积油液中悬浮固体的质量。该方法采用滤膜来收集样品中的不溶颗粒，以实现测定系统液体颗粒污染的目的。

测定液压系统工作介质颗粒污染度有两种称重法：双滤膜法和单滤膜法，其中双滤膜法的检测结果更加精确。

称重法（双滤膜法和单滤膜法）适合于检测颗粒污染度大于 0.2 mg/L 的液压系统工作介质。

三、测定工作原理

在真空条件下，通过一片滤膜或两片同样的重叠滤膜过滤已知体积的液体。采用一片滤膜时，过滤后滤膜增加的质量相当于该体积液体中杂质的含量；采用两片滤膜时，过滤后这两片滤膜分别增加的质量之差相当于该体积液体中杂质的含量。

四、测试装置

（1）过滤装置：过滤装置组成如图 2-51 所示。①夹紧装置：带金属弹簧夹；②漏斗：分为漏斗上部件和漏斗下部件两部分，漏斗上部件是容量为 250 mL 带刻度的玻璃漏斗；③滤膜：直径 47 mm，白色、无方格，孔径 0.8 μm，应与被分析液体及制备过程中所用的化学试剂相容；④支撑盘：在真空抽吸状态下用于支撑滤膜的装置，材质为烧结玻璃或不锈钢滤网；⑤抽滤瓶：容积至少为 1 000 mL；⑥辅件：橡胶塞、连接管（接真空装置）、防止在真空过滤时产生静电的装置等。

（2）漏斗盖：培蒂氏培养皿盖。

（3）真空装置：可保持 86.6 kPa（0.866 bar 或 650 mmHg）的真空度。

（4）冲洗瓶：容积为 300~500 mL，可喷射溶剂。

（5）镊子：材质为不锈钢，夹持部位扁平光滑。

（6）培蒂氏培养皿：内径 150 mm。

（7）取样瓶：名义容量为 150~250 mL，平底、螺纹广口，瓶盖密封性良好，清洁度应使污染物不影响最终测试结果。

（8）量筒：容积为 100 mL，通过计量校准并在有效期内。

（9）分析天平：精度不低于 0.05 mg，带防风罩。

（10）烘箱：不通风，能将温度控制在 60℃±2℃。

（11）干燥器：保持滤膜干燥。

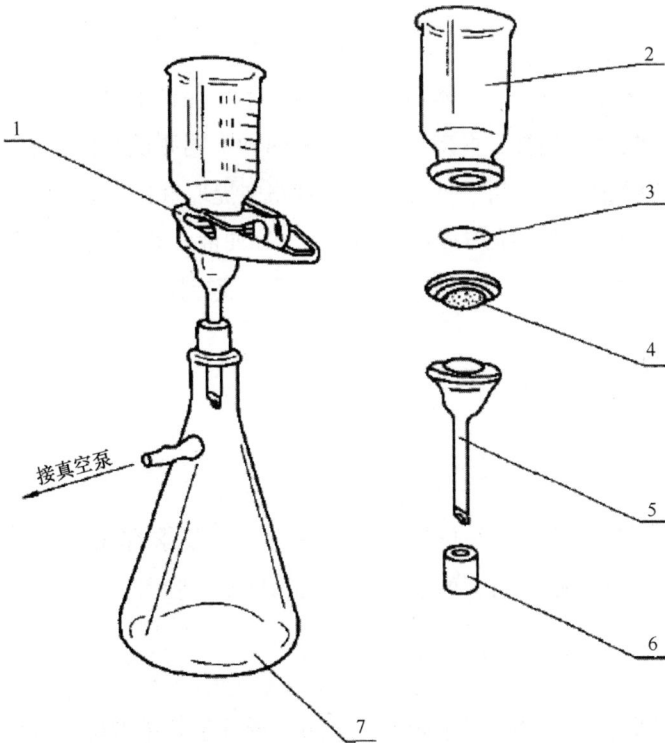

图 2-51　过滤装置结构示意图

1—夹紧装置；2—漏斗上部件；3—滤膜；4—支撑盘；5—漏斗下部件；6—橡胶塞；7—抽滤瓶

五、冲洗和清洗用化学试剂

异丙醇，化学纯；石油醚（90~120℃，化学纯），或三氯三氟乙烷（F. 113）（CClF$_2$-

CCl_2F），或其等效物；液体去污剂，无固体沉淀物；蒸馏水或软化水，符合《分析实验室用水规格或试验方法》（GB/T 6682—2008）三级水的要求。

六、玻璃器皿清洗程序

（1）按下列程序清洗玻璃过滤装置、取样瓶和量筒：①用含有液体去污剂的热水洗涤玻璃器皿；②用蒸馏水或软化水清洗 3 次；③用洁净的异丙醇清洗 3 次，以除去水分；④用清洁的石油醚清洗 3 次，要求如下：a. 对过滤装置，为了让溶剂流出和挥发，将漏斗倒置至少 15 s；b. 对取样瓶，在瓶底留少量溶剂，盖好瓶盖。

（2）玻璃器皿的清洁度应使污染物不影响最终测试结果。

（3）所有用于清洗和冲洗的溶剂都需要经过 1 μm 或更细滤膜的过滤成为洁净溶剂。

七、取样

（1）应保证试样对所评定的液体具有代表性：①应保证取样程序具有良好的重复性。② 应通过间隔地收集两个油样，并对同一液样做两种不同测试，检查取样程序。

（2）按《液压颗粒污染分析　从工作系统管路中提取液样》（GB/T 17489—1998）规定的方法从工作的液压传动系统中提出至少 100 mL 油液。在任何情况下，用于测量的液样体积允许误差为±1%（为适应不同的污染度等级，液样体积可增减）。

八、试验步骤

1. 一般要求

为了保证测试液样不受环境污染影响，所有的操作要求宜在符合《洁净厂房设计规范》（GB 50073—2013）规定的洁净度 7 级以上的环境中进行。

2. 滤膜标定

（1）滤膜湿润及抽真空操作程序如下：①用镊子从包装中取出两片滤膜，用圆珠笔对它们做出标记，分别为字母 E（试验）和 T（校验）；②用镊子将滤膜 E 和滤膜 T 整齐居中叠放在过滤装置的支撑盘上，滤膜 T 放在下面。然后安放漏斗上部件，将漏斗上部件的环形端面对准滤膜边缘压在滤膜上，并用夹紧装置夹紧漏斗上部件、支撑盘和漏斗下部件；③用装有洁净溶剂的冲洗瓶由上到下按螺旋方向冲洗漏斗上部件内壁，用足量的洁净溶剂清洗漏斗上部件，以保证漏斗上部件和滤膜全部湿润；④抽真空直到滤膜变干；⑤移去夹紧装置和漏斗上部件，并停止抽真空。

（2）将滤膜并排放入清洁的培蒂氏培养皿中。将口半开的培蒂氏培养皿放入烘箱中，将温度设置为60℃，并保持30 min。然后将培蒂氏培养皿放入干燥器中30 min。

（3）从干燥器中取出滤膜E，放在天平盘上称量，记录滤膜E的质量m_E。用同样的方法称量并记录滤膜T的质量m_T。

3. 空白测试

（1）试样测试前要进行空白测试。除非证明不用进行空白测试，否则应完成此步骤，或至少有1次空白测试过程。

（2）若采用双滤膜法进行试验，则空白测试操作程序如下：①按要求安放滤膜E、滤膜T和过滤装置；②将100 mL洁净溶剂倒入漏斗上部件；③盖好漏斗盖；④抽真空，直到滤膜变干；⑤停止抽真空；⑥干燥；⑦称量，分别记录滤膜E的质量M'_E和滤膜T的质量M'_T。

（3）若采用单滤膜法进行测试，则空白测试操作程序如下：①用镊子将滤膜E居中放在过滤装置的支撑盘上。然后安放漏斗上部件，将漏斗上部件的环形端面对准滤膜边缘压在滤膜上，并用夹紧装置夹紧漏斗上部件、支撑盘和漏斗下部件；②按前面进行测定的步骤进行操作；③将滤膜放入清洁的培蒂氏培养皿中，将口半开的培蒂氏培养皿放入烘箱中，将温度设置为60℃，并保持30 min。然后将培蒂氏培养皿放入干燥器中30 min；④从干燥器中取出滤膜E，放在天平盘上进行称量，记录滤膜E的质量M'_E。

4. 液样测试（双滤膜法）

（1）液样过滤操作程序如下：①按要求安放滤膜E、滤膜T和过滤装置；②将冲洗瓶注满洁净石油醚；③重复晃动装有液样的取样瓶，然后取下瓶盖；④将液样倒入量筒中，准确量取100 mL液体；⑤移开漏斗盖，将量筒中的液体全部倒入漏斗上部件；⑥将约50 mL洁净石油醚倒入量筒中，晃动并将混合液倒入漏斗上部件；⑦盖好漏斗盖；⑧抽真空，直到漏斗上部件中剩下约2 mL的液体；⑨移开漏斗盖，用冲洗瓶由上到下按螺旋方向冲洗漏斗上部件内壁，再盖上漏斗盖；⑩抽真空，直到滤膜变干；⑪按先后顺序分别移开漏斗盖、夹紧装置和漏斗上部件；⑫在抽真空状态下，用冲洗瓶向心冲洗滤膜E上表面，石油醚用量至少为300 mL（确保沉淀物收集在滤膜E中央，并保证充分清洗校验滤膜）；⑬停止抽真空。

（2）按照要求进行干燥。

（3）按照操作要求进行称量，分别记录滤膜E的质量M_E和滤膜T的质量M_T。

5. 液样测试（单滤膜法）

（1）如果滤膜标定和检验过程的置信水平明显与滤膜标定步骤（2）的标定结果相一致，则可选用下列程序。

（2）液样过滤操作程序如下：①用镊子将滤膜 E 居中放在过滤装置的支撑盘上。然后安放漏斗上部件，将漏斗上部件的环形端面对准滤膜边缘压在滤膜上，并用夹紧装置夹紧漏斗上部件、支撑盘和漏斗下部件；②按双滤膜法的操作步骤进行操作。

（3）将滤膜放入清洁的培蒂氏培养皿中。将口半开的培蒂氏培养皿放入烘箱中，将温度设置为 60℃，并保持 30 min。然后将培蒂氏培养皿放入干燥器中 30 min。

（4）从干燥器中取出滤膜 E，放在天平盘上进行称量，待数值稳定后，记录滤膜 E 的质量 M_E。

九、结果计算

（1）液样中含有的固体杂质含量 ΔM 按式（2-47）（适用于空白测试）或式（2-49）（适用于双滤膜法）计算

$$\Delta M = (M_E - m_E) - (M_T - m_T) \qquad (2-47)$$

$$\Delta M' = (M'_E - m_E) - (M'_T - m_T) \qquad (2-48)$$

$$\Delta M = (M_E - m_E) \qquad (2-49)$$

$$\Delta M' = (M'_E - m_E) \qquad (2-50)$$

式中，ΔM 为每 100 mL 液体中的固体杂质含量，mg；$\Delta M'$ 为空白测试的固体杂质含量，mg；M_E 为过滤液体后滤膜 E 的质量，mg；M'_E 为空白测试后滤膜 E 的质量，mg；m_E 为滤膜 E 的校验质量，mg；M_T 为过滤后液体滤膜 T 的质量，mg；M'_T 为空白测试后滤膜 T 的质量，mg；m_T 为滤膜 T 的校验质量，mg。

注：如果（$M_T - m_T$）大于 0.5 mg，则表明校验滤膜清洗不够充分。在这种情况下，应重新试验，并增加清洗用洁净石油醚的体积。

（2）用式（2-48）（适用于双滤膜空白试验）或式（2-50）（适用于单滤膜空白试验）计算空白测试的杂质含量 $\Delta M'$，如果结果大于 0.5 mg，则应从测试结果中减去。

（3）按 ISO 3938 的要求出具测试报告，在测试结果叙述中应说明滤膜孔径及所使用的称重法。

十、精密度

本试验方法精密度中只有重复性要求，再现性未确定。

对于同一液样，同一操作者两次测定结果进行比较，如果存在下列任一情况，应重新进行测试。

（1）双滤膜法：两次测定结果差值的绝对值大于每 100 mL 液体杂质含量的 5%（质量分数）。

（2）单滤膜法：两次测定结果差值的绝对值大于每 100 mL 液体杂质含量的 7%（质

量分数）。

注：当选择《液压传动　液体污染采用称重法测定颗粒污染度》（GB/T 27613—2011）标准进行液压系统介质污染度测试完成后，可在试验报告、产品样本及销售文件中作如下说明："测定液压系统液体颗粒污染度采用的称重法符合 GB/T 27613—2011《液压传动　液体污染采用称重法测定颗粒污染度》"。

十一、思考题

（1）测定液压油污染度的意义如何？

（2）目前，测定液压油的污染度有哪些方法？请说明各方法的适用范围。

试验二十七　SL 10W-40 汽油机油抗剪切试验（超声波法）

一、试验目的

（1）了解含聚合物润滑油在应力作用下聚合物分子断裂的原因；

（2）了解含聚合物润滑油抗剪切性能对使用的重要性；

（3）掌握超声波法测定含聚合物润滑油抗剪切性能的操作过程及注意事项。

二、方法概要

将适量的含聚合物的试样，置于聚能器触棒中，使其经受一次或多次固定时间的超声波剪切处理，并用《石油产品运动粘度测定法和动力粘度计算法》（GB/T 265—1988）标准测定试验前后的黏度，然后计算试样的黏度下降率。

油在聚能器（即超声波振荡器）中受超声波剪切作用所引起的黏度损失，以油的黏度下降率来评定油品的剪切安定性。

三、仪器与材料、试剂

1. 仪器

（1）超声波剪切试验仪：超声波剪切试验仪聚能器输出端为直径 20 mm 的圆柱棒，其端面不打中心孔、不倒角，表面粗糙度不低于 1.6，共振频率为 20 kHz±1 kHz，输出功率≥250 W。

（2）秒表：分度为 0.2 s。

（3）量筒：50 mL。

（4）试杯：100 mL。

（5）温度计：0~100℃，棒状。

（6）运动黏度测定仪：符合《石油产品运动粘度测定法和动力粘度计算法》（GB/T 265—1988）要求的黏度计和恒温水浴。

2. 材料

（1）标准油：CSJ-标2油，在标准剪切试验条件下（即试样30 mL，冷却水温为38℃，剪切时间为10 min）黏度下降率为16%±1%。

（2）试验油：SL 10W-40汽油机油，符合《汽油机油》（GB 11121—2006）的要求。

（3）试样油：HV 46液压油，符合《液压油（L-HL、L-HM、L-HV、L-HS、L-HG）》（GB 11118.1—2011）的要求。

3. 试剂

石油醚，60~90℃，分析纯。

四、准备工作

（1）试验仪标准工作状态的选定：标准工作曲线的绘制，用标准油分别在不同"功率"下，即在聚能器输出电压为60 V、70 V、80 V、90 V、100 V时（或根据仪器的输出电压范围选取数点不同电压值）分别测定标准油的运动黏度下降率，重复测定两次结果的黏度下降率的平均值和相应的聚能器输出电压值，绘制出本仪器的标准工作曲线。

（2）按标准油所规定的黏度下降率16%的要求，从标准工作曲线上查找出相对应的聚能器输出电压值。所确定的输出电压值以及在此电压值下所伴生的最大共振时的相应的屏极电流毫安值，作为测试仪器的标准状态"功率"值。

（3）用秒表准确校验定时控制器的工作时间，其误差不得超过10 s，否则需进行调整。

五、试验步骤

（1）为保证仪器工作的稳定性，在每天正式试验前，必须用30 mL已用过的标准油或其他润滑油，在标准剪切试验条件下工作15 min。

（2）每天考察新试样前，必须用标准油按标准剪切试验条件测定1~2次，并计算出在温度为37.8℃或40℃时的黏度下降率。如果所使用的仪器测定的黏度下降率不在16%±1%范围内，必须调整"功率"值，直至标准油的黏度下降率等于16%±1%，以后的各次试验就可采用这个"功率"值对新试样进行试验。

（3）检查仪器各旋钮位置，电源开关应在"断"的位置，输出功率旋钮向左转动至端位（这时输出功率最小），并校对各仪表的机械零点。

（4）转动电源开关到"开"的位置，这时电源指示灯应亮，仪器预热 5~10 min 后，检查并调节旋钮，使稳压电源的电压表指示值为 220 V。

（5）将电源开关再转动到"工作"位置，操作仪表板上的指示灯亮，稳定 3~5 min 后，按下时间为 10 min 的定时控制按钮。

（6）接通加热试样用的环状加热器电源，同时把温度计插入水浴内，加热并控制水浴内的冷却水温度，保持在 38℃±2℃ 的范围内。

（7）检查并打开聚能器的循环冷却水开关，细心检查回流冷却水是否畅通，以免聚能器冷却不够而损坏仪器。

（8）用量筒量取 30 mL 试样，注入清洁的 100 mL 玻璃烧杯中，

（9）将盛有试样的烧杯装入处于聚能器下端的夹持器三爪中，调节烧杯在夹持器中的位置，使试样的液面浸没触棒端面以上约 5 mm 处。

（10）升起恒温水浴，调节高度，使冷却水面高出玻璃烧杯内试样液面约 5 mm，并将恒温水浴固定好位置，继续恒温 10 min。

（11）按下仪表板的启动按钮开关，在听到振荡声音后，立即调节输出"功率"旋钮至电压表的指示在输出电压值位置上，再转动工作频率旋钮使电压指示稳定在输出电压值上，这时实现共振，仪表板上的电流表调整在最大毫安值上。上述调节输出功率和工作频率的旋钮时，应迅速和反复调节，使电压表指示在要求的"功率"值上（这时屏极的毫安电流值为最大），整个调节工作要求在 30 s 内完成，以保证试验有好的重复性。

（12）当剪切达到预定试验时间后，仪器的定时控制器就自动断开高压电源而停止工作。

（13）切断稳压电源开关及其他加热电源，切断冷却水源，降下冷却水浴，将试样烧杯从三爪夹持器中取下，并将试验后的试样倒入贴有标签的玻璃瓶中，以备测定温度在 37.8℃ 或 40℃ 时的运动黏度值用。

（14）用绸布将触棒端部表面的试样洗擦干净，对黏度较大的试样，每次试验后必须用石油醚（或溶剂油）洗净并干燥，以便下次再用。

（15）按《石油产品运动粘度测定法和动力粘度计算法》（GB/T 265—1988）分别测定试验剪切前、后的 37.8℃ 或 40℃ 时的运动黏度值。

六、计算

试样的黏度下降率 X（%）按下式计算

$$X = \frac{v_0 - v}{v_0} \times 100 \qquad (2-51)$$

式中，v_0 为试验剪切前温度 37.8℃（100 ℉）或 40℃（104 ℉）的运动黏度值，mm²/s；v 为试验剪切后温度 37.8℃（100 ℉）或 40℃（104 ℉）的运动黏度值，mm²/s。

七、报告

取重复测定两个结果的算术平均值作为试样的超声波剪切黏度下降率。

八、超声波剪切试验的精密度

用以下规定判断所得结果的可靠性（95%置信水平）。

（1）重复性（r）：同一操作者，使用同一设备重复测定两个试验结果的较大值与较小值之比，不应超过 1.26 倍。

（2）再现性（R）：由两个实验室各自提供的试验结果的较大值与较小值之比，不应超过 1.41 倍。

注：标准《含聚合物油剪切安定性测定法（超声波剪切法）》（SH/T 0505—1992）规定的黏度下降率小于6%时，其精密度待定；此标准所说的精密度是在 37.8℃下，统计试验取得的。

九、思考题

（1）测定含聚合物润滑油抗剪切性能的方法有哪些？请简述其特点。

（2）利用超声波法测定含聚合物润滑油抗剪切性能应注意哪些问题？

试验二十八　液体绝缘材料介质损耗因数、相对电容率和直流电阻率的测定

一、试验目的

（1）了解液体绝缘材料电气性能的定义及测量意义；

（2）了解测定液体绝缘材料的介质损耗因数、相对电容率的基本过程及注意事项；

（3）掌握测定变压器油介质损耗因数的操作步骤与注意事项。

二、术语与定义

1.（相对）电容率

绝缘材料的相对电容率是一电容器的两电极周围和两电极之间充满该绝缘材料时所具

有的电容量 C_x 与同样电极结构在真空中的电容量 C_0 之比。

用该电极在空气中的电容量 C_a 代替 C_0，对于测量相对电容率具有足够的精确度。

2. 介质损耗因数 ($\tan \delta$)

绝缘材料的介质损耗因数 ($\tan \delta$) 是损耗角的正切。

当电容器的介质仅由一种绝缘材料组成时，损耗角是指外施电压与由此引起的电流之间的相位差偏离 $\pi/2$ 的弧度。

注：实际应用中，$\tan \delta$ 测得值低于 0.005 时，$\tan \delta$ 和功率因数 (PF) 基本上相同。可用一个简单的换算公式将两者进行换算。功率因数是损耗角的正弦，功率因数和介质损耗因数之间的关系可用下式表达

$$PF = \frac{\tan \delta}{\sqrt{1 + (\tan \delta)^2}} \tag{2-52}$$

式中，PF 为功率因数；$\tan \delta$ 为介质损耗因数。

3. 直流电阻率（体积）

绝缘材料的体积电阻率是在材料内的直流电场强度与稳态电流密度的比值，单位为 $\Omega \cdot m$。

三、概述

电容率、$\tan \delta$ 和电阻率，无论是单一还是全部，都是绝缘体的固有质量和污染程度的重要指标。这些参数都可用于解释所要求的介电特性发生偏离的原因，也可以解释其对于使用该液体的设备所产生的潜在影响。

1. 电容率和介质损耗因数 ($\tan \delta$)

电气绝缘液体的电容率和介质损耗因数 ($\tan \delta$) 在相当大程度上取决于试验条件，特别是温度和施加电压的频率，电容率和介质损耗因数都是介质极化和材料电导的度量。

在工频和足够高的温度下，与本方法推荐的一样，损耗可仅归因于液体的电导，即归因于液体中自由载流子的存在。因此，测量高纯净绝缘液体的介电特性，对判别电离杂质的存在很有价值。

介质损耗与测量频率成反比，随着介质黏度的变化而变化。试验电压值对测量损耗因数影响不大，它通常只是受电桥的灵敏度所限制。但是，应考虑到高电场强度会引起电极的二次效应、介质发热、放电等影响。

较大的杂质所引起的电容率变化相对较小，而其介质损耗则强烈地受到极小量的可电离溶解杂质或胶体颗粒的影响，某些液体有较大的极性，对杂质的敏感性比碳氢化合物液

体要强得多。极性还导致它有较高的溶解和电离的能力，因此操作时要更加小心。

通常认为初始值能较好地代表液体的实际状态，所以更希望能在一达到温度平衡时就测量介质损耗因数。介质损耗因数对温度的变化很敏感，通常是随温度的增加呈指数式地增大，因此需要在足够精确的温度条件下进行测量。

2. 电阻率

用标准《液体绝缘材料相对电容率、介质损耗因数和直流电阻率的测量》（GB/T 5654—2007）中的方法测得的电阻率通常并不是真正的电阻率。当施加直流电压后，由于电荷迁移，将使液体的起始特性随时间而变化。真正的电阻率只有在低电压下且在刚施加电压后才可得到。

注：标准《液体绝缘材料相对电容率、介质损耗因数和直流电阻率的测量》（GB/T 5654—2007）使用比较高的电压且经较长时间，因此，其结果通常与《绝缘液体　测量电导和电容确定介质损耗因数的试验方法》（GB/T 21216—2007）所得到的不同。

本试验中液体的电阻率测量结果与试验条件有关，主要有以下几项。

（1）温度：电阻率对温度的变化特别敏感，是按 $1/K$ 指数变化。因此需要在足够精确的温度条件下进行测量。

（2）电场强度的值：给定试样的电阻率可受施加电场强度的影响。为了获得可比的结果，应在近似相等的电压梯度下进行测量，并应在相同极性下进行，此时应注明其梯度值和极性。

（3）电化时间：当施加直流电压时，由于电荷向两电极迁移，流经试样的电流将逐渐减少到一极限值。一般规定电化时间为 1 min，不同的电化时间可导致试验结果明显不同（某些高黏度的液体可能需要相当长的电化时间）。

3. 测量次序

将直流电压施加在试样上，会改变其随后测量的工频 $\tan \delta$ 的结果。

当在同一试样上相继测量电容率、损耗因数和电阻率时，工频下测量应在对试样施加直流电压之前进行。工频试验后，应将两电极短路 1 min 后再开始测量电阻率。

4. 导致错误结果的因素

虽然只有严重污染才会影响电容率，但微量的污染却强烈地影响 $\tan \delta$ 和电阻率。

不可靠的结果通常是由于不适当的取样或处理试样所造成的污染、由未洗净试验池或吸收水分，特别是存在不溶解的水分所引起的。

在贮藏期间长久暴露在强光线下会导致电介质劣化，采用所推荐液体样品贮存和运输以及试验池的结构和净化的标准化程序，可使由污染引起的误差减至最小。

取样或操作方法不适当所造成的试样污染、电极未洗净或没烘干等，均会使测试结果不可靠。体积电阻率的测量值也与温度、电场强度、充电时间及试样中所含杂质有关，必须严格按规程规定的操作方法进行。

应采用同一电极杯来同时测量相对介电常数、介质损耗因数和直流电阻率。

注意：当在同一试样上相继测量电容率、损耗因数和电阻率时，工频下测量应在对试样施加直流电压之前进行。工频试验后，应将两电极短路 1 min 后再开始测量电阻率。

四、仪器

1. 试验池

同一试验池可用来测量电容率、介质损耗因数和直流电阻率。适用于这些用途的试验池应符合如下要求。

（1）试验池应设计成能容易拆洗所有的部件，并易于重新装配而不致明显地改变空池的电容量。同时试验池还应能在所要求的恒定温度下使用，并提供以所需精确度来测量和控制液体温度的方法。

（2）用来制成试验池的材料应是无气孔的，并能经受所要求的温度，电极的中心对准应不受温度变化的影响。

（3）与被试液体接触的电极表面应抛光如镜面，以便容易清洗。液体和电极之间没有相互的化学作用，它们也不应受清洗材料的影响。用不锈钢制造的试验池（电极）对试验所有类型的绝缘液体都是适用的。

（4）用来支撑电极的固体绝缘材料应具有较低的介质损耗因数和较高的电阻率，这些固体绝缘材料不应吸收参照液体、被试液体以及清洗材料，也不应受它们的影响。

（5）保护电极和测量电极之间横跨液面及固体绝缘材料的距离应足够大，以便能承受施加的试验电压。

（6）用于低黏度液体和施加电压不超过 2 000 V 的试验池见图 2-52 至图 2-56。

三端试验池提供了足以屏蔽测量电极的有效保护电极系统。当进行极精密的电容率测量时应选择三端试验池。在这种测量中，如有必要，还要求加上一个可拆卸的特殊屏蔽环，并与连接测量电极和电桥的同轴电缆的外层导体（屏蔽）相接。

用两端试验池时，引线屏蔽层通常是接到保护电极的。为了防止屏蔽层同任何其他表面接触，应将它牢牢地夹在电缆的绝缘层上。当用这样的试验池测量电阻率时，空池的绝缘撑环的电阻至少是被测液体电阻的 100 倍。同样，在交流下测量介质损耗因数也应有相应的比值。

对于较好的绝缘液体，可能由于绝缘撑环附加的损耗而改变测量值。为此，建议使用在两电极间无任何固体绝缘材料支撑的试验池，这样的空试验池的损耗因数在 50 Hz 时应

低于 10^{-6} 。

为了使与液体接触表面的污染影响减到最小，建议采用具有电极表面面积与液体体积之比小的试验池。

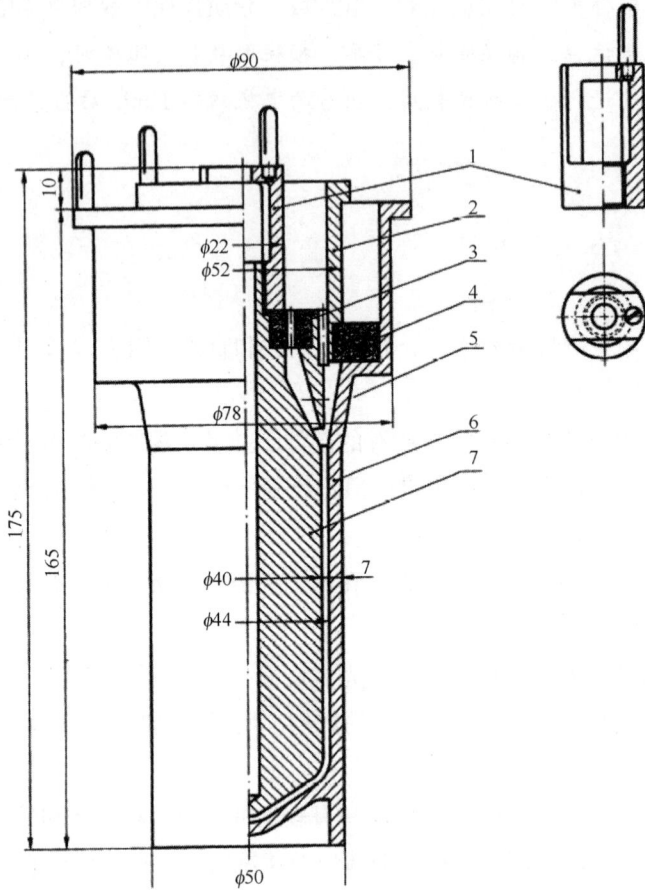

图 2-52　测量液体用三端试验池示意图（单位：mm）

1—提升把手；2—保护环；3—石英垫圈；4—石英垫圈；

5—液体最低水平线；6—内电极；7—外电极

注：①液体容积约 45 mL；②所有与液体接触的面均应抛光

2. 试验箱

试验箱应保持其温度不超过规定值的 ±1℃，并有连接试验池的屏蔽线，试验池应完全与试验箱接地外壳绝缘。

3. 玻璃器皿

采用硼硅玻璃做的普通化学玻璃器皿，例如烧杯、量筒、滴管等，且用于操作试样的

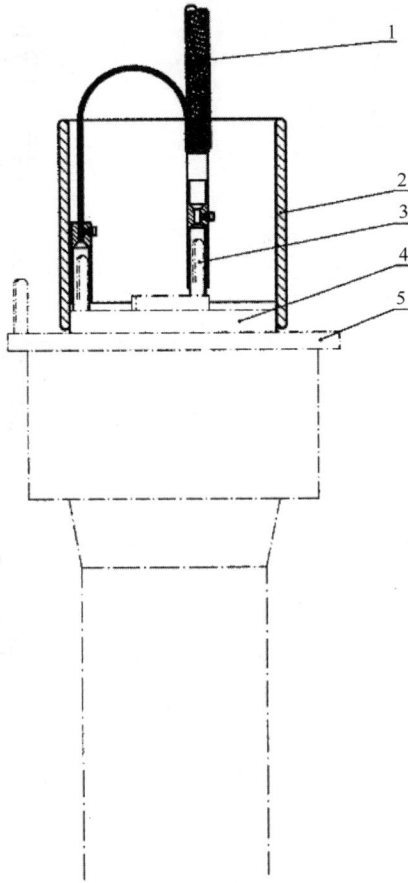

图 2-53　试验池的屏蔽示意图

1—屏蔽电缆；2—可移动的屏蔽罩（不锈钢）；3—内电极环；

4—保护环；5—外电极

所有玻璃器皿都应清洁并保持干燥。

4. 电容率和损耗因数的测量仪器

只要其测量精度和分辨率适合于被测试样品，可采用任何交流电容和介质损耗因数测量仪器。交流电容电桥及试验线路的示例与《测量电气绝缘材料在工频、音频、高频（包括米波波长在内）下电容率和介质损耗因数的推荐方法》（GB/T 1409—2006）中规定一致。

5. 直流电阻率的测量仪器

只要其精度和分辨率合于被测试样品，可采用任何仪器。合适的仪器和试验路线与《测量电气绝缘材料在工频、音频、高频（包括米波波长在内）下电容率和介质损耗因数

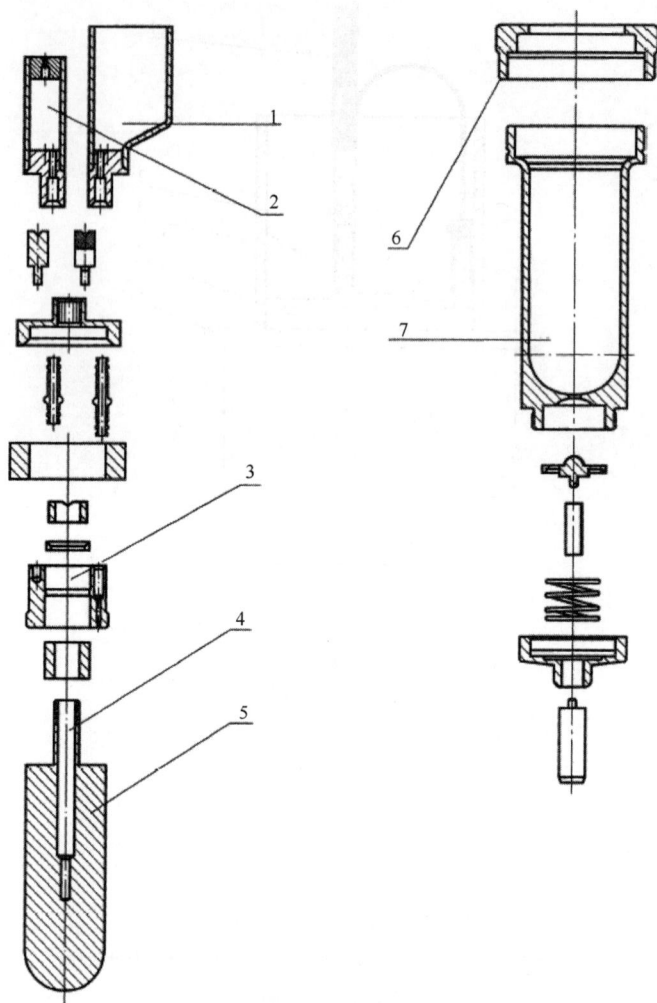

图 2-54　试验池的装配图

1—充液玻璃管；2—排气玻璃管；3—保护电极；4—测温元件管；

5—测量电极；6—箍紧连接环；7—高压电极

的推荐方法》（GB/T 1409—2006）中规定一致。

6. 测时器

用于测量电化时间，准确到 0.5 s。

五、清洗用溶剂

用于清洗试验池的溶剂应至少是符合工业纯要求的，其对试验结果应无影响，溶剂应贮存在棕色玻璃瓶里。

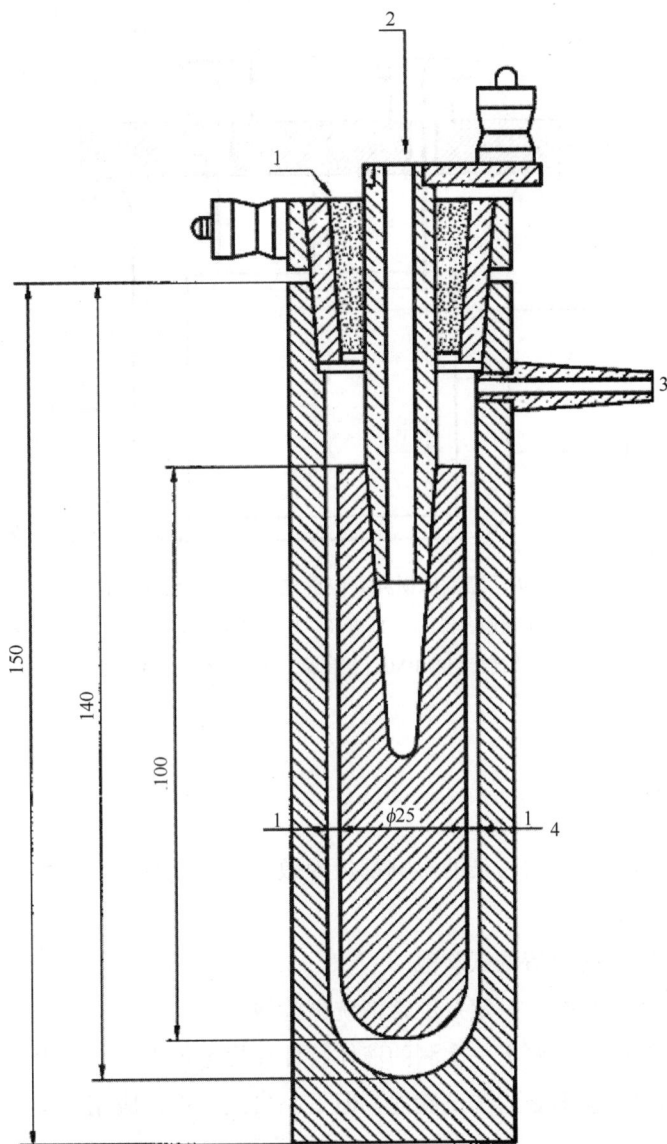

图 2-55　测量液体用两端试验池示意图（单位：mm）

1—绝缘材料；2—温度计插孔；3—过剩液体的两个流出口；4—间隙

注：注满试验池的液体量约 15 cm³

　　如果溶剂是以桶装交货的，应过滤，过滤后的溶剂应贮存在具有标记的茶色玻璃瓶里。

　　烃类溶剂，例如汽油（沸点 60~80℃）、正庚烷、环己烷和甲苯，对清洗烃类油是合适的。对于有机酯液体，推荐用乙醇清洗，对于硅液体，则用甲苯清洗。其他的绝缘液体，可能需要专用的溶剂清洗。

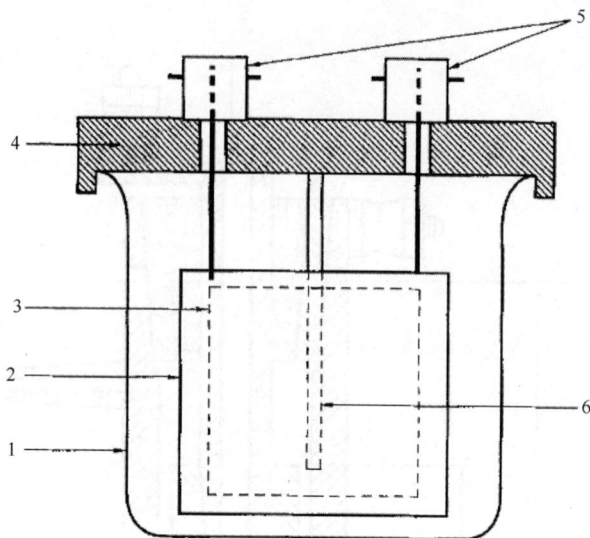

图 2-56　测量低损耗介电液体用的试验池示意图

1—不锈钢容器；2—外电极；3—内电极；4—盖子；

5—电气连接用的 BNC（裸镍铬）插头；6—测温护套

六、清洗试验池

由于绝缘液体对极微小的污染的影响都极为敏感，因此测量介电性能对试验池的清洗是最为重要的。

在进行参考试验以前，清洗试验池。

在连续进行例行试验时，一定要经常清洗试验池。

在进行例行试验时，只要上一次测的液体特性在规定范围内，且上一次和这次的被测液体的化学类型相似，就不必清洗试验池，但下一次试验前，应用一定体积的待测样品至少冲洗试验池 3 次。

当试验池定期用于试验具有相似化学类型和介电性能的液体时，则用一种清洁的液体样品充满后贮存起来，在下一次测量前用一定体积的待测样品至少冲洗试验池 3 次。

1. 磷酸钠盐清洗程序

（1）完全拆卸试验池。

（2）彻底洗涤所有的组成部件，并更换两次溶剂。用丙酮漂洗所有部件，然后用软性肥皂和洗洁剂洗涤。

（3）磨料颗粒和摩擦动作不得损伤抛光的金属表面。

（4）用5%的磷酸钠盐蒸馏水溶液或去离子水溶液煮沸至少 5 min，然后用蒸馏水或去离子水漂洗几次。

（5）将所有部件在蒸馏水或者去离子水中煮沸至少30 min。

（6）某些材料可能会老化，在加热105~110℃的烘箱中充分烘干各部件且不超过120 min。干燥时间取决于整个试验池的结构。通常干燥60~120 min。

（7）冷却前重新装好试验池，不得用裸手接触任何将要浸液体的表面。

2. 试验池的存放

（1）当试验池不用时，推荐使用经常试验且清洁的绝缘液体充满试验池后保存起来。或当试验不同液体时，用对试验池无损害的溶剂充满后保存。

（2）不经常使用试验池时，则应将其清洗、干燥并装配好，存放在干燥无尘的容器里。

（3）或按设备制造商推荐的方法来操作。

七、取样

用于这些试验的绝缘液体取样应按IEC 60475—2011的规定进行。样品应在原先的容器内储存及运输，而且应避光。

八、样品制备

除非被测试液体的规范中另有规定，否则无需进行过滤、干燥等处理。

当需要预热试样时，在倒出足够的样品用于其他试样时，应尽可能将余下的样品在原来的样品容器里预热，此时，应考虑液体的热膨胀而留有足够的空间，以避免容器破裂。

当试样必须移到其他容器内时，这些容器应是带盖烧杯或带塞子的锥形玻璃烧瓶，烧瓶要求洁净、干燥。

如果必须在室温下进行试验，则应将原来样品容器放在将要进行试验的室内，直至样品到室温，当需在高温下进行试验而试样又不能在试验池内加热时，试样容器或辅助的容器要用塞子塞住，并保证在此容器内有合适的体积足以满足液体的热膨胀，在烘箱里把它加热到高于要求的试验温度5~10℃。

由于液体易氧化，因此加热时间应不超过1 h。

若必须在一个单独的烘箱内加热液体，为防止污染，最好保证一个烘箱只用于一种类型的液体。

为了取得具有代表性的试样，在取样之前，应将容器倾斜并缓慢地旋转液体几次，以便试样均匀。

用干净的无绒布擦洗容器口，并倒出一部分液体擦洗容器的外表面。

九、条件处理及试验池充填试样

1. 试验池条件处理

在洗净并干燥电极后，不得裸手接触它们的表面，同时应注意放置试验池部件的表面要很清洁，试验池上面不要有水蒸气或灰尘。

为了使试验池的清洗程序对随后试验的影响减到最小，很重要的一点是要对干燥清洁的试验池进行预处理，即用下次的被试液体充满试验池两次。对于高黏度液体，可能需要更长时间的预处理。

2. 试验池充填试样

用一部分液体试样刷洗试验池 3 次，然后倒出并倒掉液体。在刷洗试验池时，若需要取出内电极，应注意防止在任何表面剩留液体，并防止尘粒聚集在试验池的浸液表面。

重新充满试样，注意防止夹带气泡。将装有试样的试验池加热到所需试验温度，每个试验温度所需的时间取决于加热方法，通常可能在 10~60 min 范围。在达到所需试验温度的±1℃时，10 min 内必须开始测试。

应特别注意防止液体或试验池的各部件与任何污染源相接触。

在一种液体内不呈活性的杂质可能在另一种液体内会因杂质的迁移而呈现活性，因此最好是一个试验池只使用一种类型的液体。

应尽可能地保证周围大气中不存在影响液体质量的水蒸气或气体。

十、试验温度

一般试验温度在 90℃±0.25℃下进行，除非在特定液体的规范中另有规定。

十一、介质损耗因数（tan δ）的测量

1. 试验电压

通常采用频率 40~62 Hz 的正弦电压，施加交流电压的大小视被测试液体而定，推荐电场强度为 0.03~1 kV/mm。

注：通常在上述频率范围内，可用下式从一个频率的结果换算成另一个频率的对应值

$$\tan\delta_{f_1} = \tan\delta_{f_2} \times \frac{f_2}{f_1} \tag{2-53}$$

2. 测量

试验池非自动加热，当其温度达到所要求试验温度的±1℃时，应于 10 min 内开始测量损耗因数。在测量时施加电压。完成初次测量后（如果需要，也包括测量电容率和电阻率），倒出试验液体。再用第二份试样充满试验池，操作程序与第一次相同（省去涮洗）。重复测量，两次测得的 $\tan\delta$ 值之差应不大于 0.000 1 加两个值中较大的 25%。

注意：只有鉴定 $\tan\delta$ 值较小的产品才需要重复测量。

如果不满足上述要求，则继续充填试样测量，直到相邻两次 $\tan\delta$ 测量值之差不大于 0.000 1 加两个值中较大的 25% 为止，此时认为测量是有效的。

3. 报告

报告两次有效测量值的平均值作为试样的损耗因数（$\tan\delta$）。

报告包括 3 个内容：电场强度、施加电压的频率、试验温度。

十二、相对电容率的测量

1. 测量

首先测量以干燥空气为介质的干净试验场的电容量，然后测量装有已知相对电容率为 ε_n 的液体的电容量。按下式计算电极常数 C_e 和修正电容 C_g

$$C_e = \frac{C_n - C_a}{\varepsilon_n - 1} \qquad (2-54)$$

$$C_g = C_a - C_e \qquad (2-55)$$

式中，C_e 为电极常数；C_n 为充有已知相对电容率为 ε_n 的校准溶液的试验场的电容量；C_a 为以空气为介质的试验池的电容量；C_g 为修正电容。

测量装有被测液体的试验池的电容量 C_x 并按下式计算相对电容率

$$\varepsilon_x = \frac{C_x - C_g}{C_a} \qquad (2-56)$$

式中，ε_x 为被测试液体的相对电容率；C_x 为被测试液体的电容量；C_a 为以空气为介质的试验池的电容量；C_g 为修正电容。

重复试验，直到相邻两次测试值的差不大于较大值的 5%，则认为测量是有效的。

注：①如果在测定 C_x 值时，已知 C_a、C_n 和 ε_n 值，则可获得最高的精度。②当用设计很好并预先校正过的三端试验池时或当精度要求较低时，可以忽略 C_g 项，而相对电容率可按简化公式计算

$$\varepsilon_x = \frac{C_x}{C_a} \qquad (2-57)$$

式中，ε_x 为被测试液体的相对电容率；C_x 为被测试液体的电容量；C_a 为以空气为介质的试验池的电容量。

2. 报告

报告有效测量的平均值作为试样的相对电容率。

报告应包括 4 个内容：①试验池的类型及空气为介质时的电容量；②电场强度；③施加电压的频率；④试验温度。

十三、直流电阻率的测量

1. 试验电压

所施加的直流试验电压应使液体承受 250 V/mm 的电场强度。

2. 电化时间

通常适宜的电化时间为 60 s±2 s。电化时间的改变可使试验结果有相当大的变化。

3. 测量

如果在该试样上已测过损耗因数，则测量电阻率之前应短接两电极 60 s。

如果仅测量电阻率，那么在其温度达到所需试验温度值的±1℃后尽可能快地开始测量，即到温度不超过 10 min 就开始测量。

连接电极到测量仪器，使试验池的内电极接地。将直流电压加到外电极，在电化时间达到终点时记录电流和电压读数。

将试验池的两电极短路 5 min。倒掉试验池内的液体，从样品中倒出第二份试样重复测量。

用下式计算电阻率

$$\rho = K\frac{U}{I} \qquad (2-58)$$

式中，ρ 为电阻率，$\Omega \cdot m$；U 为试验电压读数，V；I 为电流读数，A；K 为试验池常数，m。其中，$K = 0.113 \times C_a$，C_a 为以空气为介质的试验池的电容量；0.113 为 10^{-12} 乘以空气的介电常数的倒数。

相邻两次读数之差不应超过两值中较高的 35%。如果不满足该要求，则需继续充填试样测量，直到相邻两测量的电阻率值之差不超过两值中较高的 35% 为止。此时则认为测量是有效的。

注意：对每一次充满的试样进行施加极性相反电压的第二次测量，可以观察到试验池是否干净和其他现象。

4. 报告

（1）报告有效测量结果的平均值作为样品的电阻率。

（2）报告包括3部分内容：电场强度、电化时间、试验温度。

说明：介质损耗因数还可按《电气用油介质损失角正切测定法》［SH/T 0268—92（2004）］进行。

十四、思考题

（1）影响变压器油介质损耗因数的原因是什么？

（2）测定变压器油介质损耗因数要注意哪些问题？

试验二十九　变压器油耐电压试验

一、试验目的

（1）了解绝缘油的耐电压对使用的意义；

（2）掌握变压器油测定耐电压的操作步骤与要求；

（3）了解影响绝缘油耐电压性能的因素及在生产与储运过程中需要注意的问题。

二、方法概要

将被测绝缘油试样放在专门设备里，经受一个按一定速率（2 kV/s±0.2 kV/s）连续升压的48~52 Hz的交变电场的作用，直至油被击穿。

三、试剂与材料

丙酮，分析纯；石油醚，60~90℃，分析纯；10号变压器油，符合《电工流体　变压器和开关用的未使用过的矿物绝缘油》（GB 2536—2011）的质量要求。

四、仪器

1. 电器设备

电器设备由以下部分组成：调压器、步进变压器、切换系统、限能仪，以上两个或多个设备可在系统中以集成方式使用。

（1）调压器：由于手控调节不易得到要求的均衡升压，电压调节应采用自动控制系统，电压自动控制可由自耦变压器、电子调节器、发动机励磁调节器、感应调节器、电阻型分压器 5 种方式之一实现。

（2）步进变压器：试验电压是由交流电源（48~62 Hz）供电的步进变压器得到的。对低电压源的控制要满足试验电压平缓均匀，有变化且无过冲或瞬变，其电压增长值不能超过预期击穿电压的 2%。其加在绝缘油电池电极上的电压是一个近似正弦的波形，该峰值因数应在 $\sqrt{2}\pm7\%$ 范围内。变压器次级线圈中心点应接地。

（3）限流电阻：为保护设备和防止绝缘油在击穿瞬间的过度分解，需在试样杯的线路上串接一个电阻，以限制击穿电流。对于电压大于 15 kV 的情况，变压器及相关电路的短路电流应在 10~25 mA 以内，这一点可通过电阻与高压变压器的初级线圈、次级线圈之一或同时相连得以实现。

（4）切换系统：①基本要求：达到恒定电弧时，电路即自动断开，达到试样击穿电流时，步进变压器的初级线圈与断路器相连，并在 10 ms 内断开电压。如果在电极间发生瞬间火花，则手动断开电路。②对于硅油的特别要求：发生电弧放电时，硅油可能产生固体分解物，导致试验结果的误差。因此，应采取措施使在击穿放电中消耗的能量为最小。按上述要求限定电流，在 10 ms 内与步进变压器初级线圈相连，只适用于烃类测定。为了使硅油获得更满意的测定结果，可使用低阻抗变压器的初级线圈短路设备或能检测在几微秒内击穿的低压设备。这种设备可以是模拟装置，也可以是开关形式。使用此种设备，在击穿监测 1 ms 内步进变压器的输出电压应减至零，并按试验顺序在进行下一步试验前电压不得增大。

2. 测量仪器

（1）试验电压值定义为电压峰值除以 $\sqrt{2}$。

（2）该电压的测量可通过将峰值电压表或其他类型的电压表与测试变压器的输入端或输出端相连，或者上述提供的专用线圈相连来测量。使用时按标准校正，该标准应达到所需测量的全刻度。

（3）一种较满意的校正方法是变换标准法，此方法是将一种辅助测量设备置于连在高压电极的试验杯的位置，使其具有与装有试样的试样杯相同的阻抗，辅助测量设备可按原级标准独立校正。

3. 试验组件

（1）试样杯：①试样杯体积在 350~600 mL。②试样杯由绝缘材料制成，试样杯应透明，且对绝缘油及所用清洗剂具有化学惰性。③试样杯应带盖子，清洗与保养时易取出电极。试样杯见图 2-57 和图 2-58。

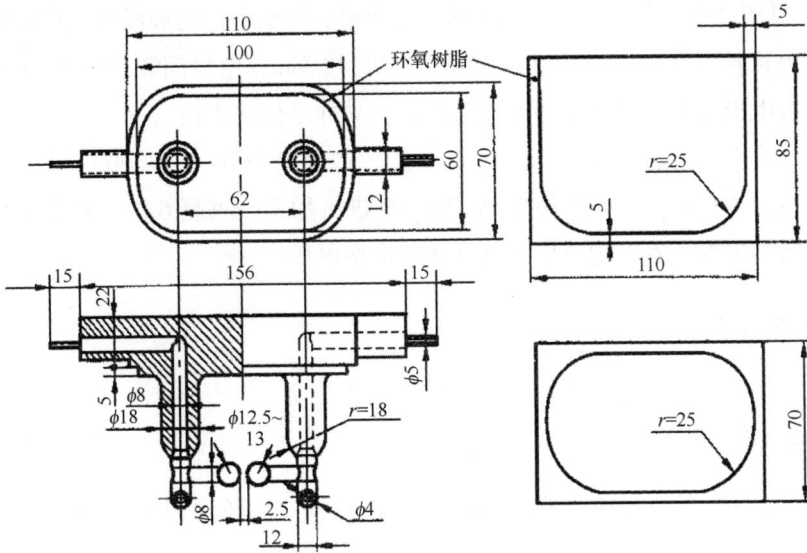

图 2-57　试样杯和球形电极（单位：mm）

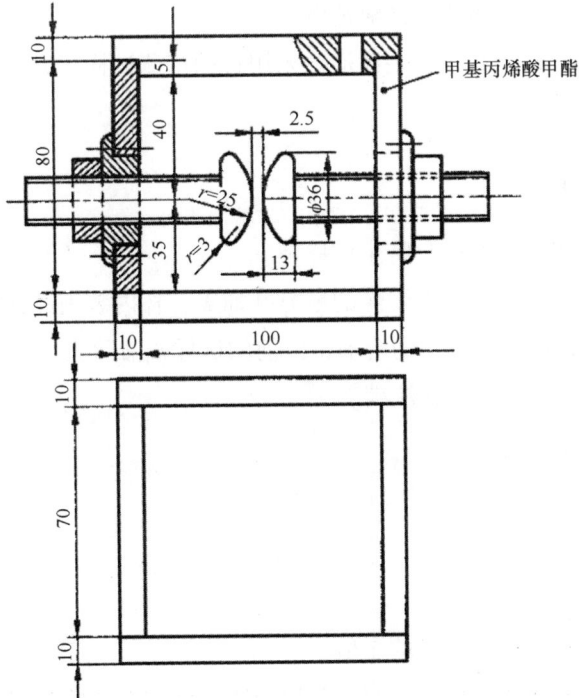

图 2-58　试样杯和球盖形电极示意图（单位：mm）

（2）电极：①电极由磨光的铜、黄铜或不锈钢材料制成，球形（直径 12.5 ～ 13.0 mm），见图 2-57，球盖形见图 2-58。电极轴心应水平，电极浸入试样的深度应至少为 40 mm。电极任一部分离杯壁或搅拌器不小于 12 mm，电极间距为 2.5 mm±0.05 mm。②应经常检查电极是否有损坏或凹痕，若有，应立即维修或更换。

击穿电压为电路自动断开（产生恒定电弧）或手动断开（可闻或可见放电）时的最大电压值。达到击穿电压至少暂停 2 min 后，再进行加压，重复 6 次，每个试样进行 6 次试验，取 6 次结果的算术平均值作为该试样的击穿电压。

五、准备工作

1. 电极制备

新电极、有凹痕的电极或未按正确方式存放较长一段时间的电极，使用前按下述方法清洗。

（1）用适当挥发性溶剂清洗电极各表面且晾干。

（2）用细磨粒、砂纸或细砂布来磨光。

（3）磨光后，先用丙酮再用石油醚清洗。

（4）将电极安装在试样杯中，装满清洁未用过的待测试样，升高电极电压至试样被击穿 24 次。

2. 试验组件的准备

（1）建议每一种绝缘油用一只特定试样杯。

（2）试验杯不用时，应保存在干燥的地方并加盖，杯内装满经常用的干燥绝缘油。在试验时若需改变样品，用一种适当的溶剂将以前的试样残液除去，再用干燥待测试样清洗装置，排出待测试样后再将试样杯注满。

六、取样

1. 样品容器

（1）样品体积约为试样杯容量的 3 倍。

（2）样品容器最好使用棕色玻璃瓶。若用透明玻璃应在试验前避光储藏，也可用不与绝缘油作用的塑料容器，但不能重复使用。为了密封应使用带聚乙烯或聚四氟乙烯材质垫片的螺纹塞。

（3）应先用适当的溶剂清洗容器和塞子，以除去上次残液，再用丙酮清洗，最后用热空气吹干。

（4）清洗后，立即盖好盖子备用。

2. 取样

（1）新油或用过绝缘油应按照《石油液体手工取样法》（GB/T 4756—2015）要求取样。

（2）取样时，应留出3%的容器空间。

（3）击穿电压的测试对试样中微量的水或其他杂质相当敏感，需要专用采样器采样，以防止试样的污染。取绝缘油最易带来杂质的地方，一般为容器底部，因此取样时必须注意。

七、试验步骤

进行试验时，试样一般不进行干燥或排气（除非产品或测试要求），在整个试验过程中，试样温度和环境温度之差不大于5℃。仲裁试验时试样温度应为20℃±5℃。

1. 试样准备

试样在倒入试样杯前，轻轻摇动翻转盛有试样的容器数次，以使试样中的杂质尽可能均匀而又形成气泡，避免试样与空气不必要的接触。

2. 装样

试验前应倒掉试样杯中原来的绝缘油，立即用待测试样清洗杯壁、电极及其他各部分，再缓慢倒入试样，并避免生成气泡。测量并记录试样温度。

3. 加压操作

（1）第一次加压是在装好试样并检查完电极间无可见气泡5 min之后进行的，在电极间按2.0 kV/s±0.2 kV/s的速率缓慢加压至试样被击穿，击穿电压为电路自动断开（产生恒定电弧）或手动断开（可闻或可见放电）时的最大电压值。

（2）记录击穿电压值，达到击穿电压至少暂停2 min后，再进行加压，重复6次。注意电极间不要有气泡，若使用搅拌方式，则必须在整个试验过程中不间断地搅拌。

（3）计算6次击穿电压的平均值。

八、报告

（1）报告击穿电压的平均值作为试验结果，以kV表示。

（2）报告还应包括：样品名称、每次击穿值、电极类型、电压频率、油温、所用搅拌器型号（若选用）。

九、试验数据分散性

单个击穿电压的分布取决于试验结果的数值，图 2-59 是由几个实验室用变压器油测得的大量数据得出的变异系数（标准偏差/平均值）。图中实线显示的是变异系数的中间值与平均值的函数分布，虚线显示的是 95% 置信区间内变异系数与平均值的函数分布。

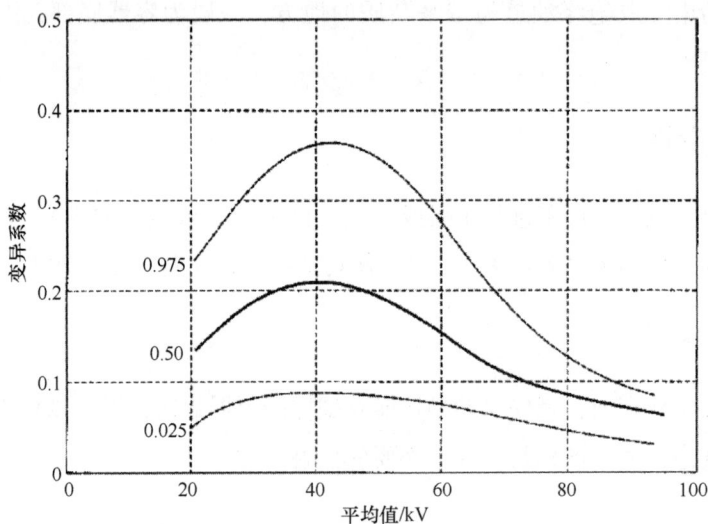

图 2-59　变异系数（标准偏差/平均值）与平均电压间的关系

击穿电压的高低可以反映出绝缘油的洁净程度。击穿电压通常用来评价绝缘油被水和其他悬浮物质物理污染的程度、绝缘油的进厂检验以及判断注入设备前是否需要采取必要的措施进行干燥和过滤处理。

十、思考题

（1）请简述测定变压器油耐电压性能有何意义。

（2）影响变压器油耐电压性能的因素有哪些？

试验三十　电感耦合等离子体发射光谱法测定润滑油及添加剂中添加元素含量

一、试验目的

（1）了解电感耦合等离子体发射光谱法工作原理；

（2）了解润滑油、润滑油添加剂及在所用润滑油中所含元素的类型；

（3）掌握利用ICP测定发动机润滑油或发动机油添加剂中的钙、锌、镁的含量操作过程及注意事项。

二、工作原理及方法概要

1. 原子发射光谱原理

一般情况下，原子处于基态，通过电致激发、热致激发或光致激发等激发过程，原子获得能量，外层电子从基态跃迁到较高能态变为激发态，约经 10^{-8} s，外层电子就从高能级向较低能级或基态跃迁，多余能量的发射可得到一条光谱线，如图2-60所示。

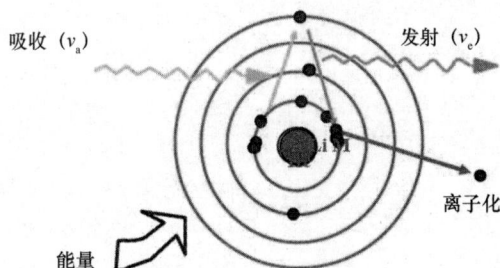

图2-60　原子发射光谱示意图

原子发射光谱法是根据处于激发态的待测元素原子回到基态时发射的特征谱线对待测元素进行分析的方法。

原子发射光谱法包括了3个主要的过程：①光源提供能量使样品蒸发；②形成气态原子；③进一步使气态原子激发而产生光辐射。将光源发出的复合光经单色器分解成按波长顺序排列的谱线，形成光谱。

用检测器检测光谱中谱线的波长和强度，由于待测元素原子的能级结构不同，因此发射谱线的特征不同，据此可对样品进行定性分析；而根据待测元素原子的浓度不同，因此发射强度不同，可实现元素的定量测定。

2. 方法概要

润滑油样品在压力溶弹内用过氧化氢和硝酸预处理成酸性水溶液，采用灰化（易挥发性元素的有损失问题）或其他前处理方式处理后，用电感耦合等离子体发射光谱仪（ICP-AES）测定试样溶液中的元素含量。

三、意义与用途

钙、锌、镁、硫、磷、钡、硼、锂、钴等元素是润滑油及润滑油添加剂中的常见元素，其含量是表明润滑油性质的重要参数。

对在用润滑油进行元素分析可以较准确掌握设备润滑状态及设备磨损情况。一般采用灰化法或其他方法进行样品的前处理后进行快速测定。

四、仪器

（1）电感耦合等离子体发射光谱仪：顺序扫描或全谱直读的电感耦合等离子体发射光谱仪均可使用。测定硫、磷时，需要用 190 nm 以下的谱线，要求仪器具有光路抽真空或驱气功能。工作示意图见图 2-61。

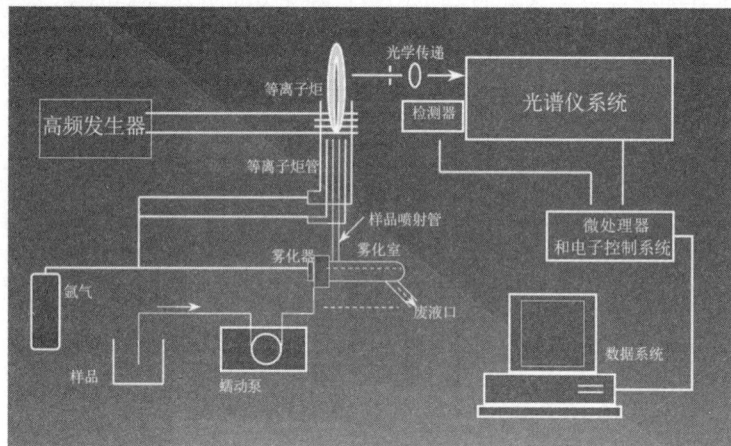

图 2-61 ICP-AES 工作示意图

（2）压力溶弹：容量为 50 mL，外筒为 1Cr18Ni9Ti 不锈钢材质，内杯为聚四氟乙烯材质，推荐使用温度小于 180℃。最高承载压力 5 MPa。压力溶弹结构示意图见图 2-62。

（3）干燥设备：烘箱，恒温 150℃±5℃；程序升温高温炉，最高温度可达 1 000℃；电炉。

（4）天平：感量为 0.1 mg。

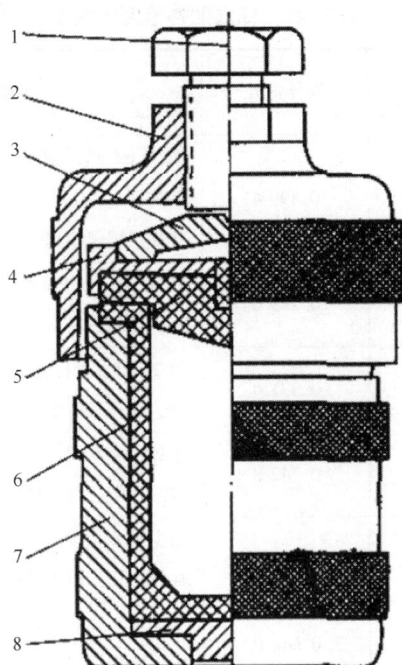

图 2-62　压力溶弹结构示意图

1—螺栓；2—外筒盖体；3—垫片；4—内杯上压盖；5—内杯杯盖；

6—内杯杯体；7—外筒筒体；8—内杯下托底

（5）其他：陶瓷坩埚，50 mL；容量瓶，25 mL 和 50 mL；移液管，1 mL、5 mL 和 10 mL。

五、试剂与材料

硝酸，优级纯；盐酸，优级纯；过氧化氢（30%），分析纯；高氯酸，优级纯；超纯水；氩气，纯度 99.996% 以上，压力 550~825 kPa；干燥洁净空气，压力 550~825 kPa。

六、准备工作

（1）标准贮备溶液：根据标准物质配制方法自行配制或购买 1 000 mg/L 钙、锌、镁、磷、钡、硼、锂、钴的单元素标准贮备溶液。配制方法见表 2-41。

注：表 2-41 提供的配制方法仅供参考，表中试剂纯度为光谱纯或不低于 99.9%，对于试剂纯度较低或不能进行干燥的化合物，配制成溶液后应与国家标准溶液进行校对。

表 2-41 标准贮备溶液的配制

元素	试剂	干燥条件		称样量/g	溶解条件	稀释体积/mL
		温度/℃	时间/h			
钙	CaCO$_3$	120	2	0.499 4	加 20 mL 水，滴加 1:1 盐酸至溶解后再过量少许，盖上表面皿，加热煮沸除去 CO$_2$，冷却后用水稀释	200
锌	ZnO	550	2	0.249 0	加 20 mL 1:1 盐酸，盖上表面皿，加热溶解，冷却后用水稀释	200
镁	MgO	700	2	0.331 6	加 20 mL 1:1 盐酸，盖上表面皿，加热溶解，冷却后用水稀释	200
磷	NH$_4$H$_2$PO$_4$	—	—	0.742 8	加 20 mL 1:1 硝酸，盖上表面皿，加热溶解，冷却后用水稀释	200
钡	BaCl$_2$	110	2	0.303 3	加少量水湿润，加入 20 mL 盐酸，晃动，常温溶解，用水稀释	200
硼	B$_2$O$_3$	干燥器中	3	0.644 0	加少量水湿润，加入 20 mL 硝酸，微热溶解，冷却后用水稀释	200
锂*	LiCl	105	2	1.221 8	滴加 10% 盐酸至溶解，用水稀释	200

注：*吸水性强，称量应快速。

（2）配制混合标准溶液（100 mg/L）：各取 5 mL 钙、锌、镁、磷、钡、硼、锂标准贮备溶液于一个 50 mL 容量瓶中，用水稀释到刻度。

（3）配制混合标准工作曲线溶液（0 mg/L、5 mg/L、10 mg/L 和 20 mg/L）：分别移取 0 mL、2.5 mL、5 mL 和 10 mL 混合标准溶液于 4 个 50 mL 容量瓶中，各加入 5 mL 硝酸，用水稀释到刻度。

七、试验步骤

1. 样品预处理

（1）压力溶弹法：准确称取 0.1~0.5 g 试样（精确至 0.1 mg）于聚四氟乙烯杯内，加入硝酸 3 mL，30% 过氧化氢 3 mL，把聚四氟乙烯杯放入压力溶弹外筒内，拧紧螺栓，放入 150℃±5℃ 的烘箱内，恒温 5~6 h。切断电源，使压力溶弹在烘箱内自然冷却至室温。从烘箱内取出压力溶弹，将已处理好的试样剂转入 25 mL 的容量瓶内，聚四氟乙烯杯至少用水洗涤 3 次，洗涤液均倒入容量瓶，用水稀释到刻度。

注意：压力溶弹未冷却至室温前，温度及内部压力均较高，不能从烘箱内取出或拧开螺栓，否则可能会导致烫伤或酸灼伤。

（2）灰分法。

1）程序升温灰化：取恒重好 50 mL 陶瓷坩埚一只（坩埚与盖均恒重），准确称取混合均匀的润滑油 1.000～2.000 g，放入高温炉进行灰化，升温程序见表 2-42。

表 2-42 样品灰化控制程序

起始温度/℃	保持温度/℃	升温时间/min	保持时间/min
室温	350	10	15
350	450	5	20
室温	700[a]	15	30

注：a 高温炉温度范围 550～850℃时，若测定润滑油添加剂则可能需要加温度至 850℃。

当温度升至 450℃时，应微开高温炉门，观察坩埚内样品是否燃烧，维持平稳燃烧状态，待坩埚内试样不再燃烧后，取出样品自然冷却。滴加硝酸 3～5 滴，盖上坩埚盖后将其转移进高温炉中，升温至 700℃，保温 30 min 后取出冷却，加硝酸 5 mL，高氯酸 2.5 mL，在控温电热板上预加热，反应平稳后（约需 10 min），升温至 200℃，待高氯酸冒白烟，盖上表面皿，保持高氯酸冒烟状态 20 min 左右。待所有炭黑氧化完全，去掉表面皿，蒸干后加入硝酸 2.5 mL，用超纯水定容至 50 mL 容量瓶中待用。

2）间接灰化法：取 50 mL 陶瓷坩埚一只（坩埚与盖均恒重），准确称取混合均匀的润滑油 1.000～2.000 g，在坩埚中放入合适大小的定量滤纸后放在加热的电炉（或电热板）上加热，待温度升高至约 140℃后点燃滤纸至燃烧完全。此后，采用 1）的办法进行其余操作。

说明：可采用其他办法进行样品的前处理，如微波消解法；灰化法进行前处理，可能存在损失而造成结果偏低。

2. 仪器操作与调节

（1）打开空气压缩机开关，调节压力到 550～825 kPa。

（2）接通高纯氩气气源，调节压力到 550～825 kPa。

（3）检查气路与液体样品进出口管路是否正确安装。

（4）打开 ICP 控制电源并与控制系统联机。

（5）ICP 点炬。

按照仪器操作手册中的说明调节仪器参数，调整雾化器流量及进样速度等，点炬，检查仪器是否正常工作，选取观测方式（径向或轴向）。测定元素所用的波长见表 2-43。

表 2-43 测定元素及波长表

元素	波长/nm
钙	315.887, 317.933
锌	206.200, 334.502
镁	279.800, 280.270
磷	178.222, 213.618
钡	233.527, 455.403
硼	208.889, 249.678
锂	460.289, 610.365

3. 建立标准工作曲线

依次吸入空白和标准工作曲线溶液（浓度由低到高），建立标准工作曲线。

4. 测定结果

吸入待测试样溶液，得到测定结果。

八、计算

试样中各元素的含量 C%（质量分数）按下式计算，精确至 0.01%

$$C = \frac{V \times S}{10\ 000\ m} \tag{2-59}$$

式中，C 为试样中各元素的含量（质量分数），%；V 为稀释体积，mL；S 为从标准工作曲线中读出的试样溶液中的元素浓度，mg/L；m 为称取试样质量，mg。

九、精密度

（1）重复性（r）：同一操作者，用同一台仪器，在恒定的操作条件下，对同一试样连续测定的两个试验结果之差不应超过表 2-44 所列数值。

（2）再现性（R）：不同实验室工作的不同操作者，对同一试样所测定的两个独立的试验结果之差不应超过表 2-44 所列数值。

表 2-44 精密度

元　素	含量范围（%）	重复性（r）（%）	再现性（R）（%）
钙	0.04~4.82	$0.118X_1^{0.735}$	$0.196X_2^{0.542}$
锌	0.03~3.62	$0.082X_1^{0.860}$	$0.194X_2^{0.752}$

元　素	含量范围（%）	重复性（r）（%）	再现性（R）（%）
镁	$0.01 \sim 1.48$	$0.092X_1^{0.782}$	$0.305X_2^{0.773}$
磷	$0.03 \sim 2.92$	$0.060X_1^{0.876}$	$0.319X_2^{0.827}$
钡	$0.02 \sim 2.87$	$0.050X_1^{0.887}$	$0.190X_2^{0.843}$
硼	$0.02 \sim 1.37$	$0.079X_1^{0.900}$	$0.298X_1^{0.991}$
锂	$0.04 \sim 0.67$	$0.050X_1^{0.594}$	$0.170X_2^{0.755}$

注：X_1 为两个结果的平均值，%；X_2 为两个独立试验结果的平均值，%。

十、思考题

（1）电感耦合等离子体发射光谱的工作原理是什么？电感耦合等离子体发射光谱仪的检出限在何数量级？

（2）氩气在电感耦合等离子体发射光谱仪中的作用是什么？

试验三十一　有机化学品中碳、氢、氮、硫含量的元素分析仪测定法

一、试验目的

（1）了解有机元素分析仪的工作原理；

（2）掌握利用有机元素分析仪测定石油及液体、固体石油产品的方法；

（3）掌握有机元素分析仪测定石油及液体、固体石油产品的操作过程及注意事项。

二、测定原理

有机元素分析仪基于杜马斯燃烧法测定有机化学品（石油及石油产品）中的碳、氮、氢、硫。在高温有氧条件下，有机物均可发生燃烧，燃烧后其中的有机元素分别转化为相应稳定形态，如 CO_2、H_2O、N_2、SO_2 等。具体反应如下

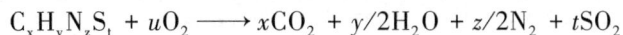

$$C_xH_yN_zS_t + uO_2 \longrightarrow xCO_2 + y/2H_2O + z/2N_2 + tSO_2$$

三、方法概要

试样在纯氧的条件下进行高温燃烧，生成二氧化碳、水蒸气、硫氧化物、氮氧化物及氮。将这些混合气体以氦气为载气，通过热铜管除去剩余的氧，将氮氧化物还原成氮，三

氧化硫还原成二氧化硫。然后这些混合气体通过加热的吸附-解吸附柱或通过其他合适的吸收方法分离出 N_2、CO_2、H_2O 和 SO_2，再通过适当的检测器检测并分别计算得出它们的含量。

四、仪器与试剂材料

1. 仪器

（1）分析天平：精度 0.001 mg。

（2）元素分析仪：一种能同时分析碳、氢、氮、硫元素的检测仪器，包括加氧装置、加热炉和反应管、混合气体分离部件、检测器 4 大部分。

根据样品所含元素和测试目的可分为 CHNS/CNS/S 含硫和 CHN/CN/N 不含硫两类模式进行测定。

2. 试剂与材料

除非另有说明，在分析中仅使用确认为化学纯以上纯度的试剂。

（1）标准物质：用来校准仪器的参考物质，表 2-45 列举了大部分用来校准仪器的有机化合物，使用者也可用其他合适的有机化合物作为校准物质。

表 2-45　标准物质

名称	分子式	w（C）%	w（H）%	w（N）%	w（S）%
N-乙酰苯胺	C_8H_9NO	71.09	6.71	10.36	—
阿托品	$C_{17}H_{23}NO_3$	70.56	8.01	4.84	—
苯甲酸	$C_7H_6O_2$	68.84	4.95	—	—
2,4-二硝基苯环己酮	$C_{12}H_{14}N_4O_4$	51.79	5.07	20.14	—
胱氨酸	$C_6H_{12}N_2O_4S_2$	29.99	5.03	11.66	26.69
联苯	$C_{12}H_{10}$	93.46	6.54	—	—
乙二胺四乙酸	$C_{10}H_{16}N_2O_8$	41.10	5.52	9.59	—
咪唑	$C_3H_4N_2$	52.92	5.92	41.15	—
尼克酸	$C_6H_5NO_2$	58.53	4.09	11.38	—
硬脂酸	$C_{18}H_{36}O_2$	75.99	12.76	—	—
丁二酰胺	$C_4H_8N_2O_2$	41.37	6.94	24.13	—
蔗糖	$C_{12}H_{22}O_{11}$	42.10	6.48	—	—
磺胺	$C_6H_8N_2O_2S$	41.84	4.68	16.27	18.62
三乙醇胺	$C_6H_{15}NO_3$	48.30	10.13	9.39	—
磺胺嘧啶	$C_{10}H_{10}N_4O_2S$	47.99	4.03	22.39	12.81

名称	分子式	w (C)%	w (H)%	w (N)%	w (S)%
磺胺酸	$C_6H_7NO_3S$	41.61	4.07	8.09	18.50
氨基硫脲	CH_5N_3S	13.18	5.53	46.11	35.18
苯基异硫脲	$C_8H_{11}ClN_2S$	47.40	5.47	13.82	15.82
苯基丙氨酸	$C_9H_{11}NO_2$	65.44	6.71	8.48	—

（2）其他试剂与材料

高纯氧（纯度高于 99.995% 的氧气）、高纯氦气（纯度高于 99.995% 的氦气）、石英棉、脱脂滤棉、铜粉、银棉或者银丝、带指示剂的五氧化二磷、高氯酸镁、乙醇、铬酸铅、氧化钙、三氧化钨、氧化铜、三氧化铬、刚玉球、锡箔及银箔。

五、取样

按照《石油液体手工取样法》（GB/T 4756—2015）或《化工产品采样总则》（GB/T 6678—2003）规定，取得代表性样品。

六、仪器准备

1. 仪器测试条件设定

（1）典型测试温度：典型的测试温度见表 2-46。

表 2-46　典型测试温度

模式	CHNS/CNS/S	CHN/CN/N
燃烧炉/℃	1 150	950
还原炉/℃	850	550

（2）典型的气体流量：将作为载气的氦气在减压阀上预先设置至约 2.0 bar（1 bar = 10^5 Pa），燃烧气体氧气预先设置至约 2.5 bar，以便正确调节仪器入口处的压力。按仪器要求正确调整入口处的压力，加氧量可因测试样品可燃烧性的不同作适当调整，气流在整个测试过程中必须保持稳定。气流的典型设置如下：

被测气体流速 200 mL/min；氦气 200 mL/min；氧气 28～30 mL/min。

2. 仪器校准

（1）空白值的确定：按照仪器测试条件中典型的测试温度与气体流速的条件进行空白

试验，空白值测定不需加样，空白值的限定应根据所使用仪器技术要求，应在规定的峰面积值以内。

（2）用表 2-45 中的标准物质，根据设备制造商提供的标准化操作程序来校准仪器。标准物质各元素的测试结果应在理论值的±1%以内。通常选取磺胺吡啶作为基准物质。

3. 燃烧管/柱的准备

（1）清洗干燥：清洗所有石英和玻璃部件，先后用肥皂水、水、乙醇清洗，干燥。在燃烧管/柱子安装之前用乙醇除去指纹，安装时可戴上无麻棉手套防止在管/柱子上留下指纹。

（2）填充。

1）燃烧管/柱：按仪器说明书要求填充燃烧管/柱，所用材料有三氧化钨、氧化铜、三氧化铬、石英棉、刚玉球、铬酸铅、氧化钙等，按一定要求依次填充。

2）还原管/柱：按仪器说明书要求填充还原管/柱，所用材料有铜粉、石英棉、银棉、刚玉球等，按一定要求依次填充。

3）干燥（吸收）管/柱：根据仪器不同型号，干燥（吸收）管/柱有直形和 U 字形，用来吸收载气中的 CO_2 和 H_2O。根据吸收分离对象填充吸收材料，所用材料有脱脂过滤棉、带指示剂的五氧化二磷、高氯酸镁、氢氧化钠等。使用带指示剂的五氧化二磷，如 3/4 的指示剂变色，干燥剂必须更换。

3. 气体安装连接

安装连接上氧气和氦气。

七、试验步骤

1. 称样

根据使用仪器碳、氢、氮、硫元素测试范围，用锡罐（或银）称取均匀的合适试样量，精确至±0.001 mg，镊子将锡（或银）小罐卷包起来，在确保不泄漏的情况下尽可能缩小包装体积。

将称量好的标准物质及待测试样按照顺序放置到自动进样盘中。其中空白样为 2~4 个，基准物质 3 个左右（从表 2-45 中选取）。待测物质同一试样一般称量 3 个。

2. 仪器设定操作条件

按照仪器准备的要求设定测试温度与氦气、氧气流量，启动仪器进行升温。

3. 样品测试

待仪器的温度达到测试要求时，进行样品测试。

（1）测试空白值。

（2）测试标准物质：测试标准物质的主要作用是对仪器条件进行优化，再用优化的条件对选用的标准物质进行测试 3 次，用 K 因子或线性回归进行仪器校准。

至少选用一个标准物质作为试样做一次验证试验，判别曲线是否正确，各元素的测试结果应在理论值的 ±1% 以内，否则重新校准。

（3）测试待测样品：采用优化条件进行样品的测试。

八、结果计算

试样中碳、氢、氮或硫含量（%），按下式计算

$$w_A = (B \times m_E \times w_F)/(C \times m_D) \tag{2-60}$$

式中，w_A 为样品中碳、氢、氮或硫含量（质量分数），%；B 为除去空白后样品碳、氢、氮或硫的响应值；m_E 为标准样品质量，mg；w_F 为标样中碳氢、氮或硫含量（质量分数），%；C 为除去空白后标准样品碳、氢、氮或硫的响应值；m_D 为样品质量，mg。

注：上述结果可由仪器分析系统自动计算得出。

九、报告

报告中碳、氢、氮、硫含量以样品的质量分数表示（%），精确至 0.01%。

十、精密度

（1）重复性（r）：同一操作者使用同一仪器，在相同的试验条件下对同一测试样品重复测定所得两个结果绝对差值不应超过表 2-47 重复性限。

（2）再现性（R）：不同的操作者在不同的实验室对同一测试样品进行测定，所得的两个独立的结果绝对差值不应超过表 2-47 再现性限。

表 2-47　重复性限和再现性限

项目	质量分数（%）	重复性限 r（%）	再现性限 R（%）
碳	13~69	0.061	$0.006\,4\overline{w}$
氢	4~8	0.097	$0.039\overline{w}$
氮	5~46	0.051	$0.031\overline{w}$
硫	8~36	0.128	0.528

注：$\overline{w}$ 为两次独立结果的平均值。

十一、思考题

（1）简述有机元素分析仪测定石油产品中氮含量的原理。

（2）利用有机元素分析仪测定石油及石油产品中碳、氮含量时应注意的问题有哪些？

（3）请说明现有测定石油及石油产品中氮、硫含量的标准（或方法）有哪些，简述这些标准（方法）的测定原理。

第三章　润滑脂分析

试验一　润滑脂滴点测定法

一、试验目的

（1）了解润滑脂滴点的定义；

（2）掌握测定润滑脂滴点的操作过程与注意事项。

二、润滑脂滴点的定义及测定意义

1. 定义

润滑脂在规定的条件下加热，润滑脂随温度的升高而变软，从仪器的脂杯中滴下第一滴或成柱状触及试管底部时的温度（从固态变成液态的温度点），称为润滑脂的滴点。润滑脂滴点为润滑脂的重要指标之一，它是润滑脂耐温性能指标。

2. 测定意义

（1）滴点可以确定润滑脂使用时允许的最高温度。一般来讲，润滑脂应在低于滴点20~30℃温度下工作。

（2）根据测定的滴点再配合外观指标鉴别，大致可以判断润滑脂的品种。如钙基润滑脂的滴点为70~100℃，钙钠基润滑脂的滴点为120~150℃，钠基润滑脂的滴点为130~160℃，锂基润滑脂的滴点为170~200℃，复合钙基润滑脂的滴点为230~260℃，复合锂基润滑脂的滴点大约260℃和复合铝基润滑脂的滴点为250~260℃。

三、方法概要

将润滑脂装入滴点计的脂杯中，在规定的条件下，润滑脂在试验过程中达到一定流动性的温度。

四、仪器

（1）脂杯：镀铬黄铜杯，尺寸如图3-1所示。

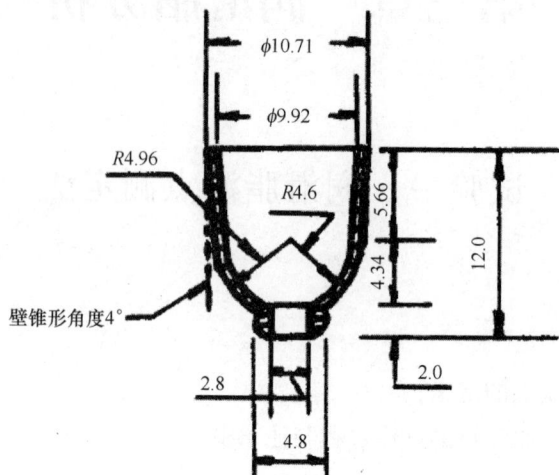

图 3-1　脂杯（单位：mm）

（2）试管：带边耐热硅酸硼玻璃试管，在圆周上有用来支撑脂杯的3个凹槽，其位置和尺寸见图3-2。

（3）温度计：分浸，规格要求见表3-1，要求温度计在检定有效期内。

表 3-1　试验温度计的规格情况

项目	数值
温度范围/℃	−5～300
浸入深度/mm	76
分度值/℃	1
长线刻度/℃	5
大格刻度/℃	10
刻度误差不超过/℃	1
总长度/mm	390±5
棒径/mm	6.5±0.5
水银球长/mm	10～15
球直径/mm	5.5±0.5
球底部到0℃刻线的距离/mm	100～110
球底部到300℃刻线的距离/mm	329～358

（4）附件：油浴（由 1 只 600 mL 烧杯和合适的油组成）、环形支架和环（用来支撑油浴）、温度计夹、软木塞（图 3-2）、抛光金属棒（直径 1.2~1.6 mm，长度 150 mm）、加热器（通过一个由控制电压调节的浸入式电阻加热器来加热）、搅拌器。

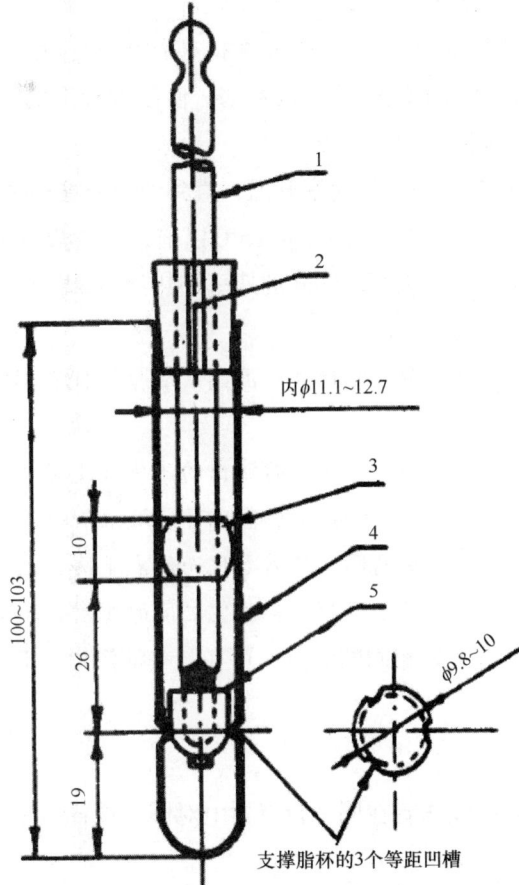

图 3-2 滴点测定仪器装配图（单位：mm）

1—温度计；2—软木塞上的透气槽口；3—软木导环，环与试管之间的总间隙约 1.5 mm；

4—试管；5—脂杯

五、操作步骤

（1）装配试验仪器时，按照图 3-2 将两个软木塞套在温度计上，调节上面软木塞的位置，使温度计球的顶端离脂杯底约 3 mm。在油浴中吊挂第二支温度计，使其球与试管中温度计的球部位于大致一样的水平面上。

注意：温度计球部不能堵塞脂杯的小孔且不能与试验脂杯接触。

（2）取下脂杯，并将脂杯大口压入试样，直到脂杯装满试样为止，用刮刀除去多余的试样。在底部小孔垂直位置拿着脂杯，轻轻按住杯，向下穿抛光金属棒，直到棒伸出约25 mm。使棒以接触杯的上下圆周边的方式压向脂杯。保持这样的接触，用食指旋转棒上脂杯，使它螺旋状向下运动，以除去棒上黏附着呈圆锥形的试样，当脂杯最后滑出棒的末端时，在脂杯内侧应留下一厚度可重复的光滑脂膜。

（3）将脂杯和温度计放入试管中，把试管挂在油浴里。使油面距试管边缘不超过6 mm。应适当地选择试管里固定温度计的软木塞，使温度计上的 76 mm 浸入标记与软木塞的下边缘一致。把组合件浸入到这一点。

（4）搅拌油浴，按 4~7℃/min 的速率升温，直到油浴温度达到比预期滴点约低 17℃。然后，降低加热速率，使在油浴温度再升高 2.5℃ 以前，试管里的温度与油浴温度的差值在 2℃ 范围内。继续加热，以 1~1.5℃/min 的速率加热油浴，使试管中温度和油浴中温度之间的差值维持在 1~2℃ 之间。

当温度继续升高时，试样逐渐从脂杯孔中流出。从脂杯孔滴出第一滴流体时，立即记录两个温度计上的温度。

注：①某些脂，如一些铝基脂，在熔融时滴出的流体总是呈线状，它可能断裂也可能保持直到滴落到试管的底部为止；在后一种情况下，记录流体到达试管底部时的温度。②有些脂的滴点，特别是含有铝皂的脂，随着老化而滴点下降，这种滴点变化比在不同实验室里所得结果的允许误差大得多，因此，实验室之间的比对试验必须在 6 d 内完成。

（5）假如两个试样具有大致相同的滴点，可在同一油浴里同时进行测定。

六、精密度

（1）重复性（r）：同一操作者在同一台仪器上对同一试样重复测定，两次结果间的差数不应超过 7℃。

（2）再现性（R）：不同操作者在不同实验室对同一试样进行测定，各自提出的结果之差不应超过 13℃。

七、报告

以油浴温度计与试管里温度计的温度读数的平均值作为试样的滴点。

八、思考题

（1）测定润滑脂滴点有何意义？润滑脂的滴点与使用温度关联程度如何？
（2）不同类型（皂基）润滑脂的滴点范围是否一致？请举例说明。

试验二 润滑脂和石油脂锥入度测定

一、试验目的

（1）了解润滑脂与石油脂锥入度、工作锥入度、不工作锥入度、延长工作锥入度等的定义；

（2）了解测定润滑脂与石油脂锥入度、工作锥入度、不工作锥入度、延长工作锥入度等方法与试验条件；

（3）掌握测定润滑脂锥入度、工作锥入度、不工作锥入度、延长工作锥入度的操作步骤与注意事项。

二、定义

（1）锥入度：在规定的负荷、时间和温度的条件下，锥体刺入试料的深度。单位以0.1 mm 表示。

（2）工作：使润滑脂受到润滑脂工作器的剪切作用。

（3）不工作锥入度：试料在尽可能少搅动情况下，从样品容器转移到工作器脂杯中测定的锥入度。

（4）工作锥入度：试料在润滑脂工作器中经 60 次往复工作后测定的锥入度。

（5）延长工作锥入度：试料在润滑脂工作器中多于 60 次往复工作后测定的锥入度。

（6）块锥入度：试料在没有容器情况下，具有保持其形状的足够硬度时测定的锥入度。

三、方法概要

（1）润滑脂锥入度是在 25℃ 时，将锥体组合件从锥入度计上释放，使锥体下落 5 s，并测定其刺入深度。

（2）不工作锥入度是使试料在尽可能少搅动下移入适宜于试验用的容器中进行测定。

（3）工作锥入度是使试料在润滑脂工作器中 60 次往复工作后进行测定。

（4）延长工作准入度是使试料在润滑脂工作器中多于 60 次往复工作后进行测定。

（5）块锥入度是用润滑脂切割器切割块状润滑脂，在新切割的立方体表面上进行测定。

（6）石油脂锥入度是将试样首先按规定条件熔化和冷却，然后，按润滑脂锥入度测定方法进行测定。

四、仪器与设备

1. 锥入度计

锥入度计如图 3-3 所示，设计成能测定锥体刺入试样的深度，以 0.1 mm 为单位。锥入度计的锥体组合件或平台必须能精确调节锥尖位于润滑脂平面上时其指示器读数指零。当释放锥体时，至少能下落 62 mm，且无明显摩擦。锥尖应不能碰击试样容器底部。仪器应带有水平调节螺丝和酒精水平仪，以保持锥杆处于垂直位置。

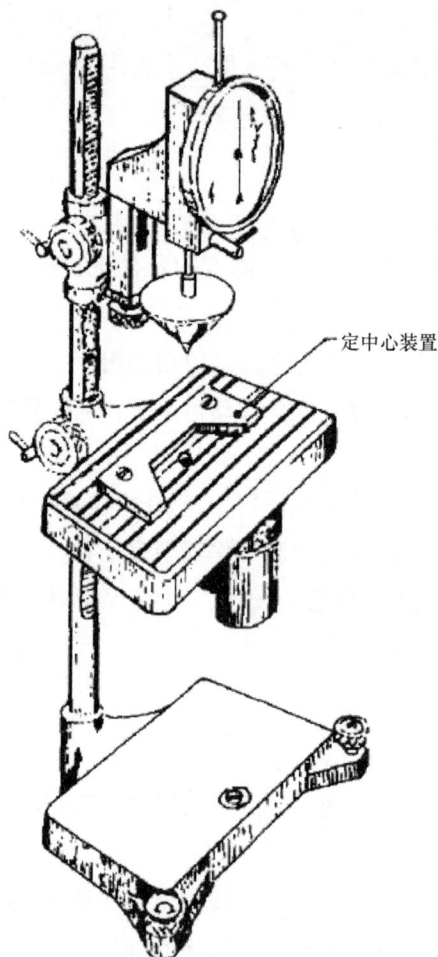

图 3-3　锥入度计

注：此为组合图，通常锥体组合件或者平台能够垂直移动

2. 锥体

（1）全尺寸锥体和锥杆：锥体由镁或其他适宜材料制造的圆锥体和可拆卸的淬火钢尖组成，其尺寸和公差如图3-4所示。锥体总质量为102.5 g±0.05 g。由刚性杆组成的锥杆其上端有一"台阶"，其下端有一连接锥体的适当结构。只要锥体总的外形及质量分布不变，允许修改内部结构，以达到规定质量。外表面应抛光，使其非常光滑。

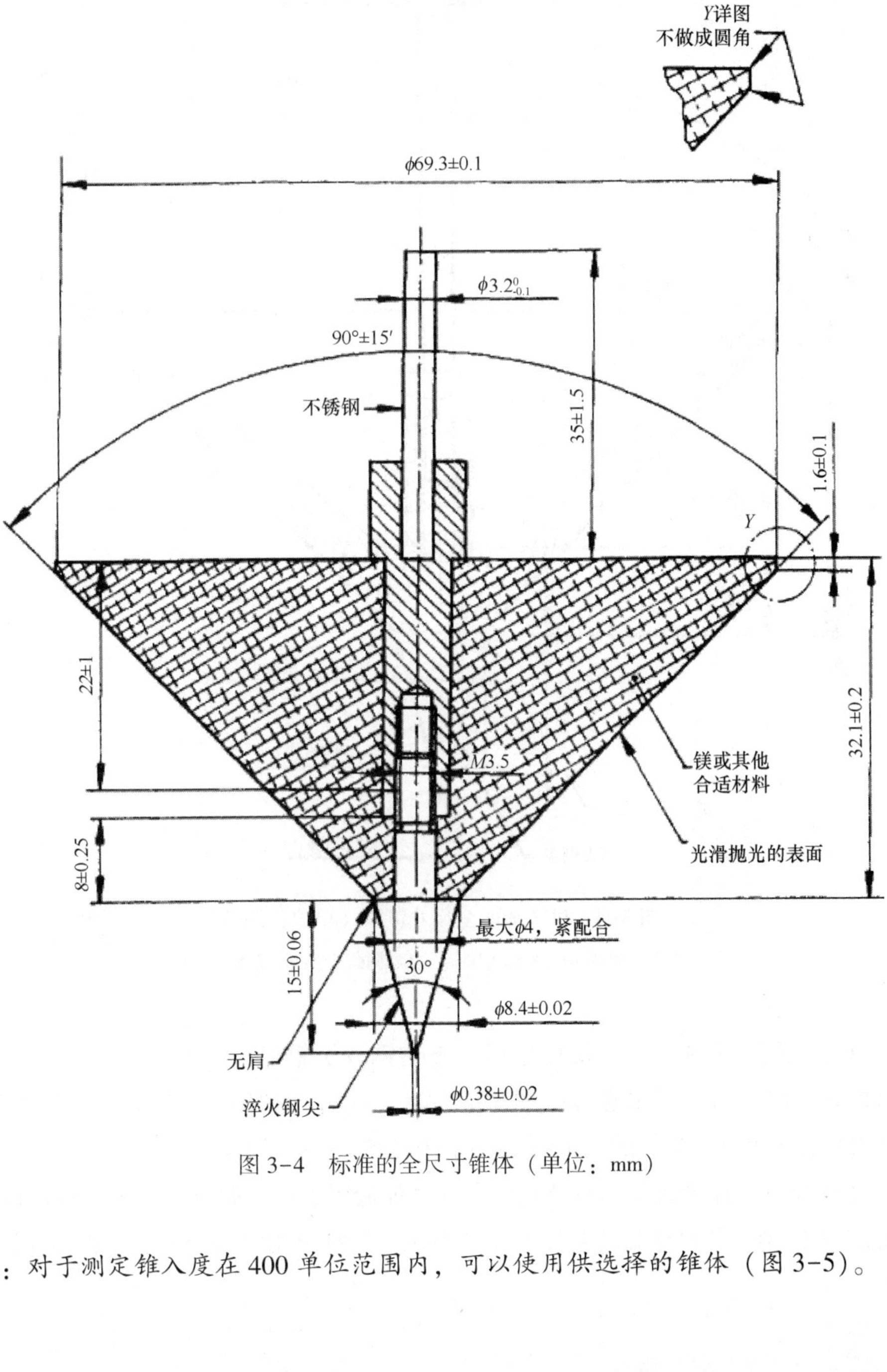

图3-4　标准的全尺寸锥体（单位：mm）

注：对于测定锥入度在400单位范围内，可以使用供选择的锥体（图3-5）。

X详图
去掉全部锐角边

φ65±0.25

$\phi 3.2^{0}_{-0.1}$

90°±15′

不锈钢

最小1.6

X

加工至
要求质量

62±0.25

铜或不锈钢

M3.5

光滑
抛光的表面

29±0.5

8±0.25

15±0.05

最大φ4，紧配合

30°

φ8.4±0.02

无肩

淬火钢尖

φ0.38±0.02

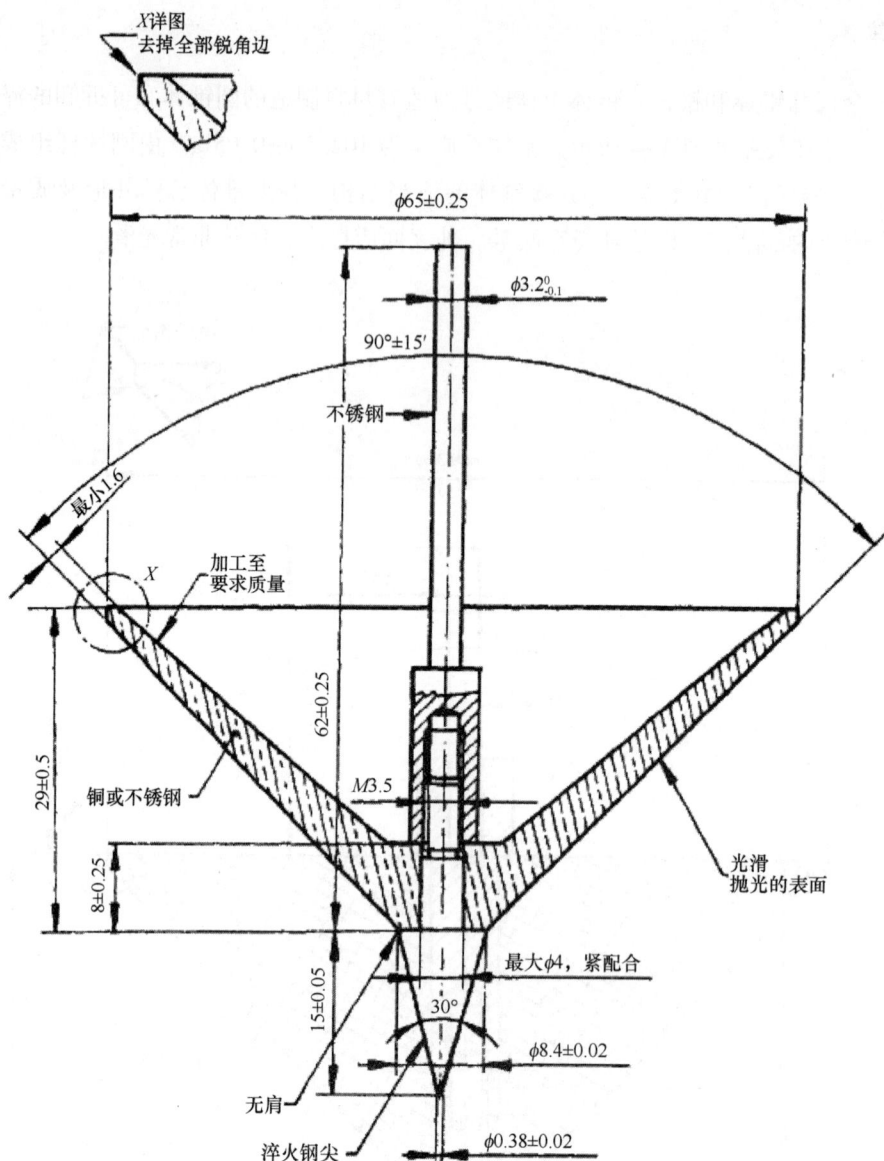

图 3-5　供选择的全尺寸锥体（单位：mm）

（注：锥体总质量 102.5 g±0.05 g，可动附件总质量 47.5 g±0.05 g）

（2）1/2 比例锥体和锥杆：锥体用钢、不锈钢或黄铜制，并带有一个洛氏硬度 C 为 45~50 的淬火钢尖，其尺寸和公差如图 3-6 所示。锥杆可用不锈钢制成。锥体和锥杆的总质量为 37.5 g±0.05 g。锥体的质量为 22.5 g±0.025 g。锥杆的质量为 15 g±0.025 g。

（3）1/4 比例锥体和锥杆：锥体用塑料或其他低密度材料制成，并带有洛氏硬度 C 为 45~50 的淬火钢尖，其尺寸和公差如图 3-7 所示。锥杆可用镁合金制成。锥体和锥杆的总

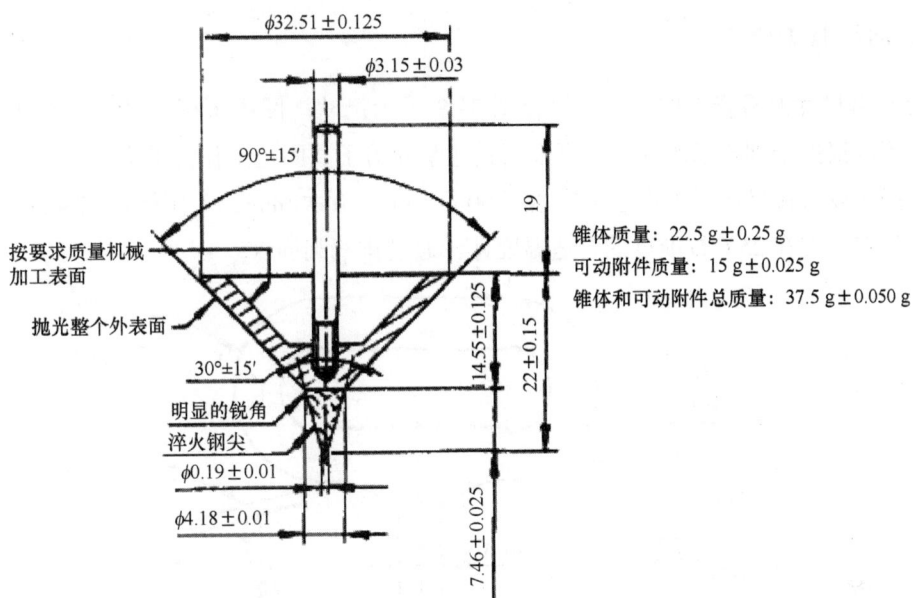

锥体质量：22.5 g±0.25 g
可动附件质量：15 g±0.025 g
锥体和可动附件总质量：37.5 g±0.050 g

图 3-6 1/2 比例锥体（单位：mm）

质量为 9.38 g±0.025 g。此值可通过在锥杆的空腔中加入小弹丸进行调节。

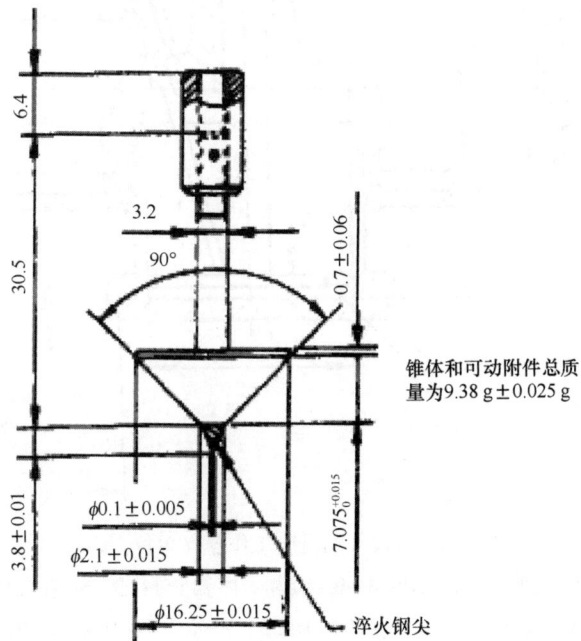

锥体和可动附件总质量为9.38 g±0.025 g

图 3-7 1/4 比例锥体（单位：mm）

3. 润滑脂工作器

（1）全尺寸润滑脂工作器：应符合图 3-8 所示尺寸。图中未标尺寸部分要求不是很严格，可以根据个别要求改变。并可采用其他紧固盖子及固定工作器的方法。工作器可制成手工操作或机械操作。工作速率应达到 60 次/min±10 次/min，工作行程 67~71 mm，工作器应带有一支在 25℃校准过的合适温度计，通过排气阀插入。

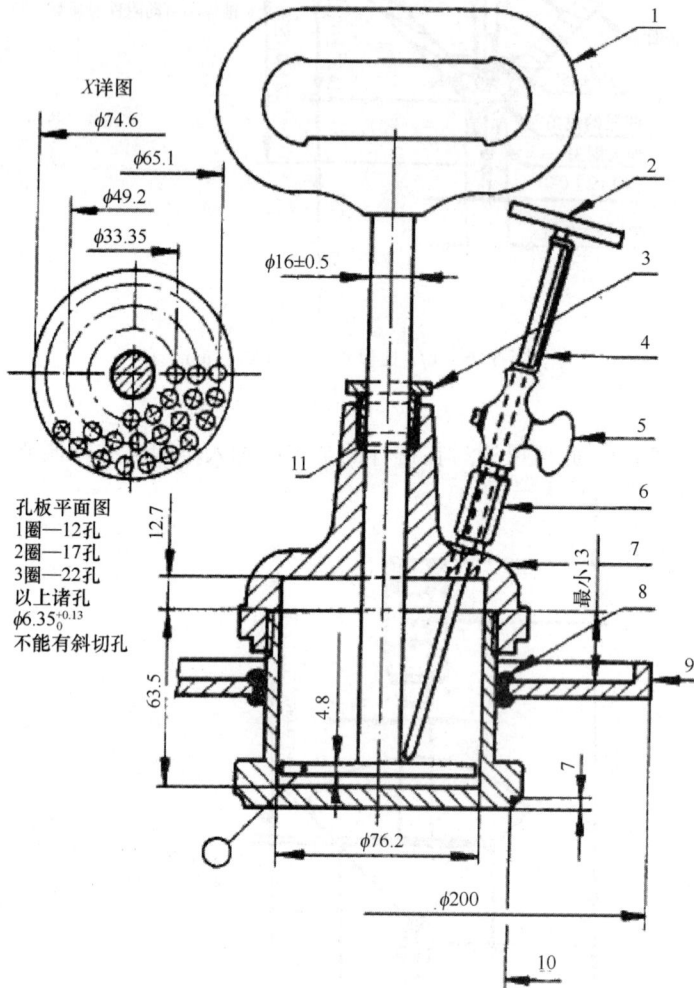

图 3-8　全尺寸润滑脂工作器（单位：mm）

1—把手；2—温度计；3—密封螺帽；4—温度计衬套；5—排气阀；

6—接头；7—盖；8—切开的橡皮管；9—溢流环（任意设计的）；

10—任意设计的，供定中心装置（图 3-3）使用，与脂杯内径同心；11—填料

（除非另有说明，尺寸公差为±0.25 mm）

（2）1/2 比例润滑脂工作器：应符合图 3-9 所示尺寸。也可采用其他上紧盖子和固定工作器的方法。工作器可以制成手工操作或机械操作。工作速率应达到 60 次/min ± 10 次/min，工作行程最长为 35 mm。

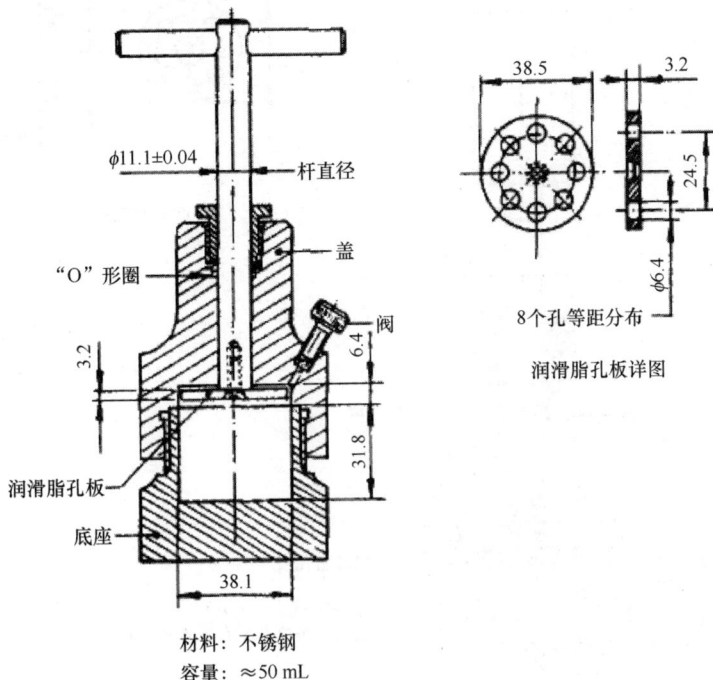

图 3-9 1/2 比例润滑脂工作器（单位：mm）

（除非另有说明，尺寸公差为±0.25 mm）

（3）1/4 比例润滑脂工作器：应符合图 3-10 所示尺寸。也可采用其他上紧盖子和固定工作器的方法。工作器可以制成手工操作或机械操作。工作速率应达到 60 次/min ± 10 次/min，工作行程最长为 14 mm。

（4）溢流环（任意设计的）：原则上应符合图 3-8 说明。它是使溢流出的润滑脂放回工作器脂杯的一种有效辅助装置。在测定锥入度时，溢流环应安放在距脂杯边缘以下至少 13 mm 位置，溢流环边高为 13 mm。

4. 润滑脂切割器

润滑脂切割器具有牢固地安装的带斜削刀的锋利刀片，如图 3-11 所示，刀片必须平直锋利。

5. 水浴

水浴能够维持在 25℃ ±0.5℃，并能容纳装配好的润滑脂工作器。如果水浴也用于不

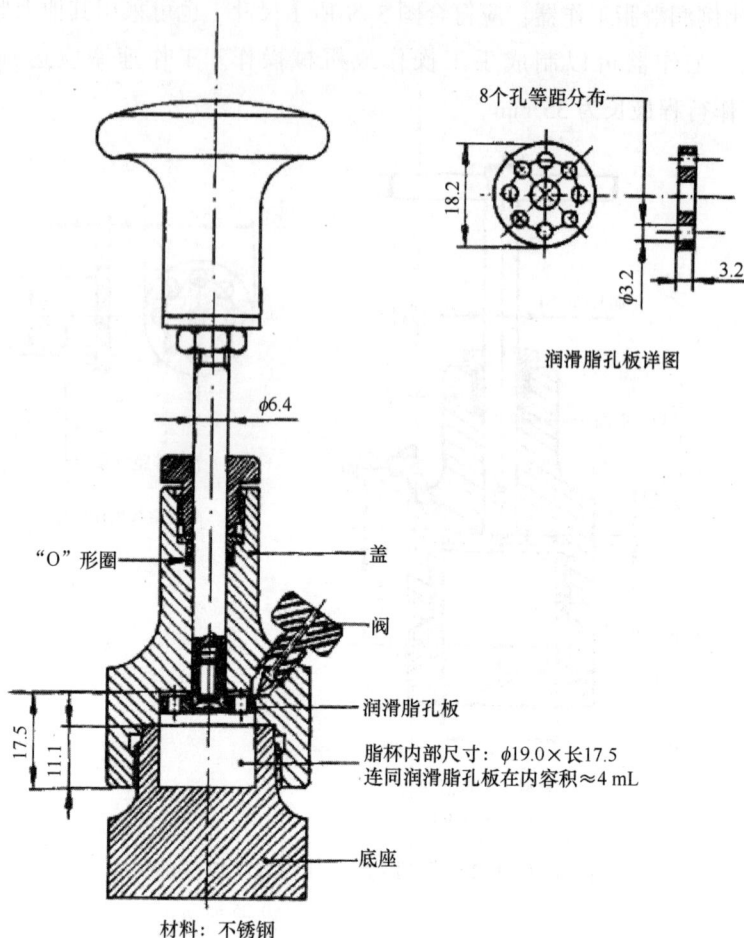

图 3-10　1/4 比例润滑脂工作器（单位：mm）

（除非另有说明，尺寸公差为±0.25 mm）

工作锥入度试样，则需备有防止试样表面与水接触的设施。水浴还应带有盖子，使试样上部的空气温度维持在 25℃。

空气浴，为了测定块锥入度，需要维持 25℃±0.5℃空气浴；用一个放在水浴中的密封容器也可以满足要求。

注：可使用恒温实验室或空气浴代替水浴。

6. 温度计

校准过的温度计，用于水浴或空气浴，可准确测量 25℃。

7. 烘箱

烘箱能够维持在 85℃±2℃，用于熔化石油脂样品。

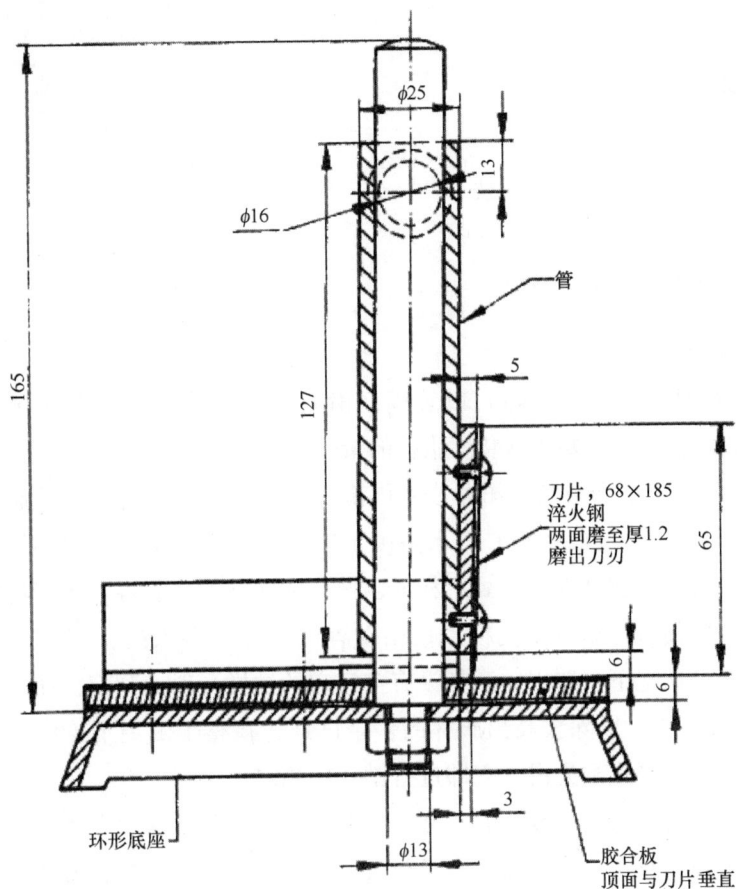

图 3-11 润滑脂切割器

(除非另有说明, 尺寸公差为±0.25 mm)

8. 刮刀

刮刀为宽度 32 mm, 长度不少于 150 mm 的耐腐蚀方头硬刀片; 对于 1/2 和 1/4 比例锥体试验, 则刮刀宽度应约为 13 mm。

9. 计时器

计时器可以是秒表, 也可以是其他自动计时器, 要求分度为 0.1 s。

10. 石油脂试样容器

石油脂试样容器为直径 100 mm±5 mm, 深度 65 mm 或大于 65 mm 的平底圆筒形的容器, 用厚度至少为 1.6 mm 的金属制造, 如果需要, 每个容器可提供一个合适的防水盖子。

注: 不能使用有柔性的 "油膏盒" 形的容器, 因为手拿柔性的容器时, 会使石油脂有

可能轻微工作。

五、步骤

（一）润滑脂全尺寸锥体方法

1. 不工作锥入度的试验步骤

（1）试样准备。

1）取足够样品（至少 0.5 kg）以装满润滑脂工作器脂杯。如果试样的锥入度大于 200 单位，则取样量至少需要 3 倍装满脂杯的量。

2）将装配好的空的润滑脂工作器或者内部尺寸相同的金属容器以及装在金属容器中适量的试样置于保持在 25℃±0.5℃ 的水浴中足够长时间，使试样温度达到 25℃±0.5℃。最好是整块地从容器中将试样转移到脂杯或内部尺寸相同的金属容器中，使装样量满过容器。在转移时，应使试样尽量少受搅动。振动容器以除去混入的空气，并用刮刀压紧试样，在尽量少搅动情况下，取得一满杯没有空气穴的试样。斜持刮刀，使之与移动方向呈 45°角横刮过脂杯边缘，以除去高出脂杯的多余试样，在整个测定不工作锥入度期间，对表面不须作进一步刮平或刮光滑，立即进行锥入度测定。

注：软润滑脂的锥入度与容器直径有关。因此，不工作锥入度大于 265 个单位的润滑脂，锥入度测定必须与在工作器脂杯直径相同的容器中进行。如果容器直径超过工作器脂杯直径，则对锥入度值小于 265 个单位的润滑脂测定结果没有很多影响。

如果试样的初始温度与 25℃ 相差约大于 8℃ 或如果使用调剂试样到 25℃ 的另外方法时，则允许适当延长时间，以保证试样在测定前达到 25℃±0.5℃。此外，如果试样质量超过 0.5 kg，则也允许适当延长时间以保证试样温度达到 25℃±0.5℃。如果试样稳定在 25℃±0.5℃，则可进行测定。

（2）清洗锥体和锥杆：每次试验前仔细地清洗锥入度计的锥体。在清洗时，为避免将锥杆扭弯，可将锥杆牢固地固定在升高位置。除去锥杆上所有脂或油，因这些物质在锥杆上会引起阻力。不要转动锥体，这样会造成释放机构磨损。

（3）锥入度测定。

1）把脂杯放在锥入度计平台上，应调节到完全水平位置，使脂杯确实不摇动。调节测定结构使锥体保持于"零"位。仔细调节仪器，使锥尖刚好与试样表面接触。观察锥尖影子有助于精确调节。对于锥入度大于 400 个单位的试样，锥尖必须对准脂杯中心，偏差应在 0.3 mm 以内。精确对准脂杯中心的一种方法是使用定中心装置（图3-3）。迅速释放锥杆，使其落下 5.0 s±0.1 s，并在此位置再夹住锥杆。释放机构不应对锥杆有阻力。轻轻地压下指示器直至被锥杆挡住为止，从指示器刻度盘上读出锥入度值。

2）如果试料的锥入度超过 200 个单位，则应小心地把锥体对准容器中心；此试样只能做一次试验。

3）如果试料锥入度为 200 个单位或小于 200 个单位，则可在同一容器中进行 3 次试验。3 次试验的测定点位于容器各隔 120°的 3 个半径（容器中心到边缘）的中点上。这样，锥体既碰不到容器边缘，也不会碰到上一次测定所形成的扰动区域。

4）对试料总共进行 3 次测定（在 3 个容器中进行，锥入度超过 200 个单位），或在一个容器中进行（锥入度为 200 个单位或小于 200 个单位），并记录测定数值。

2. 工作锥入度的试验步骤

（1）试样准备。

1）取足够试验样品（至少 0.5 kg）以满过润滑脂工作器脂杯。

2）工作，将足够量的实验室样品移入清洁的润滑脂工作器脂杯中，使之填满（其中心部分堆起高约 13 mm），用刮刀压紧以避免混入空气。装填过程中不时振动脂杯，以除去任何混入的空气。

装配好孔板处于提升位置的润滑脂工作器，打开排气阀，把孔板压到杯底。从排气阀插入温度计，使温度计顶端位于试样中心。将装配好的润滑脂工作器放入保持在 25℃ ± 0.5℃ 的水浴中，直到温度计指示出润滑脂工作器及试样的温度达到 25℃±0.5℃。从水浴中取出润滑脂工作器，擦去工作器表面所沾的水，取出温度计，关上排气阀。使试样在 1 min 内经受孔板 60 次全程往复工作。然后使孔板返回到其顶部位置。打开排气阀，取出顶盖和孔板，将沾在孔板上的易刮下的试样尽量刮回脂杯内。由于润滑脂工作锥入度在放置过程中会明显变化，因此，应按照下述步骤立即进行测定。

注：如果把脂杯连盖浸入水中，则要求盖子能密封防水，以免水进入工作器中。

（2）试料准备。

1）在脂杯中制备工作过的试样，以获得均匀的和结构可再现的润滑脂。

2）在凳子上或地板上强烈振动脂杯，用刮刀装填试样以填满孔板留下的空穴以及除去任何空气穴。

注：要求强烈振动，以除去混入的空气，但勿使试样溅出脂杯。在这些操作中，应尽量减少搅动，因任何搅动会使试样受到增加工作次数而超过规定的 60 次的作用。

3）用刮刀保持倾斜 45°角沿着脂杯边移动，刮去高出脂杯边缘多余的试样并予以保留。

注：特别是在试验软的试样时，应保留从脂杯中刮出的试样，以便在下次试验时用来填满脂杯。保持脂杯边缘外部的清洁，这样可使被锥体挤出脂杯外的试样刮回脂杯中进行下一次试验。

（3）锥入度测定：①按规定测定试样锥入度。②立刻在同一试样中相继地进行两次以上的测定。首先，用刮刀将先前刮下的试样放回脂杯中。重复润滑脂杯振动、用刮刀刮多余的润滑脂并测试锥入度操作。记录得到的 3 次测定值。

3. 延长工作锥入度的试验步骤

（1）试料准备。

1）温度：保持实验室温度在 15~30℃，不需要进一步控制润滑脂工作器温度。但在试验前，试样要在实验室放置足够时间，以使脂温达到 15~30℃。

2）工作：按前文所述，在干净工作器脂杯中填满试样，装好工作器，试样按规定或商定次数进行往复工作。

注：在工作过程中，为了减少漏失，必须特别注意工作器盖子上的压帽要封严。

（2）锥入度测定：完成对试样的工作后，立即将润滑脂工作器放在恒温的空气浴或水浴中，使试样在 1.5 h 内达到 25℃±0.5℃。从恒温浴中取出工作器使试样在约 1 min 内做 60 次往复工作。按照前面所述的步骤，进行试样准备和测定锥入度。

4. 块锥入度的试验步骤

（1）试料准备。

1）要取足够数量的润滑脂样品。样品必须足够硬，以保持其形状。以便从其切出一块边长为 50 mm 的立方体作为试样。

2）用润滑脂切割器，在室温下把实验室样品切成边长约为 50 mm 的立方体作为试样。按住试样，切割时使切割器刀的不倾斜的边朝着试样，在一个角接邻的 3 个面上各切去一层厚约 1.5 mm 的试样，为便于辨认，可以截去这个角的角顶。注意不要触动新暴露面上用作试验的那些部分，也不要把制备好的面放在切割器底板或切割器导向器上。把制备好的试料放入保持在 25℃±0.5℃ 恒温空气浴中至少 1 h，使试料达到 25℃±0.5℃。

注：在 3 个表面上进行测定是考虑在测定纤维性润滑脂时补偿纤维定向性对最终数据的影响。当有关单位互相同意时，对光滑结构非纤维性润滑脂可只在一个表面上进行测定。

（2）锥入度测定：将试料放在已调节至完全水平的锥入度计平台上，使试料的一个试验面朝上，并压其各角，使试样保持水平并稳固地放在平台上，以防试料在试验时振动。调节测定机构使锥体处于"零"位，并仔细地调节仪器使锥尖刚好接触试样的中心表面。按前面所述步骤测定锥入度。在试样的一个暴露面上总共进行 3 次测定。测定点至少距边 6 mm，并尽可能互相远离也不碰到任何被接触动过的地方、空气孔或表面上其他明显的缺陷。如果其中任一结果与其他结果的差值超过 3 个单位，则应进行补充试验，直到所得的 3 个数值的差值不超过 3 个单位。将这 3 个数据的平均值作为受试表面的锥入度值。

（3）补充测定：按测定本节准入度的要求，在试样的另两个试验面上进行重复测定，记录得到的平均值。

（二）润滑脂 1/2 和 1/4 比例锥体方法

1. 不工作锥入度的试验步骤

（1）试料准备：取足够的样品，装满润滑脂工作器脂杯。如果试料的 1/4 锥入度大于 47 个单位或 1/2 锥入度大于 97 个单位，则在一个杯中只进行一次试验，所以至少需要装满 3 个脂杯的样品量。

（2）清洗锥体和锥杆：每次试验前要仔细地清洗锥入度计的锥体。在清洗时，应将锥杆固定在升高的位置上，以避免锥杆扭弯。除去锥杆上所有脂或油，因这些物质在锥杆上会引起阻力。不要转动锥体，这样会造成释放机构磨损。

（3）锥入度测定：①用锥体在试料表面中心处进行一次锥入度预测定，如果已知锥入度的大约数值，则可省去此步骤。②如果试料的 1/4 锥入度大于 47 单位或 1/2 锥入度大于 97 个单位，则仔细地将锥体对准容器中心，此试料只能做一次试验。③如果试料的 1/4 锥入度等于或小于 47 个单位、1/2 锥入度等于或小于 97 个单位，则可在同一容器内做 3 次试验。3 次试验的测定点应位于容器相隔 120°的 3 个半径（容器的中心到边缘）的中心点上，这样，锥体既碰不到容器的边缘，也不碰到上一次测定所形成的扰动区域。④按前述步骤进行操作。

2. 工作锥入度试验步骤

（1）试样准备：①取足够样品，装满适合的润滑脂工作器脂杯。②工作，按前述步骤进行操作，但中心部分堆起高约 6 mm。在润滑脂工作器中不用温度计。

（2）试料准备：按前述步骤进行待测润滑脂样品的准备工作。

（3）锥入度测定：①按不工作锥入度步骤中的要求，清洗锥体和锥杆，立即测定试料的锥入度。②按前述锥入度操作步骤规定进行操作。立即在同一试料中相继进行两次以上测定，首先，把用刮刀将先前刮下的试料放回脂杯中。然后，重复前文规定操作。记录得到的 3 次测定值。

（三）石油脂锥入度测定方法

1. 锥入度的试验步骤

（1）试料准备：①对于锥入度大于 200 个单位的石油脂，需取约 1 kg 试验样品；而对于锥入度等于或小于 200 个单位的石油脂需取约 700 g 试验样品。②如果石油脂的锥入度大于 200 个单位，则需要分别准备 3 份试料。如果锥入度等于或小于 200 个单位，则按步骤（3）规定准备一份试料。③将试样放入保持在85℃±2℃的烘箱中进行熔化，并把所需要数量的试料容器与试样一起放入烘箱中使其达到85℃。当试样熔化并达到该温度的3℃以内，取出试样和被加热了的试料容器。将试样充满所需数量的容器，满至离容器边沿6 mm以内。把充满试料的容器放置在没有通风且温度控制在25℃±2℃的地方冷却16~18 h。在试验前，把充满试料的容器放在水浴中2 h，使其温度达到25℃±0.5℃。不要对试料表面削平或以任何其他方式对试料进行工作。从水浴中取出充满试料的容器，应立即进行测定。

注：某些合成的石油脂与水接触将受影响。对于这样的石油脂必须按润滑脂要求用密封盖盖住，非合成的石油脂不受水影响，不需加盖。

含有较高熔点蜡的某些石油脂可以要求较高流动温度，在那种情况下，表3-2提供的精密度数值不适用于此种石油脂的测定结果。

如果室温与25℃偏差2℃或2℃以上，则在立即测定试料之前，把锥体放在水浴中，使其恒温至25℃±0.5℃，随后用不起毛的布或纸把锥体擦干。如果室温明显偏离25℃，则必须多次调节锥体温度。

（2）锥入度测定：按前述要求进行相关操作。

注：某些较硬的石油脂凝固时，在中心部位趋于形成明显的凹陷。对这样的试料，不应在凹陷处试验，因为在凹陷处所得的测定值与偏离中心位置的平面上所得测定值可能不相同。

（四）结果表示及精密度

1. 结果表示

（1）计算：计算在测定中所得记录值的平均值。其结果修约到最接近整数单位（0.1 mm）。

（2）1/2和1/4锥入度换算成全尺寸锥入度。需要时，以1/4和1/2比例锥体测定的锥入度值可以按照下列方程式之一换算成全尺寸锥入度。

1）1/4比例锥体

$$P = 3.75p + 24 \qquad\qquad (3-1)$$

式中，P为近似的全尺寸锥入度；p为1/4锥入度。

2）1/2比例锥体

$$P = 2r + 5 \qquad\qquad (3-2)$$

式中，P为近似的全尺寸锥入度；r为1/2锥入度。

2. 精密度

按下述规定判断试验结果的可靠性（95%置信水平）。

（1）重复性（r）：同一操作者，使用同一设备，按照同样的方法，重复测定两个结果之差，不应大于表3-2至表3-4中规定的数值。

（2）再现性（R）：不同实验室，各自提出的两个结果之差，不应大于表3-2至表3-4中规定的数值。

表3-2 润滑脂全尺寸锥体　　　　　　　　单位：0.1 mm

锥入度类型	锥入度范围*	重复性（r）	再现性（R）
不工作	85~475	5	18
工 作	130~475	5	14
延长工作	130~475	7**	23**
块	85 以下	3	7

注：*锥入度在475单位以上的精密度尚未确定。

**室温在21~29℃范围内，往复工作60 000次测定的锥入度。

表3-3 润滑脂1/2和1/4比例锥体　　　　　　单位：0.1 mm

锥入度类型	锥体比例	重复性（r）*	再现性（R）*
不工作	1/2	5（10）	13（26）
工 作	1/2	3（6）	10（20）
不工作	1/4	3（11）	10（38）
工 作	1/4	3（11）	7（26）

注：*括号中数字表示相应地换算成如润滑脂全尺寸锥体方法所得数值。

表3-4 石油脂　　　　　　　　单位：0.1 mm

精密度	范围
重复性（r）	2+0.05P
再现性（R）	9+0.12P

注：P为两个测定结果的平均值。

试验三　锥网法测定润滑脂分油

一、试验目的

（1）了解润滑脂分油的原因；

（2）掌握锥网法测定润滑脂分油的操作过程及注意事项。

二、润滑脂分油的原因及锥网法适用范围

润滑脂就是将稠化剂分散在基础润滑油中所组成的一种稳定的固体或半固体产品。

润滑脂在使用或长期储存中会有少量的油析出,这种现象称为分油,分油的多少由胶体稳定性所决定,是衡量润滑脂好坏的指标之一。如果润滑脂的胶体稳定性差,则在受热、压力、离心力等作用下易发生严重分油,导致寿命迅速降低,并使润滑脂变稠变干,失去润滑作用。

当润滑脂发生分油时,残留物的稠度发生了改变,从而影响产品的某些性能。因此测定润滑脂的分油是十分必要的。

锥网法适用于测定润滑脂在高温下的分油倾向,但不适用于锥入度大于 340 (1/10 mm) 的润滑脂产品。

三、方法概要

将已称量的试样放入一个锥形的镍丝、镍铜合金丝或不锈钢丝网中,悬挂在烧杯上,加热到规定的时间和温度。除非润滑脂规格有特殊要求,试样的标准试验条件为 100℃ ± 0.5℃下恒温 30 h±0.25 h 后进行测量。对分出的油进行称量,并以开始测量的试样的质量分数报告。

四、试验仪器

组合仪器包括 248 μm 的耐腐蚀丝形成的锥形网,一个 200 mL 高型无嘴烧杯及盖,盖与烧杯紧密配合,在盖底中心处有一个挂钩。结构与尺寸见图 3-12。

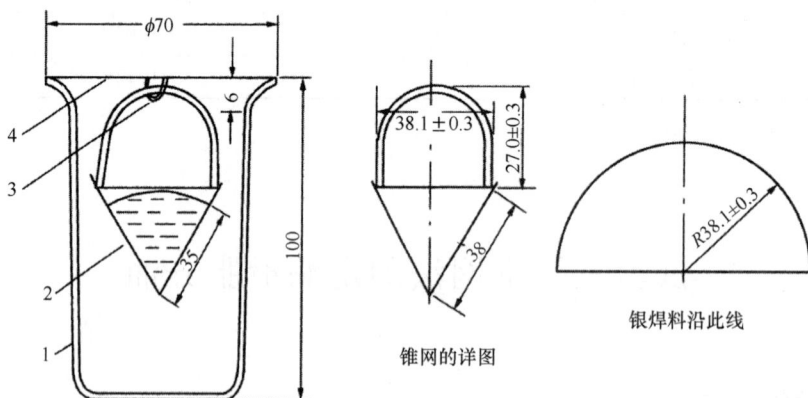

图 3-12　锥网试验装置结构图 (单位:mm)

1—烧杯;2—样品;3—挂钩;4—盖

（1）锥网：圆锥形的网，按《工业用网 标记方法与 网孔尺寸系列》（GB/T 10611—2003）的规定，由中粗的248 μm的不锈钢、镍铜合金或者镍丝组成，尺寸和要求如图3-12所示。

（2）恒温箱：温度能够控制在100℃±0.5℃。

（3）天平：最小称量250 g，感量为0.01 g。

五、取样

（1）检查样品是否存在不均匀的情况如分油、相变，或是受到重大污染。如果发现任何不正常的情况，则应重新获取样品。

（2）用于分析的样品的量至少要能满足进行重复试验的需要。

（3）尽管已经确定了试验需要的润滑脂的质量，但是用来填充锥网的润滑脂的量还是会比试验需要的量多一些。每次试验都要求有足够量的润滑脂来填满锥网，填满的程度近似如图3-12所示（大概10 mL）。不管润滑脂的密度如何，每次试验所需的润滑脂的体积大致相同；质量范围则在8~12 g。

六、仪器准备

（1）使用合适的溶剂仔细清洗锥网、烧杯和盖，使锥网自然风干。

（2）检查锥网确定是否清洁、无残留物，以确保分油可以渗出。如果锥网网面出现不规则的情况如破缝、凹痕、折痕或者锥网网眼扩大或变小，则应予以更换。

七、试验步骤

（1）预先加热恒温箱到试验温度100℃±0.5℃（除非有其他特殊要求）。

（2）称量烧杯，精确到0.01 g。

（3）按图3-12组装网、盖和烧杯。称皮重，精确到0.01 g。

（4）用合适的刮刀，将足够的润滑脂试样填入网内，尽可能地达到如图3-12所示的水平，避免形成气泡。小心操作，注意不要使试样从网眼里挤出来。使试样的顶部光滑并呈凸圆形，防止分出的油积留。

（5）将装配好的设备称量准确至0.01 g。利用差值来计算润滑脂试样的质量。

（6）将装配好的锥网分油设备放入控制在100℃±0.5℃的恒温箱内，放置30 h±0.25 h。

（7）从恒温箱中取出锥网分油设备，冷却到室温。从烧杯上取下盖，轻轻敲击，使锥网尖上的油沿烧杯壁滴入烧杯内，从而避免锥网尖残留分出油。称量烧杯包括收集到的分出油，精确至0.01 g。

（8）试验完成后，及时按照仪器准备的要求进行清洗，下次试验待用。

八、计算

试样的分油量, $X\%$ （质量分数）按下式计算

$$X = 100 \times \frac{W_f - W_i}{W} \tag{3-3}$$

式中, W_f 为加热前的空烧杯质量, g; W_i 为加热后烧杯的质量, g; W 为试样的质量, g。

九、报告

试样报告中应包含试样的性质、试验日期、试验温度、试验持续时间及分油量（精确至 0.1%, 质量分数）。

十、精密度

由 8 个试验参与者对 8 个试样的分油统计试验, 所有的试验都重复进行。试样分油量的质量分数范围为 $0.1\% \sim 23.7\%$, 见表 3-5。按下述规定判断试验结果的可靠性（95%置信水平）。

表 3-5 分油量测定的精密度典型值

分油量（%）（质量分数）	重复性（%）（质量分数）	再现性（%）（质量分数）
1	1.15	1.51
5	2.57	3.39
10	3.64	4.79
20	5.15	6.78

（1）重复性（r）：在同一实验室, 由同一操作者使用同一台仪器, 在相同操作条件下, 对同一试样进行重复测定, 测得的两个结果之差不应超过下式的要求

$$r = 1.151 \times X^{0.5} \tag{3-4}$$

式中, X 为两个重复测定结果的算术平均值。

（2）再现性（R）：由不同操作者在不同实验室, 使用不同仪器对同一试样在规定的试验条件下进行试验, 所得的两个单一独立结果之差不应超过下式的要求

$$R = 1.517 \times X^{0.5} \tag{3-5}$$

式中, X 为两个单一独立结果的算术平均值。

十一、思考题

（1）润滑脂测定分油倾向的意义如何？

（2）测定润滑脂分油的方法有哪些？简述说明它们之间的差异与使用范围。

第四章　沥青分析

试验一　环球法测定沥青软化点

一、试验目的

(1) 了解沥青软化点定义；

(2) 了解测定沥青软化点的意义；

(3) 掌握环球法测定沥青软化点的操作方法与注意事项。

二、沥青软化点的定义及意义

沥青的软化点是试样在测定条件下，因受热软化而下坠达 25 mm 时的温度，以℃表示。沥青软化点反映沥青黏度和高温稳定性及感温性。试验有一定的设备和程序，不同沥青有不同的软化点。

工程用沥青软化点不能太低或太高，否则在温度变化较大时出现夏季融化，冬季脆裂且不易施工。

沥青材料包括石油沥青、煤焦油沥青、乳化沥青或改性乳化沥青残留物、改性沥青、在加热及不改变性质的情况下可以融化为流体的天然沥青、特种沥青以及沥青混合料回收得到的沥青材料等。

环球法测定沥青材料软化点范围为 30~157℃。

三、方法概要

置于肩或锥状黄铜环中两块水平沥青圆片，在加热介质中以一定速度加热，每块沥青片上置有一只钢球。所报告的软化点为当试样软化到使两个放在沥青上的钢球下落 25 mm 距离时的温度的平均值。

沥青是没有严格熔点的黏性物质。随着温度升高，它们逐渐变软，黏度降低。因此软化点必须严格按照试验方法来测定，才能使结果重复。软化点用于沥青分类，是沥青产品标准中的重要技术指标。

四、仪器与材料

1. 仪器

（1）环：两只黄铜肩或锥环，其尺寸规格见图 4-1（a）、图 4-1（b）。

（2）支撑板：扁平光滑的黄铜板，其尺寸约为 50 mm×75 mm。

（3）球：两只直径为 9.5 mm 的钢球，每只质量为 3.50 g±0.05 g。

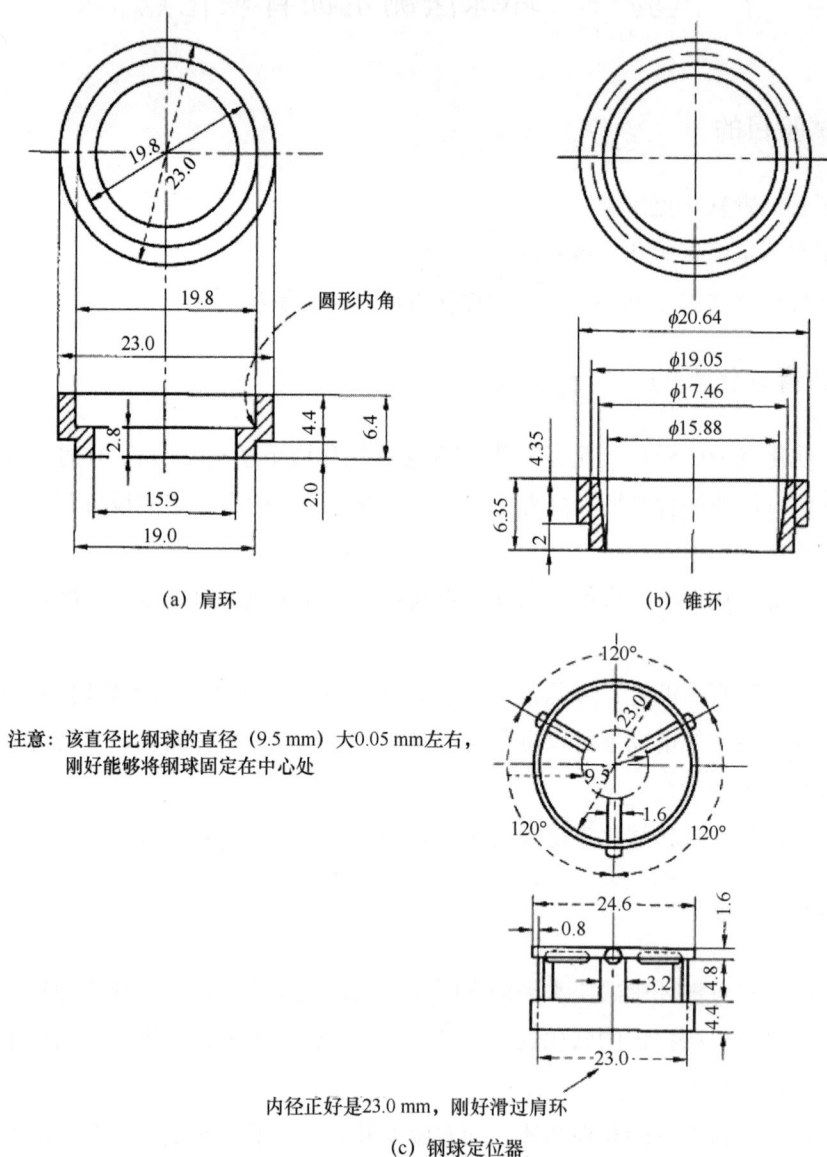

(a) 肩环

(b) 锥环

注意：该直径比钢球的直径（9.5 mm）大0.05 mm左右，刚好能够将钢球固定在中心处

内径正好是23.0 mm，刚好滑过肩环

(c) 钢球定位器

图 4-1　环、钢球定位球、支架、组合装置图（一）（单位：mm）

注意：该直径为19.0 mm，正好能够放入肩环

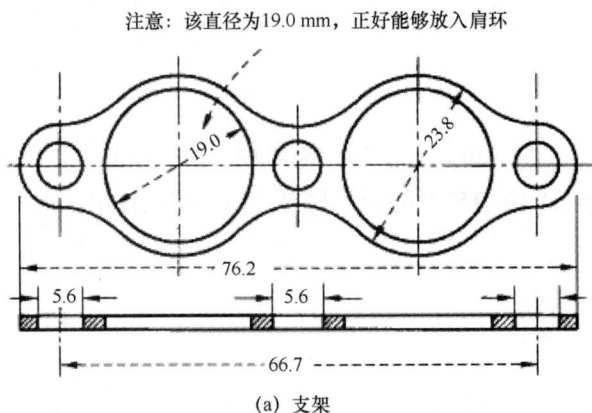

(a) 支架

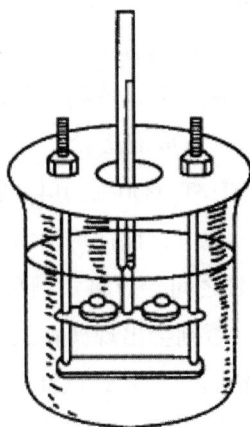

(b) 组合装置

图4-2 环、钢球定位球、支架、组合装置图（二）（单位：mm）

（4）钢球定位器：两只钢球定位器用于使钢球定位于试样中央，其一般形状和尺寸见图 4-1（c）。

（5）浴槽：可以加热的玻璃容器，其内径不小于 85 mm，离加热底部的深度不小于 120 mm。

（6）环支撑架和支架：一只铜支撑架用于支撑两个水平位置的环，其形状和尺寸见图 4-2（a），其安装图见图 4-2（b）。支撑架上肩环的底部距离下支撑板的上表面为25 mm，下支撑板的下表面距离浴槽底部为 16 mm±3 mm。

（7）温度计：要求在检定有效期内。①应符合《石油产品试验用玻璃液体温度计技术条件》（GB/T 514—2005）中 GB-42 温度计的技术要求，即测温范围在 30～180℃，最小分度值为 0.5℃的全浸式温度计。不允许使用其他温度计代替，可以使用满足同样精度、数据显示最小温度和误差要求的其他测温设备代替。②合适的温度计应按图 4-2（b）悬

于支架上，使得水银球底部或测温点与环底部水平的距离在 13 mm 以内，但不要接触环或支撑架。

2. 材料

新煮沸过的蒸馏水；丙三醇，化学纯；隔离剂，以质量计，2 份丙三醇和 1 份滑石粉调制而成，此隔离剂适合 30~157℃的沥青材料；刀，切沥青用；筛，筛孔为 0.3~0.5 mm 的金属网。

五、准备工作

（1）样品的加热时间在不影响样品性质和在保证样品充分流动的基础上尽量短。石油沥青、改性沥青、天然沥青及乳化沥青残留物加热温度不应超过预计沥青软化点 110℃。煤焦油沥青样品加热温度不应超过煤焦油沥青预计软化点 55℃。

（2）如果样品为按照《乳化沥青蒸发残留物含量测定法》（SH/T 0099.4—2005）、《浮化沥青残留物含量测定法（低温减压蒸馏法）》（SH/T 0099.16—2005）、《低温蒸发回收乳化沥青残留物试验法》（NB/SH/T 0890—2014）方法得到的乳化沥青残留物或高聚物改性乳化沥青残留物时，可将其热残留物搅拌均匀后直接注入试样中。

（3）若估计软化点在 120~157℃之间，应将黄铜环与支撑板预热至 80~100℃，然后将铜环放到涂有隔离剂的支撑板上，否则会出现沥青试样从铜环中完全脱落的现象。

（4）向每个环中倒入略过量的沥青试样，让试件在室温下至少冷却 30 min。对于在室温下较软的样品，应将试件在低于预计软化点 10℃以上的环境中冷却 30 min。从开始倒试样时起至完成试验的时间不得超过 240 min。

（5）当试样冷却后，用稍加热的小刀或刮刀干净地刮去多余的沥青，使得每一个圆片饱满且与环的顶部齐平。

六、试验步骤

（1）选择下列一种加热介质和适合预计软化点的温度计或测温设备：①新煮沸过的蒸馏水适用于软化点为 30~80℃的沥青，起始加热介质温度应为 5℃±1℃。②丙三醇适用于软化点为 80~157℃的沥青，起始加热介质的温度应为 30℃±1℃。③为了进行仲裁，所有软化点低于 80℃的沥青应在水浴中测定，而软化点在 80~157℃的沥青材料在丙三醇浴中测定。

（2）把仪器放在通风橱内并配置两个样品环、钢球定位器，并将温度计插入合适的位置，浴槽装满加热介质，并使各仪器处于适当位置。用镊子将钢球置于浴槽底部，使其与支架的其他部位达到相同的起始温度。

（3）如果有必要，将浴槽置于冰水中，或小心加热并维持适当的起始浴温达 15 min，并使仪器处于适当位置，注意不要玷污浴液。

（4）再次用镊子从浴槽底部将钢球夹住并置于定位器中。

（5）从浴槽底部加热使温度以恒定的速率 5℃/min 上升。为防止通风的影响有必要时可用保护装置，试验期间不能取加热速率的平均值，但在 3 min 后，升温速度应达到 5℃/min±0.5℃/min，若温度上升速率超过此限定范围，则此次试验失败。

（6）当包着沥青的钢球触及下支撑板时，分别记录温度计所显示的温度。无需对温度计的浸没部分进行校正。取两个温度的平均值作为沥青的软化点。当软化点在 30~157℃时，如果两个温度的差值超过 1℃，则重新试验。

七、结果

（1）软化点的测定是条件性的试验方法，对于给定的沥青试样，当软化点略高于 80℃时，水浴中测定的软化点低于丙三醇浴中测定的软化点。

（2）软化点高于 80℃时，从水浴变成丙三醇浴时的变化是不连续的。在丙三醇浴中所报告的沥青软化点最低可能为 84.5℃，而煤焦油沥青的软化点最低可能为 82℃。当丙三醇浴中软化点低于这些值时，应转变为水浴中的软化点为 80℃或更低，并在报告中注明。

1）将丙三醇浴软化点转化为水浴软化点时，石油沥青的校正值为-4.5℃，煤焦油沥青为-2.0℃。采用此校正值只能粗略地表示出软化点的高低，要得到准确的软化点应在水浴中重复试验。

2）无论在任何情况下，如果丙三醇浴中所测得的石油沥青软化点的平均值为 80.0℃或更低，煤焦油沥青软化点的平均值为 77.5℃或更低，则应在水浴中重复试验。

（3）将水浴中略高于 80℃的软化点转化成丙三醇浴中的软化点时，石油沥青的校正值为+4.5℃，煤焦油沥青的校正值为 2.0℃。采用此校正值只能粗略地表示出软化点的高低，要得到准确的软化点应在丙三醇浴中重复试验。

在任何情况下，如果水浴中两次测定温度的平均值为 85.0℃或更高，则应在丙三醇浴中重复试验。

八、精密度

按下述规定判断实验结果的可靠性（95%置信度）。

（1）重复性（r）：在同一实验室，由同一操作者使用相同的设备，按照相同的测试方法，并在短时间内对同一被测对象相互进行独立测试获得的两个试验结果的绝对差值不超过表 4-1 中的值。

（2）再现性（R）：在不同实验室，由不同的操作者使用不同的设备，按照相同的测试方法，对同一被测对象相互进行独立测试获得的两个试验结果的绝对差值不超过表 4-1 中的值。

表 4-1　精密度　　　　　　　　　　　　　　　　单位：℃

加热介质	沥青材料类型	软化点范围	重复性 （最大绝对误差）	再现性 （最大绝对误差）
水	石油沥青、乳化沥青残留物、焦油沥青	30~80	1.2	2.0
	聚合物改性沥青、乳化改性沥青残留物		1.5	3.5
丙三醇	建筑石油沥青、特种沥青等石油沥青 聚合物改性沥青、乳化改性沥青残留物等 改性沥青产品	80~157	5.5	5.5

九、报告

（1）取两个结果的平均值作为报告值。

（2）报告试验结果时，同时报告浴槽中所使用加热介质的种类。

十、思考题

（1）使用隔离剂的目的是什么？

（2）为何环球法测定沥青软化点要用蒸馏水，且要先煮沸？

（3）在《重交通道路石油沥青》（GB/T 15180—2010）中，适合在浙江省修建高速公路的沥青牌号有哪些？

试验二　沥青延度测定法

一、试验目的

（1）了解沥青延度定义及意义；

（2）掌握测定沥青延度的操作过程及注意事项。

二、定义及概述

1. 定义

延度试验是将沥青做成"8"字形标准试件，根据要求通常采用温度为 25℃、15℃、10℃、5℃，以 5 cm/min（当低温采用 1 cm/min）速度拉伸至断裂时的长度（cm），即为延度。

延度是评定沥青塑性的重要指标。延度越大，表明沥青的塑性越好。

2. 概述

将熔化的试样注入专用模具中，先在室温冷却，然后放入保持在试验温度下的水浴中冷却，用热刀削去高出模具的试样，把模具重新放回水浴，再经一定时间，然后移到延度仪中进行试验。记录沥青试件在一定温度下以一定速度拉伸至断裂时的长度。试件应符合按下面准备工作中步骤（1）的规定。非经特殊说明，试验温度为 25℃±0.5℃，拉伸速度为 5 cm/min±0.25 cm/min。

三、仪器与材料

1. 仪器

（1）延度仪：对于测量沥青的延度来说，凡是能够满足下面操作步骤中步骤（1）规定的将试件持续浸没于水中，能按照一定的速度拉伸试件的仪器均可使用。该仪器在启动时应无明显的振动。

（2）模具：由两个端模和两个侧模组成，其形状、尺寸见图 4-3。

（3）水浴：水浴能保持试验温度变化不大于 0.1℃，容量至少为 10 L，试件浸入水中深度不得小于 10 cm，水浴中设置带孔搁架以支撑试件，搁架距水浴底部不得小于 5 cm。

（4）瓷皿或金属皿：熔沥青用。

（5）温度计：0~50℃，分度 0.1℃和 0.5℃的各一支，在检定有效期内。

2. 材料

隔离剂，以质量计，由两份丙三醇（化学纯）和一份滑石粉调制而成；支撑板，黄铜板，一面应磨光至表面粗糙度为 Ra0.63。

四、准备工作

（1）将模具组装在支撑板上，将隔离剂涂于支撑板表面及图 4-3 中侧模的内表面，以防沥青粘在模具上。板上的模具要水平放好，以便模具的底部能够充分与板接触。

（2）小心加热样品，充分搅拌以防局部过热，直到样品容易倾倒。石油沥青加热温度不超过预计石油沥青软化点90℃；煤焦油沥青样品加热温度不超煤焦油沥青预计软化点60℃。样品的加热时间，在不影响样品性质和在保证样品充分流动的基础上尽量短。将熔化后的样品充分搅拌之后倒入模具中，在组装模具时要小心，不要弄乱了配件。在倒样时使试样呈细流状，自模的一端至另一端往返倒入，使试样略高出模具，将试件在空气中冷却30~40 min，然后放在规定温度的水浴中保持30 min取出，用热的直刀或铲将高出模具的沥青刮出，使试样与模具齐平。

（3）恒温：将支撑板、模具和试件一起放入水浴中，并在试验温度下保持85~95 min，然后从板上取下试件，拆掉侧模，立即进行拉伸试验。

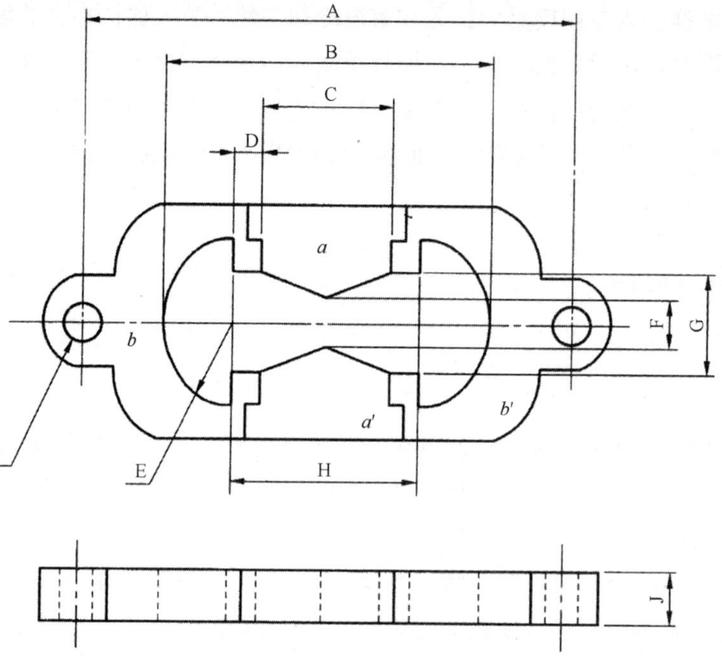

图 4-3　延度仪模具

A—两端模环中心距离 111.5 ~113.5 mm；B—试件总长 74.54~75.5 mm；

C—端模间距 29.7~30.3 mm；D—肩长 6.8~7.2 mm；E—半径 15.75~16.25 mm；

F—最小横断面宽 9.9~10.1 mm；G—端模口宽 19.8~20.2 mm；

H—两半圆心间距离 42.9~43.1 mm；I—端模孔直径 6.54~6.7 mm；

J—厚度 9.9~10.1 mm

五、操作步骤

（1）将模具两端的孔分别套在试验仪器的柱上，然后以一定的速度拉伸，直到试件拉伸断裂。拉伸速度允许误差在±5%以内，测量试件从拉伸到断裂所经过的距离，以 cm 表示。试验时，试件距水面和水底的距离不小于 2.5 cm，并且要使温度保持在规定温度的 ±0.5℃范围内。

（2）如果沥青浮于水面或沉入槽底时，则试验不正常。应使用乙醇或氯化钠调整水的密度，使沥青材料既不浮于水面，又不沉入槽底。

（3）正常的试验应将试样拉成锥形或线形或柱形，直至在断裂时实际横断面近似于一点或成一均匀断面。如果 3 次试验得不到正常结果，则报告在该条件下延度无法测定。

六、报告

若 3 个试件测定值在其平均值的 5%内，取平行测定 3 个结果的平均值作为测定结果。若 3 个试件测定值不在其平均值的 5%以内，但其中两个较高值在平均值的 5%之内，则弃去最低测定值，取两个较高值的平均值作为测定结果，否则重新测定。

七、精密度

（1）重复性（r）：同一操作者，在同一实验室使用同一试验仪器，对在不同时间、同一样品进行试验得到的结果不超过平均值的 10%（95%置信度）。

（2）再现性（R）：不同操作者，在不同实验室用相同类型的仪器，对同一样品进行试验得到的结果不超过平均值的 20%（95%置信度）。

八、思考题

（1）延度指标代表了沥青的什么性质？
（2）为什么制样时要从中间向两边刮？

试验三　沥青针入度测定法

一、试验目的

（1）了解测定沥青针入度的意义；
（2）掌握测定沥青针入度的操作过程及注意事项。

二、测定沥青针入度的意义

测定沥青针入度为沥青主要质量指标之一。沥青针入度表示沥青软硬程度和稠度、抵抗剪切破坏的能力，反映在一定条件下沥青的相对黏度的指标。

针入度越大，表示沥青越软，软化点低，高温性能随针入度增加而降低，低温性能则越好。

一般情况下，测定条件为在25℃和5 s时间内，在100 g的荷重下，标准针会垂直穿入沥青试样的深度为针入度，以1/10 mm为单位。

三、概述

沥青针入度范围为（0~500）1/10 mm的标准针、试样皿和其他试验条件。适用于测定针入度范围从（0~500）1/10 mm的固体和半固体沥青材料的针入度。

注：用于本方法中的乳化沥青残留物样品的制备和试验，可以参考《乳化沥青蒸发残留物含量测定法》（SH/T 0099.4—2005）试验方法。

石油沥青的针入度以标准针在一定的荷重、时间及温度条件下垂直穿入沥青试样的深度表示，单位为1/10 mm。除非另行规定，标准针、针连杆与附加砝码的总质量为100 g±0.05 g，温度为25℃±0.01℃，时间为5 s。特定试验可使用的其他条件见表4-2。

表4-2　特定试验条件

温度/℃	载荷/g	时间/s
0	200	60
4	200	60
46	50	5

特定试验，报告中应注明试验条件。

四、仪器

1. 针入度仪

能使针连杆在无明显摩擦下垂直运动，并能指示穿入深度精确到0.1 mm的仪器均可使用。针连杆的质量为47.5 g±0.05 g。针和针连杆的总质量为50 g±0.05 g，另外，仪器附有50 g±0.05 g和100 g±0.05 g的砝码各一个，可以组成100 g±0.05 g和200 g±0.05 g的载荷以满足试验所需的载荷条件。仪器设有放置平底玻璃皿的平台，并有可调水平的机构，针连杆应与平台垂直。仪器设有针连杆制动按钮，紧压按钮针连杆可以自由下落。针连杆要易于拆卸，以便定期检查其质量。

2. 标准针

（1）标准针应由硬化回火的不锈钢制造，钢号为440-C或等同的材料，洛氏硬度为

54~60（图4-4），针长约50 mm，长针长约60 mm，所有针的直径为1.00~1.02 mm。针的一端应磨成8.7°~9.7°的锥形。锥形应与针体同轴，圆锥表面和针体表面交界线的轴向最大偏差不大于0.2 mm，切平的圆锥端直径应在0.14~0.16 mm之间，与针轴所成角度不超过2°。切平的圆锥面的周边应锋利没有毛刺。圆锥表面粗糙度的算术平均值应为0.2~0.3 μm，针应装在一个黄铜或不锈钢的金属箍中。金属箍的直径为3.20 mm±0.05 mm，长度为38 mm±1 mm，针应牢固地装在箍里。针尖及针的任何其余部分均不得偏离箍轴1 mm以上。针箍及其附件总质量为2.50 g±0.05 g。可以在针箍的一端打孔或将其边缘磨平，以控制质量。每个针箍上打印单独的标志号码。

（2）为了保证试验用针的统一性，每一根针应附有国家计量部门的检验单。

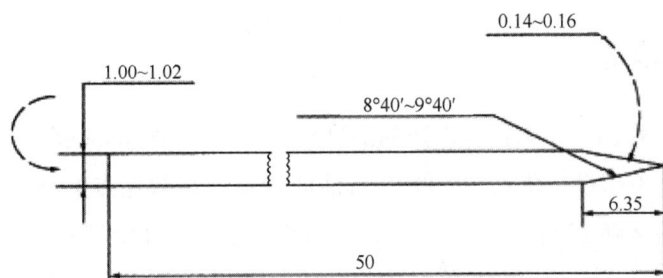

图4-4　沥青针入度试验用针（单位：mm）

3. 试样皿

应使用最小尺寸符合下面要求的金属或玻璃的圆柱形平底容器：针入度小于40时，试样皿直径33~55 mm，深度8~16 mm；针入度小于200时，试样皿直径55 mm，深度35 mm；针入度在200~350时，试样皿直径55~75 mm，深度45~70 mm；针入度350~500时，试样皿直径55 mm，深度70 mm。

4. 恒温水浴

容量不少于10 L，能保持温度在试验温度下控制在±0.1℃范围内的水浴。水浴中距水底部50 mm处有一个带孔的支架，这一支架离水面至少有100 mm。如果针入度测定时在水浴中进行，支架应足够支撑针入度仪。在低温下测定针入度时，水浴中装入盐水。

注：水浴建议使用蒸馏水，切记不要让表面活性剂、隔离剂或其他化学试剂污染水，这些物质的存在会影响针入度的测定值。建议测量针入度温度小于或等于0℃时，用盐调整水的凝固点，以满足水浴恒温的要求。

5. 平底玻璃皿

平底玻璃皿的容量不小于350 mL，深度要没过最大的样品皿。内设一个不锈钢三角支架，以保证试样皿稳定。

6. 计时器

刻度为 0.1 s 或小于 0.1 s，60 s 内的准确度达到±0.1 s 的任何计时装置均可。直接连到针入度仪上的任何计时设备，应进行精确校正以提供±0.1 s 的时间间隔。

7. 温度计

液体玻璃温度计，符合以下标准：刻度范围−8~55℃，分度值为 0.1℃。或满足此准确度、精度和灵敏度的测温装置均可用。温度计或测温装置应定期按检验方法进行校正。

五、试样的准备

（1）小心加热样品，不断搅拌以防局部过热，加热到使样品能够易于流动。加热时焦油沥青的加热温度不超过软化点的 60℃，石油沥青不超过软化点的 90℃。加热时间在保证样品充分流动的基础上尽量少。加热、搅拌过程中避免试样中进入气泡。

（2）将试样倒入预先选好的试样皿中，试样深度应至少是预计锥入深度的 120%。如果试样皿的直径小于 65 mm，而预期针入度高于 200，每个试验条件都要倒 3 个样品。如果样品足够，浇注的样品要达到试样皿边缘。

（3）将试样皿松松地盖住以防灰尘落入。在 15~30℃ 的室温下，小的试样皿（φ33 mm×16 mm）中的样品冷却 45 min~1.5 h，中等试样皿（φ55 mm×35 mm）中的样品冷却 1~1.5 h；较大的试样皿中的样品冷却 1.5~2.0 h，冷却结束后将试样皿和平底玻璃皿一起放入测试温度下的水浴中，水面应没过试样表面 10 mm 以上。在规定的试验温度下恒温，小试样皿恒温 45 min~1.5 h，中等试样皿恒温 1~1.5 h，更大试样皿恒温 1.5~2.0 h。

六、操作步骤

（1）调节针入度仪的水平，检查针连杆和导轨，确保上面没有水和其他物质。如果预测针入度超过 350 应选择长针，否则用标准针。先用合适的溶剂将针擦干净，再用干净的布擦干，然后将针插入针连杆中固定。按试验条件选择合适的砝码并放好砝码。

（2）如果测试时针入度仪是在水浴中，则直接将试样皿放在浸在水中的支架上，使试样完全浸在水中。如果试验时针入度仪不在水浴中，将已恒温到试验温度的试样皿放在平底玻璃皿中的三角支架上，用与水浴相同温度的水完全覆盖样品，将平底玻璃皿放置在针入度仪的平台上。慢慢放下针连杆，使针尖刚刚接触到试样的表面，必要时用放置在合适位置的光源观察针头位置使针尖与水中针头的投影刚刚接触为止。轻轻拉下活杆，使其与针连杆顶端相接触，调节针入度仪上的表盘读数指零或归零。

（3）在规定时间内快速释放针连杆，同时启动秒表或计时装置，使标准针自由下落穿入沥青试样中，到规定时间使标准针停止移动。

（4）拉下活杆，再使其与针连杆顶端相接触，此时表盘指针的读数即为试样的针入度，或自动方式停止锥入，通过数据显示设备直接读出锥入深度数值，得到针入度，用1/10 mm表示。

（5）同一试样至少重复测定 3 次。每一试验点的距离和试验点与试样皿边缘的距离都不得小于 10 mm。每次试验前都应将试样和平底玻璃皿放入恒温水浴中，每次测定都要用干净的针。当针入度小于 200 时可将针取下用合适的溶剂擦净后继续使用。当针入度超过200 时，每个试样皿中扎 1 针，3 个试样皿得到 3 个数据。或者每个试样至少用 3 根针，每次试验用的针留在试样中，直到 3 根针扎完时再将针从试样中取出。但是这样测得的针入度的最高值和最低值之差，不得超过精密度中的规定。

七、报告

（1）报告 3 次测定针入度的平均值，取至整数，作为试验结果。3 次测定的针入度值不应超过表 4-3 中的数值。

（2）如果误差超过表 4-3 的范围，则需要进行第二个样品重复试验。

（3）如果结果再次超过允许值，则取消所有的试验结果，重新进行试验。

表 4-3　试验结果参考值　　　　　单位：1/10 mm

针入度	0~49	50~149	150~249	250~350	350~500
最大差值	2	4	6	8	20

八、精密度

（1）重复性（r）：同一操作者在同一实验室用同一台仪器，对同一样品测得的两次结果不超过平均值的 4%。

（2）再现性（R）：不同操作者在不同实验室用同一类型的不同仪器，对同一样品测得的两次结果不超过平均值的 11%。

九、思考题

（1）测得沥青针入度的意义有哪些？对实际使用有何指导？

（2）影响测定沥青针入度的因素有哪些？

第五章　实验室安全、健康与环保（HSE）

HSE 是健康（Health）、安全（Safety）和环境（Environmental）管理体系的简称。

健康是指人身体上没有疾病，在心理上（精神上）保持一种完好的状态。安全是指在劳动生产过程中，努力改善劳动条件、消除不安全因素，使劳动生产在保证劳动者健康、企业财产不受损失、人民生命安全的前提下顺利进行。安全生产是企业一切经营活动的根本保证。环境是指与人类密切相关的、影响人类生活和生产活动的各种自然力量或作用的总和。它不仅包括各种自然因素的组合，还包括人类与自然因素间相互形成的生态关系的组合。

HSE 管理体系是将组织实施健康、安全与环境管理的组织机构、职责、做法、程序、过程和资源等要素有机构成的整体，这些要素通过先进、科学、系统的运行模式有机地融合在一起，相互关联、相互作用，形成动态管理体系。如今，HSE 管理体系在生产企业中得到广泛应用。

针对具有石油化工行业背景的相关基础或者专业实验室而言，实验过程中以"油、气"作为实验的原材料，实验中不可避免地要接触油、气、有机溶剂、强酸、强碱及强氧化试剂且在高温、带一定压力或在一定的真空度下进行操作。若操作不当或不遵守实验室安全条例极易发生安全事故，国内高校实验室发生多起爆炸、火灾事故造成的人身伤害、财物损失等给我们以极大的警示作用。安全管理与安全教育一刻都不能放松，为保证学生与实验室的安全，我们借用企业的 HSE 管理体系理念，在实验室中推广安全、健康与环境的有机结合，让学生在进入实验室前必须进行相关的安全教育并对实验过程进行有效管理，从而确保实验过程安全并顺利进行。

第一节　实验室安全环保管理

一、实验室安全环保管理的重要性

高校实验室是科研和教学的必备场所，是学校培养学生实践动手能力的重要基地。高校科研老师研究方向不同，实验教学项目多种多样，使用种类繁多的化学品、易燃易爆品、易制毒品等。另外，实验条件也各不相同，有的要在特殊条件下进行，如高温、高压、辐射等，在实验过程中若忽视实验安全操作或安全意识、观念淡薄极易引起安全事故。而实验室一旦发生安全事故，极有可能会造成人员受伤、财产损失，严重的会造成人员死亡和惨重的财产损失。

科研和教学实验过程中会产生废气、废液、废渣，"三废"排放种类繁多，排放量大。环保意识不强的师生对未经处理的"三废"直接排放，习惯性将废液直接排到下水系统，造成下水系统严重污染；将固废直接混入生化垃圾，严重时引起社会危害。

随着培养高素质技能人才的教学改革，高校对实践教学越来越重视。实验室的使用程度提高，人员的流动增加，由此也产生了许多新的安全问题，增加了安全隐患。所以近年来高校实验室安全、环保事故频发。

上述几方面情况说明了加强高校实验室安全环保问题管理的重要性和迫切性。

二、实验室安全环保现状分析

高校对学生的实践能力培养越来越重视，对教师的科研能力和科研水平要求也在不断提高，随之产生一系列安全环保管理问题。

1. 实验人员安全、环保意识有待加强

高校实验室实验人员不断增加，随之产生的安全隐患及环境问题也会增加。但实验人员注重的仍然是科学研究，安全环保观念落后，安全环保意识淡薄。携带食物进实验室、危险化学品不分类放置、不按规范要求操作仪器、污染物随意排放等情况时有发生。

2. 实验室规划不到位

因实验室建设规划中考虑不周，存在疏漏，为实验室仪器设备放置、使用带来麻烦。对于一些大型精密的仪器放置场所达不到要求的温度、湿度等，极易造成仪器故障。教学仪器台（套）数不足，按实践教学学时进行实验，每组学生人数较多，实践教学效果不佳；进行细致分组，实验时间增加，安全隐患增加，危险废物产生量增多。

3. 实验设备利用率低

各系室在购置实验仪器设备时缺乏与其他系室沟通，资源不能共享。各系之间设备重复购置比较突出。另外有些大型精密仪器购置费用高，功能多，但没有充分发挥其应有的作用，造成资源浪费、利用率下降。

4. 实验室安全环保检查不到位

实验室按有关规定进行安全环保检查，但检查形式单一，检查内容局限，检查不深入，只限于面上检查。另外，检查出的安全环保问题没有及时跟踪整改。

第二节　实验室安全环保管理制度

一、实验室用火、用电安全管理

（1）电源输电线路安装与铺设必须由有资质的专业技术人员完成，其他任何人员不得私自乱拉线路。

（2）电源线路必须配备漏电保护装置，电气设备应配备足够的用电功率和电线，不得超负荷用电；电气设备和大型仪器须接地良好，对电线老化等隐患要定期检查并及时排除。

（3）实验室固定电源插座未经允许不得拆装、改线，不得乱接、乱拉电线，不得使用闸刀开关、木质配电板和花线。

（4）除非工作需要并采取必要的安全保护措施，空调、电热器、计算机、饮水机等不得在无人情况下开机过夜。

（5）电器设备在使用过程中发生打火、异味、高热等异常情况时应及时处理，关闭电源，通知技术人员到场维修。

二、危险化学品的使用和管理

（1）根据危险化学品的性质不同分类存放，易燃品严禁和氧化剂混合存放。

（2）剧毒化学品、易制毒化学品实行双人双锁管理，人员在存取危险化学品时要按要求做好记录。

（3）腐蚀品必须密封存放，酸性腐蚀品和碱性腐蚀品必须分开存放。

（4）危险化学品储存仓库安装通风设施，通风良好，仓库门窗要严密。

（5）合理购买危险化学品，尽量控制危险化学品采购量，严禁大量剩余，长期不用。

（6）使用或存放危险化学品的实验室严禁烟火，并配备足够的灭火设施。

（7）使用或存放危险化学品的实验室要安装洗眼器、喷淋设施等，以备应急使用。

三、气体钢瓶的使用和管理

实验室常用气瓶颜色标识见表5-1，气体钢瓶的使用要求如下。

（1）将完好的减压阀安装在气体钢瓶上后，要检查是否漏气。

（2）在打开气体钢瓶总阀前检查减压阀是否处于松动不受压状态，然后开启气体钢瓶总阀，调节减压阀到所需压力。

（3）停止工作时应首先将气体钢瓶总阀关闭，然后逆时针松动减压阀，直至调节弹簧不受压。

（4）打开气瓶阀时不要站在减压阀的正面或背面，应侧面调节减压阀到所需压力。

（5）实验室气体钢瓶一定要固定在墙上或放置在专用气瓶柜里，切记不能把气体钢瓶横卧在地上。

（6）气体钢瓶放置地点要远离火源、热源，避免阳光直射。

（7）在搬运气体钢瓶时严禁敲击、碰撞。

（8）为确保气体钢瓶内的气体不受污染，气体钢瓶内的气体不得用尽，必须留有剩余压力。

（9）易燃气体钢瓶和助燃气体钢瓶要分开放置，瓶身的字迹确保清晰。

表 5-1　实验室常用气瓶的颜色标识（GB 7144—2016）

充装气体名称	化学式	瓶色	字样	字色
乙炔	C_2H_2	白	乙炔　不可近火	大红
氢	H_2	淡绿	氢	大红
氧	O_2	淡（酞）蓝	氧	黑
氮	N_2	黑	氮	白
空气		黑	空气	白
二氧化碳	CO_2	铝白	液化二氧化碳	黑
甲烷	CH_4	棕	甲烷	白
氩	Ar	银灰	氩	深绿
氦	He	银灰	氦	深绿

四、实验室废弃物排放管理

（1）实验室产生的危险废弃物不能随意排放，应分类暂存，合理处置。

（2）实验室产生的固体危险废弃物严禁混入生活垃圾中。

（3）产生有毒有害气体的实验室必须安装通风、排风设施，必要时安装废气吸收处理设施。

（4）实验过程中产生的液体废弃物严禁倒入自来水下水道，应分类装桶，为便于后续处理，酸碱废弃物可先进行中和，再移送相关部门处理。

（5）所有盛装危险废弃物的储存器都应粘贴相应的标签，注明主要成分、毒性等信息。

（6）危险废弃物严禁擅自处理，务必要交有处理资质的单位处理。

五、实验室仪器安全管理

（1）每台仪器要建立档案，主要包括仪器名称、购买时间、生产厂家、型号、仪器负责人、产品使用说明书、保修卡、合格证等。

（2）大型、贵重、精密仪器在购置和管理时要专人负责，安装调试由厂家人员完成，以免影响仪器精密度或造成损坏。

（3）大型、精密仪器操作规程及安全注意事项应张贴在醒目位置。仪器使用前应当完全熟悉操作过程、安全注意事项，严格按操作说明书进行操作。

（4）仪器使用人员必须经过培训，大型和精密仪器未经允许，其他人严禁擅自使用。其他人使用实验室仪器必须在实验室工作人员指导下进行。

（5）在使用实验室仪器时要严格填写使用情况记录本，在使用过程中出现故障或仪器异常时要详细记录故障现象，并及时通知实验室管理人员。

六、高温设备的安全管理

实验室的高温设备主要有烘箱、箱式电阻炉（马弗炉）等设备，需要加强管理、正确使用，确保使用安全。

高温设备如箱式电阻炉（马弗炉）等应使用专用电源，配置带有漏电保护的空气开关等。高温设备需放置在试验台面上，台面具有防火耐高温功能，此外应注意防潮、防水并远离水源。做到不超温、不长时间在设备最高温度下工作。经常清理高温设备，确保高温设备清洁与干燥。

严禁用高温设备直接处理易燃、易爆物品，并禁止在高温设备上处理易挥发、有毒有害有机物。

第三节　实验室常见安全事故

一、实验室常见的安全事故

实验室常见的安全事故主要有火灾、爆炸、毒害、用电伤人、辐射等。

1. 火灾危害

随着高校实验室规模的逐渐扩大，实验室火灾事故时有发生。造成实验室火灾的原因多种多样，主要有以下几个方面：①电器设备超负荷运行；设备运行过程中人员离开，发生故障没有及时发现，引起火灾。②易燃易爆危险化学品种类繁多，有的易燃，有的易爆，有的自燃，存储和使用措施不当会引起火灾。③高温设备在高温下运行，在加热可燃物品时，若操作不当极易引起火灾。

2. 用电危害

实验室违章用电常常引发安全事故，造成设备损坏，甚至引起人员伤亡。①用电设备的用电功率大于电线的安全通电量可能造成设备损坏。②在手上有水或潮湿的情况下接触电器设备可能造成触电事故。③乱拉、乱接电线，电线从过道地面通过时没有绝缘保护存在安全危害。④实验室工作结束后没有及时关闭电源引起用电事故。

3. 有毒化学品危害

实验室存在的化学品或毒害品是引起实验室安全的又一主要因素。①在取用有毒有害试剂时不按要求操作，不戴防护用品或错误使用防护用品引起灼伤。②在实验过程中因化学品泄漏或有毒气体挥发造成人员中毒。③用矿泉水瓶装试剂，没有贴标签，造成误食引起误食中毒。④在实验过程中产生的废液直接倒入水池，造成下水系统污染。⑤有毒有害化学品乱放，甚至带出实验室，对其他人员造成危害。

4. 放射源辐射危害

在应用放射性设备进行实验时，没有做好防护措施，射线会对人身造成伤害。因此配有放射性设备的实验室，预防放射性事故的发生是不容忽视的。

5. 机械性伤害

实验过程中常常会用到玻璃器皿、实验设备，在操作过程中如果操作不当将会对人体造成伤害。①由于玻璃仪器的使用和操作不当，装配或拆玻璃仪器不规范等，都可能使玻璃仪器破损，致使玻璃碎片割伤手指。②使用金属钝器时没有按要求操作或疏忽大意造成碰伤。

二、事故的预防

1. 火灾的预防

危险化学品主要有爆炸品、压缩气体和液化气体、易燃液体、易燃固体、自燃物品和遇湿易燃物品、氧化剂和有机过氧化物、有毒品、放射性物品、腐蚀品。其具有较大的火灾危险性，一旦发生灾害事故，往往造成扑救困难、危害大、影响大、损失大等。

表5-2为储存物品的火灾危险性分类，表5-3为可燃气体的火灾危险性分类，表5-4为液化烃、可燃液体的火灾危险性分类。

表 5-2 储存物品的火灾危险性分类

储存物品类别	火灾危险性特征
甲	1. 闪点<28℃的液体 2. 爆炸下限<10%的气体，以及受到水或空气中水蒸气的作用，能产生爆炸下限<10%气体的固体物质 3. 常温下能自行分解或在空气中氧化即能导致迅速自燃或爆炸的物质 4. 常温下受到水或空气中水蒸气的作用能产生可燃气体并引起燃烧或爆炸的物质 5. 遇酸、受热、撞击、摩擦以及遇有机物或硫黄等易燃的无机物，极易引起燃烧或爆炸的强氧化剂 6. 受撞击、摩擦或与氧化剂、有机物接触时能引起燃烧或爆炸的物质
乙	1. 28℃≤闪点<60℃的液体 2. 爆炸下限≥10%的气体 3. 不属于甲类的氧化剂 4. 不属于甲类的化学易燃危险固体 5. 助燃气体 6. 常温下与空气接触能缓慢氧化，积热不散引起自燃的物品
丙	1. 闪点≥60℃的液体 2. 可燃固体
丁	难燃烧物品
戊	非燃烧物品

注：难燃物品、非燃物品的可燃包装质量超过物品本身质量的1/4时，其火灾危险性应为丙类。

表 5-3 可燃气体的火灾危险性分类

类别	可燃气体与空气混合物的爆炸极限
甲	<10%（体积）
乙	≥10%（体积）

表 5-4 液化烃、可燃液体的火灾危险性分类

名称	类别	特征
液化烃	甲 A	15℃时的蒸汽压力>0.1 MPa 的烃类液体及其他类似的液体
可燃	甲 B	甲 A 类以外，闪点<28℃
	乙 A	28℃≤闪点≤45℃
	乙 B	45℃<闪点<60℃
液体	丙 A	60℃≤闪点≤120℃
	丙 B	闪点>120℃

2. 危险化学品安全管理

为确保危险化学品的安全，要做到以下几点：①化学品仓库、存有危险化学品的实验室，无关人员未经批准严禁进入。②做到危险化学品分类存放，杜绝跑、冒、滴、漏情况的发生。做好出、入库登记，如遇有标示不清、药品过期等化学品应及时安全处理。③危险化学品应密封保存，用完后及时盖紧瓶盖，以防挥发。药品库、实验房间要保持良好通风，存放危险化学品的橱柜应远离火源，并防止阳光照射。④在取用药品时轻拿轻放，搬运大批药品时要用箱子搬运，防止撞击、重压等。⑤实验产生的废试剂，要统一收集，妥善处理。⑥药品库和存有危险化学品的实验室严禁烟火。⑦存放有危险化学品的房间应备有安全防护用品。⑧配置溶液时，盛放配置溶液的容器必须贴上标签，注明药品名称、溶质浓度等。⑨定期或不定期地进行危险化学品安全检查，发现问题，及时处理。

为了提醒实验室人员及外来人员实验室危险化学品存在的危害，在醒目的地方应张贴安全警示标志，引起人员注意。在国家标准《安全标志及其使用导则》（GB 2894—2008）中有具体的标识图标及说明，常用实验室的警示标志有 16 种，见图 5-1。

3. 中毒事故的预防

在实验过程中涉及有刺激性、恶臭和有毒的化学品，如硫化氢、氯气、氨气、一氧化碳、氯化氢、浓硝酸、浓盐酸、浓硫酸等时，必须在通风橱中进行，并且佩戴个人防护用品。通风橱开启后，严禁将头伸入通风橱，并保持室内通风良好。

在取放化学药品时，应该戴好手套，严禁手直接接触有毒药品，如不慎皮肤沾到化学药品，要及时冲洗。溅落在实验台面上的化学药品，要立即用抹布擦洗干净。实验过程中产生的化学药品要集中收集，并交实验室管理人员处理。

4. 触电事故的预防

实验过程中常使用电炉、电加热套等等。为防止触电的发生，应避免身体与电器导电部位直接接触，并防止直接接触石棉网金属丝、电炉电阻丝等。严禁用湿手去接触电插头。为预防电器短路，在使用电加热套时应避免将水等溶剂滴入电加热套内。电器设备出现故障后及时报专业人员维修，切记不能使其"带病"工作。

三、实验室安全事故应急处理

1. 实验室火灾应急处理

实验室发生火灾事故，应根据事故的不同类型、规模等合理采取应急处理方法，最大限度地减少人员伤亡和财产损失。

标志1 爆炸品标志　　标志2 易燃气体标志　　标志3 燃气体标志　　标志4 有毒气体标志

标志5 易燃液体标志　　标志6 易燃固体标志　　标志7 自燃物品标志　　标志8 遇湿易燃
　　　　　　　　　　　　　　　　　　　　　　　　　　　　　　　　　　　物品标志

标志9 氧化剂标志　　标志10 有机过氧化物标志　　标志11 有毒品标志　　标志12 剧毒品标志

标志13 一级放射性　　标志14 二级放射性　　标志15 三级放射性　　标志16 腐蚀品标志
　　物品标志　　　　　　物品标志　　　　　　　物品标志

图5-1　实验室常用警示标志

　　进入实验室之前接受防火及应急防护的考核，考核不合格严禁进入实验室。进入实验室的师生严格按照实验室相关制度进行操作，熟悉灭火方法、逃生路线、逃生方法，会使用灭火器。为方便应急救援，消防通道严禁堆放杂物，在实验室醒目位置张贴逃生路线，在消防器材箱、灭火器旁边张贴使用方法。

　　实验室一旦发生火灾，人员应保持沉着冷静，首先切断火源和电源，并采取有效灭火措施。小容器内物质着火可用石棉或湿抹布覆盖灭火。较大的火灾应根据着火物质性质选用水、沙土或灭火器扑救。如果火势较小，应迅速组织扑灭；如果火势较大，或现场有易爆品存在，有发生爆炸的可能时，切不可贸然行事，应首先组织人员按照消防路线有序撤离，并及时通知安全管理人员。

　　实验室常用的灭火材料有水、沙和灭火器，其中灭火器有二氧化碳灭火器、干粉灭火器等，不同灭火器的使用范围见表5-6。

表 5-6 实验室常用灭火器的使用范围

灭火器类型	灭火原理	灭火方法	适用范围
二氧化碳	二氧化碳密度高于空气，约为空气的 1.5 倍。在加压时将液态二氧化碳压缩在二氧化碳灭火器中，灭火时，常压状态下液态的二氧化碳会迅速汽化、喷出，气体二氧化碳可以排出空气而包围在燃烧物表面，降低燃烧物周围的氧气浓度，起到降温和隔绝空气的作用	在距离可燃物 5 m 左右，放下灭火器，拔出保险销，一只手握住喇叭筒根部的手柄，另一只手紧握启闭阀的压把。对没有喷射软管的二氧化碳灭火器，应把喇叭筒往上扳 70°～90°。使用时，不能直接用手抓住喇叭筒外壁或金属连接管，防止手被冻伤	用于扑灭贵重设备、精密仪器、600 V 以下的电气设备及油类的初起火灾。适用于扑救 B 类火灾，如煤油、柴油、原油、甲醇、乙醇、沥青、石蜡等火灾；C 类火灾，如煤气、天然气、甲烷、乙烷、丙烷、氢气等火灾；E 类火灾（物体带电燃烧的火灾）
干粉	干粉灭火器内装的是干粉灭火剂。干粉灭火剂用于灭火的干燥且易于流动的细微粉末，由具有灭火效能的无机盐和少量的添加剂经干燥、粉碎、混合而成微细固体粉末组成。干粉灭火剂一般分为 BC 干粉灭火剂（碳酸氢钠）和 ABC 干粉（磷酸铵盐）两大类：①靠干粉中的无机盐的挥发性分解物，与燃烧过程中燃料所产生的自由基或活性基团发生化学抑制和负催化作用，使燃烧的链反应中断而灭火；②靠干粉的粉末落在可燃物表面外，发生化学反应，并在高温作用下形成一层玻璃状覆盖层，从而隔绝氧，进而窒息灭火	将灭火器提到距火源适当位置后，先上下颠倒几次，使筒内的干粉松动，然后让喷嘴对准燃烧最猛烈处，拔去保险销，一只手握住喷管对准火源，另一只手拉动拉环，灭火剂便会喷出灭火	干粉灭火器用于扑灭油类、可燃气体、电器设备等初起火
泡沫	使用泡沫灭火器灭火时，能喷射出大量二氧化碳及泡沫，它们能黏附在可燃物上，使可燃物与空气隔绝，破坏燃烧条件，达到灭火的目的	用手提着筒体上部的提环，奔赴火灾现场，在距离着火点 10 m 左右的位置，将筒体颠倒过来，一只手紧握提环，另一只手扶住筒体的底圈，将射流对准燃烧物，使用时，灭火器应始终保持倒置状态，否则会中断喷射	可用来扑灭 A 类火灾，如木材、棉布等固体物质燃烧引起的失火；最适宜扑救 B 类火灾，如汽油、柴油等液体火灾；不能扑救水溶性可燃、易燃液体的火灾（如：醇、酯、醚、酮等物质）和 E 类（带电）火灾

2. 实验室烧烫灼伤的应急处理

烧烫伤时应立即用大量的水冲洗烧伤面，如果烧伤面粘有衣服，切不可强行将其撕下，应当用剪刀剪开，并用冷水浸泡创伤面，最后涂上烧伤膏。当情况比较严重时应及时前往医院进行医疗救治。

实验室应配备洗眼器，当眼睛内溅入化学药品时引起灼伤应立即用大量清水进行冲洗。洗眼时应将眼睛睁开，把眼皮翻出，反复冲洗。若酸、碱灼伤皮肤时，立即脱掉被化学药品玷污的衣服，及时用水反复冲洗，防止深度受伤。当酸灼伤皮肤时，反复用水冲洗后用稀 $NaHCO_3$ 溶液或稀氨水洗，最后再用水洗并涂抹药膏。当碱烧伤皮肤时用大量水冲洗后，再用 1% 硼酸或 2% 醋酸（HAC）溶液洗，最后用清水冲洗并涂抹药膏。轻度烫伤时可用药棉涂抹 90%~95% 的酒精，也可用冷水疗法止痛，或用 3%~5% 的 $KMnO_4$ 溶液洗，最后用清水冲洗并涂抹药膏。如果灼伤比较严重，自己无法处理时应立即前往医院救治。

3. 实验室中毒的应急处理

实验室使用的有毒药品种类繁多，在实验过程中化学药品中毒也是经常遇到的事故。根据中毒方式不同采用不同的应急处理方法。

对于常见的吸入式中毒，主要是实验人员吸入有毒的气体、蒸汽、粉尘、烟雾等引起的中毒。对于吸入式中毒人员应该将其转移到室外，并解开衣领纽扣，让中毒者进行深呼吸，必要时进行人工呼吸，并立即送医院治疗。

如果不小心将有毒物溅入口中并未下咽，应立即吐出，并用大量水反复冲洗口腔。当试验人员误食化学物品，根据误食化学药品服用相应的解毒药品进行应急处理，如不清楚处理方法，应立即送医院就医，并告知医生所误食的化学药品的名称、性质等。

四、实验室个人安全防护用品

实验室化学品虽然用量少但种类繁多，而且化学品中很多属于危险物、有害物质或毒性化学物质，所以实验室的个人安全防护用品的合理使用十分重要。按照《个体防护装备选用规范》（GB/T 11651—2008）的要求来选取个人防护装备。

实验室购置个人防护用品时应到政府指定的劳保用品商店购买符合标准的个人防护用品。个人防护用品应根据发放标准足量发放到相关人员手中。经常在实验室进行教学或科研的专职人员可根据需要向实验室管理人员领取相应的防护用品，并个人保管。

短期到实验室进行实验的师生可根据情况临时借用个人防护用品，用后及时归还。进入实验室的师生在收到实验室管理人员发放的个人防护用品后要根据实验情况正确使用，严禁领而不用。领到个人防护用品的师生应该练习佩戴个人防护用品。

1. 眼睛和面部的防护

为防止实验过程中粉尘、烟尘、碎屑或化学物品溅入眼睛引起损伤，必须佩戴防护眼镜，用以保护实验人员的眼睛不被伤害。防护眼镜是一种起特殊作用的眼镜，使用场合不同需求的眼镜也不同。

用于防御金属或砂石碎屑等对眼睛的机械损伤的防护眼镜，眼镜片和眼镜架应结构坚固，框架周围装有遮边，其上应有通风孔。防护镜片可选用钢化玻璃、胶质黏合玻璃或铜丝网防护镜。

用于防御有刺激或腐蚀性的溶液对眼睛的化学损伤的防护眼镜，可选用普通平光镜片，镜框应有遮盖，以防溶液溅入。

防辐射的防护眼镜，用于防御过强的紫外线等辐射线对眼睛的危害。镜片采用能反射或吸收辐射线，但能透过一定可见光的特殊玻璃制成。镜片镀有光亮的铬、镍、汞或银号金属薄膜，可以反射辐射线；蓝色镜片吸收红外线，黄绿镜片同时吸收紫外线和红外线，无色含铅镜片吸收 X 射线和 γ 射线。

面部防护用具用于保护脸部，可佩戴有机玻璃防护面罩或呼吸系统防护用具。

2. 手的防护

手是实验过程中最容易受到伤害的部位。当接触腐蚀性物质，边缘尖锐的物体（如碎玻璃、木材、金属碎片），过热或过冷的物质时均须戴手套。根据实验性质不同选戴各种手套。

防护手套主要有以下几种。

（1）聚乙烯一次性手套：用于处理腐蚀性固体药品和稀酸。但该手套不能用于处理有机溶剂，因为许多溶剂可以渗透聚乙烯。

（2）医用乳胶手套：该类手套用乳胶制成，经处理后可重复使用。由于这种手套较短，应注意保护手臂。该手套不适于处理烃类溶剂（如己烷、甲苯）及含氯溶剂（如氯仿），因为这些溶剂会造成手套溶胀而损害手。

（3）耐酸碱手套：适于较长时间接触酸碱化学品。

（4）帆布手套：一般用于高温物体。

（5）纱手套：一般用于接触机械的操作。

3. 身体的防护

实验人员不得穿凉鞋、拖鞋与高跟鞋；不准穿短裤、裙子进入实验室。应穿平底、防滑、合成皮或皮质的满口鞋和长裤。所有实验人员进入实验室都必须穿工作服，其目的是为了防止皮肤和衣着受到化学药品的污染。工作服一般不耐化学药品的腐蚀，故当其受到严重腐蚀后，这些工作服必须换下更新。为了防止工作服上附着的化学药品的扩散，不得穿工作服到如食堂、会议室等其他公共场所。另外，工作服应及时清洗。

红外分光光度法测定水中石油类和动植物油类的含量

一、试验目的

（1）了解红外光谱法测定水中石油类和动植物油类物质含量的原理；

（2）掌握红外光谱法测定水中石油类和动植物油类物质含量的操作及注意事项。

二、方法原理及适用范围

1. 方法原理

用四氯化碳（或四氯乙烯）萃取样品中的油类物质，测定总油，然后将萃取液用硅酸镁吸附，除去动植物油类等极性物质后，测定石油类。总油和石油类的含量均由波数分别为 2 930 cm^{-1}（CH_2 基团中 C—H 键的伸缩振动）、2 960 cm^{-1}（CH_3 基团中的 C—H 键的伸缩振动）和 3 030 cm^{-1}（芳香环中 C—H 键的伸缩振动）谱带处的吸光度 A_{2930}、A_{2960}、A_{3030} 进行计算，其差值为动植物油类浓度。

说明：根据《蒙特利尔协议书》，国内将逐步禁止四氯化碳的生产、销售和使用，因此利用红外光谱法测定石油类和动植物油类含量的方法将可选用四氯乙烯或四氯化碳作为萃取剂。目前，国内正在制定土壤石油类的测定方法中明确指出用四氯乙烯替代四氯化碳。

2. 适用范围

适用于地表水、地下水、工业废水和生活污水中石油类物质含量的测定。

当样品体积为 1 000 mL，萃取液体积为 25 mL，使用 4 cm 比色皿时，检出限为 0.01 mg/L，测定下限为 0.04 mg/L；当样品体积 500 mL，萃取液体积为 50 mL，使用 4 cm 比色皿时，检出限为 0.04 mg/L，测定下限为 0.16 mg/L。

萃取液经硅酸镁吸附剂处理后，由极性分子构成的动植物油类被吸附，而非极性的石油类不被吸附。某些含有如羰基、羟基的非动植物油类的极性物质同时也被吸附，当样品中明显含有此类物质时，应在测试报告中加以说明。

三、试剂和材料

特别说明，当采用四氯化碳溶剂萃取时只能用四氯化碳配制的石油类标准溶液，当采用四氯乙烯溶剂萃取时只能用四氯乙烯配制的石油类标准溶液。

除非另有说明，分析均使用符合国家标准的分析纯化学试剂，试验用水为蒸馏水或同等纯度的水。

盐酸，优级纯；正十六烷，光谱纯；异辛烷，光谱纯；苯，光谱纯；无水硫酸钠，在550℃下加热 4 h，冷却后装入磨口玻璃瓶中，置于干燥器内储存。

四氯化碳，在 2 800~3 100 cm^{-1} 之间扫描，不应出现锐峰，其吸光度值应不超过 0.12（4 cm 比色皿、空气池做参比）。

四氯乙烯，不含稳定剂。若含有稳定剂，需用硅胶吸附处理后使用，商品四氯乙烯均需进行吸附处理。

硅酸镁，60~100 目；取硅酸镁于瓷蒸发皿中，置于马弗炉内 550℃下加热 4 h，在炉内冷却至约 200℃后，移入干燥器中冷却至室温，于磨口玻璃瓶内保存。使用时，称取适量的硅酸镁于磨口玻璃瓶中，根据硅酸镁的重量，按 6%（m/m）比例加入适量的蒸馏水，密塞并充分振荡数分钟，放置约 12 h 后使用。

石油类标准储备液：$\rho = 1\,000$ mg/L，可直接购买市售有证标准溶液。

正十六烷标准储备液，$\rho = 1\,000$ mg/L。准确称取 0.100 0 g 正十六烷，加入到 100 mL容量瓶中，用四氯化碳（或精制处理后的四氯乙烯）定容，摇匀。

异辛烷标准储备液，$\rho = 1\,000$ mg/L。称取 0.100 0 g 异辛烷，加入到 100 mL 容量瓶中，用四氯化碳（或精制处理后的四氯乙烯）定容，摇匀。

苯标准储备液，$\rho = 1\,000$ mg/L。称取 0.100 0 g 苯，加入到 100 mL 容量瓶中，用四氯化碳（或精制处理后的四氯乙烯）定容，摇匀。

吸附柱，内径 10 mm，长约 200 mm 的玻璃柱。出口处填塞少量用四氯化碳（或精制处理后的四氯乙烯）浸泡并晾干后的玻璃棉，将硅酸镁缓缓倒入玻璃柱中，边倒边轻轻敲打，填充高度约为 80 mm。

四、仪器和设备

1. 红外分光光度计

能在 2 400~3 400 cm^{-1} 之间进行扫描，并配有 1 cm 和 4 cm 带盖石英比色皿。

2. 玻璃器皿及其他

旋转振荡器，振荡频次 300 次/min；分液漏斗，1 000 mL、2 000 mL，聚四氟乙烯旋塞；玻璃砂芯漏斗，40 mL，G-1 型；锥形瓶，100 mL，具塞磨口；样品瓶，500 mL、1 000 mL，棕色磨口玻璃瓶；量筒，1 000 mL、2 000 mL；一般实验室常用器皿和设备。

五、样品

1. 样品的采集

参照《地表水和污水监测技术规范》（HJ/T 91—2002）和《地下水环境监测技术规范》（HJ/T 164—2004）的相关规定进行样品的采集。用 1 000 mL 样品瓶采集地表水和地下水，用 500 mL 样品瓶采集工业废水和生活污水。采集好样品后，加入盐酸酸化至 pH≤2。

2. 样品的保存

若样品不能在 24 h 内测定，应在 2~5℃下冷藏保存，3 d 内测定。

3. 试样的制备

（1）地表水和地下水：将样品全部转移至 2 000 mL 分液漏斗中，量取 25.0 mL 四氯化碳（或四氯乙烯）洗涤样品瓶后，全部转移至分液漏斗中。振荡 3 min，并经常开启旋塞排气，静置分层后，将下层有机相转移至已加入 3 g 无水硫酸钠的具塞磨口锥形瓶中，摇动数次。如果无水硫酸钠全部结晶成块，需要补加无水硫酸钠，静置。将上层水相全部转移至 2 000 mL 量筒中，测量样品体积并记录。

向萃取液中加入 3 g 硅酸镁，置于旋转振荡器上，以 180~200 r/min 的速度连续振荡 20 min，静置沉淀后，上清液经玻璃砂芯漏斗过滤至具塞磨口锥形瓶中，用于测定石油类。

注：地表水和地下水中动植物油类的测定可参照下文工业废水和生活污水的测定步骤。

（2）工业废水和生活污水：将样品全部转移至 1 000 mL 分液漏斗中，量取 50.0 mL 四氯化碳（或精制后的四氯乙烯）洗涤样品瓶后，全部转移至分液漏斗中。振荡 3 min，并经常开启旋塞排气，静置分层后，将下层有机相转移至已加入 5 g 无水硫酸钠的具塞磨口锥形瓶中，摇动数次。如果无水硫酸钠全部结晶成块，需要补加无水硫酸钠，静置。将上层水相全部转移至 1 000 mL 量筒中，测量样品体积并记录。

将萃取液分为两份：一份直接用于测定总油；另一份加入 5 g 硅酸镁，置于旋转振荡器上，以 180~200 r/min 的速度连续振荡 20 min，静置沉淀后，上清液经玻璃砂芯漏斗过滤至具塞磨口锥形瓶中，用于测定石油类。

注：石油类和动植物油类的吸附分离也可采用吸附柱法，即取适量的萃取液过硅酸镁吸附柱，弃去前 5 mL 滤出液，余下部分接入锥形瓶中，用于测定石油类。

（3）空白试样的制备：以试验用水代替样品，按照前述工业废水或生活污水的步骤进行制备。

六、分析步骤

1. 校准

（1）校正系数的测定：分别量取 2.00 mL 正十六烷标准储备液、2.00 mL 异辛烷标准储备液和 10.00 mL 苯标准储备液于 3 个 100 mL 容量瓶中，用四氯化碳（或四氯乙烯）定容至标线，摇匀。正十六烷、异辛烷和苯标准溶液的浓度分别为 20 mg/L、20 mg/L 和 100 mg/L。

用四氯化碳（或四氯乙烯）做参比溶液，使用 4 cm 比色皿，分别测量正十六烷、异辛烷和苯标准溶液在 2 930 cm^{-1}、2 960 cm^{-1}、3 030 cm^{-1} 处的吸光度 A_{2930}、A_{2960}、A_{3030}。正十六烷、异辛烷和苯标准溶液在上述波数处的吸光度均符合式（附-1），由此得出的联立方程式经求解后，可分别得到相应的校正系数 X，Y，Z 和 F。

$$\rho = X \cdot A_{2930} + Y \cdot A_{2960} + Z\left(A_{3030} - \frac{A_{2930}}{F}\right) \qquad (\text{附}-1)$$

式中，ρ 为四氯化碳（四氯乙烯）中总油的含量，mg/L；A_{2930}、A_{2960}、A_{3030} 为各对应波数下测得的吸光度；X、Y、Z 为与各种 C—H 键吸光度相对应的系数；F 为脂肪烃对芳香烃影响的校正因子，即正十六烷在 2 930 cm^{-1} 与 3 030 cm^{-1} 处的吸光度之比。

对于正十六烷和异辛烷，由于其芳香烃含量，即 $A_{3030} - \frac{A_{2930}}{F} = 0$，则有：

$$F = A_{2930}(H)/A_{3030}(H) \qquad (\text{附}-2)$$
$$\rho(H) = X \cdot A_{2930}(H) + Y \cdot A_{2960}(H) \qquad (\text{附}-3)$$
$$\rho(I) = X \cdot A_{2930}(I) + Y \cdot A_{2960}(I) \qquad (\text{附}-4)$$

由式（附-2）可得到 F 值，由式（附-3）、式（附-4）可得到 X 和 Y 值。

对于苯，则有：

$$\rho(B) = X \cdot A_{2930}(B) + Y \cdot A_{2960}(B) + Z\left[A_{3030}(B) - \frac{A_{2930}(B)}{F}\right] \qquad (\text{附}-5)$$

式中，ρ（H）为正十六烷标准溶液的浓度，mg/L；ρ（I）为异辛烷标准溶液的浓度，mg/L；ρ（B）为苯标准溶液的浓度，mg/L；A_{2930}（H）、A_{2960}（H）、A_{3030}（H）为各对应

波数下测得正十六烷标准溶液的吸光度；A_{2930}（I）、A_{2960}（I）、A_{3030}（I）为各对应波数下测得异辛烷标准溶液的吸光度；A_{2930}（B）、A_{2960}（B）、A_{3030}（B）为各对应波数下测得苯标准溶液的吸光度。

可采用姥鲛烷代替异辛烷、甲苯代替苯，相同方法测定校正系数。

注：红外分光光度计出厂时如果设定了校正系数，可以直接进行校正系数的检验。

（2）校正系数的检验：分别量取 5.00 mL 和 10.00 mL 的石油类标准储备液于 100 mL 容量瓶中，用四氯化碳（或四氯乙烯）定容，摇匀，石油类标准溶液的浓度分别为 50 mg/L 和 100 mg/L。分别量取 2.00 mL、5.00 mL 和 20.00 mL 浓度为 100 mg/L 的石油类标准溶液于 100 mL 容量瓶中，用四氯化碳（四氯乙烯）定容，摇匀，石油类标准溶液的浓度分别为 2 mg/L、5 mg/L 和 20 mg/L。

用四氯化碳（四氯乙烯）做参比溶液，使用 4 cm 比色皿，于 2 930 cm^{-1}、2 960 cm^{-1}、3 030 cm^{-1} 处分别测量 2 mg/L、5 mg/L、20 mg/L、50 mg/L 和 100 mg/L 石油类标准溶液的吸光度 A_{2930}、A_{2960}、A_{3030}，按照式（附-1）计算测定浓度。如果测定值与标准值的相对误差在 ±10% 以内，则校正系数可采用，否则重新测定校正系数并检验，直至符合条件为止。

注：用标准物质配制标准溶液时，使用正十六烷、异辛烷和苯，按 65：25：10（V/V）的比例配制混合烃标准物质；使用正十六烷、姥鲛烷和甲苯，按 5：3：1（V/V）的比例配制混合烃标准物质。以四氯化碳（或四氯乙烯）作为溶剂配制所需浓度的标准溶液。

2. 测定

（1）总油的测定：将未经硅酸镁吸附的萃取液转移至 4 cm 比色皿中，以四氯化碳（或四氯乙烯）作参比溶液，于 2 930 cm^{-1}、2 960 cm^{-1}、3 030 cm^{-1} 处测量其吸光度 $A_{1.2930}$、$A_{1.2960}$、$A_{1.3030}$，计算总油的浓度。

（2）石油类浓度的测定：将经硅酸镁吸附后的萃取液转移至 4 cm 比色皿中，以四氯化碳（或四氯乙烯）作参比溶液，于 2 930 cm^{-1}、2 960 cm^{-1}、3 030 cm^{-1} 处测量其吸光度 $A_{2.2930}$、$A_{2.2960}$、$A_{2.3030}$，计算石油类的浓度。

（3）动植物油类浓度的测定：总油浓度与石油类浓度之差即为动植物油类浓度。

注：当萃取液中油类化合物浓度大于仪器的测定上限时，应在硅酸镁吸附前稀释萃取液。

3. 空白试验

以空白试验代替试样，按照总油、石油类、动植物油类浓度测定。

七、结果计算与表示

1. 结果计算

（1）总油的浓度：样品中总油的浓度 ρ_1，按照下式进行计算

$$\rho_1 = \left[X \cdot A_{1.2930} + Y \cdot A_{1.2960} + Z\left(A_{1.3030} - \frac{A_{1.2930}}{F}\right) \right] \cdot \frac{V_0 \cdot D}{V_W} \qquad （附-6）$$

式中，ρ_1 为样品中总油的浓度，mg/L；X、Y、Z 为校正系数；$A_{1.2930}$、$A_{1.2960}$、$A_{1.3030}$ 为各对应波数下测得萃取液的吸光度；V_0 为萃取液体积，mL；V_W 为样品的体积，mL；D 为萃取液稀释倍数。

（2）石油类的浓度：样品中石油类的浓度 ρ_2，按照下式进行计算

$$\rho_2 = \left[X \cdot A_{2.2930} + Y \cdot A_{2.2960} + Z\left(A_{2.3030} - \frac{A_{2.2930}}{F}\right) \right] \cdot \frac{V_0 \cdot D}{V_W} \qquad （附-7）$$

式中，ρ_2 为样品中石油类的浓度，mg/L；X、Y、Z 为校正系数；$A_{2.2930}$、$A_{2.2960}$、$A_{2.3030}$ 为各对应波数下测得萃取液的吸光度；V_0 为萃取液体积，mL；V_W 为样品的体积，mL；D 为萃取液稀释倍数。

（3）动植物油类的浓度：样品中动植物油类的浓度 ρ_3 按照下式计算

$$\rho_3 = \rho_1 - \rho_2 \qquad （附-8）$$

式中，ρ_3 为样品中动植物油类的浓度，mg/L；ρ_1，ρ_2 含义与前同。

2. 结果表示

（1）报告的信息中必须含有测定过程中使用的萃取溶剂类型、待分析样品的信息，测试仪器与测试者的信息及结果数值。

（2）当测定结果小于 10 mg/L 时，结果保留两位小数；当测定结果大于等于 10 mg/L 时，结果保留 3 位有效数字。

八、精密度和准确度

1. 精密度

6 家实验室分别对石油类浓度为 0.05 mg/L、0.50 mg/L 和 2.00 mg/L 的统一样品进行了测定，实验室内相对标准偏差为 10.0%～11.8%、4.6%～9.1%、2.4%～4.8%；实验室间相对标准偏差分别为：4.6%、3.3% 和 1.6%；重复性限为 0.01 mg/L、0.09 mg/L 和 0.19 mg/L；再现性限为 0.02 mg/L、0.10 mg/L 和 0.21 mg/L。

2. 准确度

5 家实验室分别对石油类浓度为 0.01~5.29 mg/L 的实际样品进行了加标分析测定，石油类加标量为 0.10~5.00 mg/L 时，加标回收率为 75%~119%。

实验室内进行了石油类空白加标分析测定，加标量为 0.10~837 mg 时，加标回收率为 78%~103%。

实验室内进行了动植物油类空白加标和实际样品加标分析测定，动植物油类加标量为 0.05~923 mg，加标回收率为 77%~115%。

九、质量保证和质量控制

每批样品分析前，应先做方法空白试验，空白值应低于检出限。

十、废物处理

样品分析过程中产生的四氯化碳（四氯乙烯）废液应存放于密闭容器中，妥善处理。

十一、思考题

（1）简述利用红外光谱法测定炼油厂废水中石油类含量的原理及过程。

（2）请根据国家排放标准，简述炼油厂废水、原油储运过程中的废水、油田生产废水中的石油类物质排放指标与要求。

参考文献

王斓,冀学时,李颖,等.2011.实验室化学药品中毒事故应急处理[J].实验室科学,14(3):194-196.

中国石油化工股份公司科技开发部.2011.石油和石油产品试验方法行业标准汇编2010(上、中、下)[M].北京:中国石化出版社.

中国石油化工股份公司科技开发部.2016.石油产品国家标准汇编2016[M].北京:中国标准出版社.

中国石油化工股份公司科技开发部.2016.石油和石油产品试验方法国家标准汇编2016(上)[M].北京:中国标准出版社.

中国石油化工股份公司科技开发部.2016.石油和石油产品试验方法国家标准汇编2016(下)[M].北京:中国标准出版社.

中国石油化工股份公司科技开发部.2016.石油和石油产品试验方法国家标准汇编2016(中)[M].北京:中国标准出版社.

中国石油天然气总公司.2009.Q/SY 44—2009 通用润滑油基础油[S].北京:石油工业出版社.

中华人民共和国国家发展和改革委员会.2005.DL/T 962—2005 高压介质损耗测试仪技术通用条件[S].北京:中国电力出版社.

中华人民共和国国家发展和改革委员会.2007.DL/T 432—2007 电力用油中颗粒污染度测量方法[S].北京:中国电力出版社.

中华人民共和国国家质量监督检验检疫总局　中国国家标准化管理委员会.2009.GB/T 11651—2008 个体装备防护选用规范[S].北京:中国标准出版社.

中华人民共和国国家质量监督检验检疫总局　中国国家标准化管理委员会.2010 .GB/T 11060.1—2010 天然气含硫化合物的测定第1部分:用碘量法测定硫化氢含量[S].北京:中国标准出版社.

中华人民共和国国家质量监督检验检疫总局　中国国家标准化管理委员会.2010.GB/T 11060.4—2010 天然气 含硫化合物的测定第4部分用氧化微库仑法测定总硫含量[S].北京:中国标准出版社.

中华人民共和国国家质量监督检验检疫总局　中国国家标准化管理委员会.2012.GB 11118.1—2011 液压油[S].北京:中国标准出版社.

中华人民共和国国家质量监督检验检疫总局　中国国家标准化管理委员会.2012.GB 17820—2012 天然气[S].北京:中国标准出版社.

中华人民共和国国家质量监督检验检疫总局　中国国家标准化管理委员会.2016.GB/T 4756—2015 石油液体手工取样法[S].北京:中国标准出版社.

中华人民共和国国家质量监督检验检疫总局.2002.GB/T 12579—2002 润滑油泡沫特性测定法[S].北京:中国标准出版社.

中华人民共和国国家质量监督检验检疫总局.2012.SN/T 3005—2011 有机化学品中碳、氢、氮、硫含量的元素分析仪测定方法[S].北京:中国标准出版社.

中华人民共和国国家质量监督检验检疫总局　中国国家标准化管理委员会.2011.GB/T 27895—2011 天然气烃露点的测定　冷却镜面目测法[S].北京:中国标准出版社.

中华人民共和国国家质量监督检验检疫总局　中国国家标准化管理委员会.2014.GB/T 30514—2014 玻璃毛细管运动黏度计 规格和操作说明[S].北京:中国标准出版社.

中华人民共和国国家质量监督检验检疫总局　中国国家标准化管理委员会.2014.GB/T 13610—2015 天然气的组成分析　气相色谱法[S].北京:中国标准出版社.

中华人民共和国国家质量监督检验检疫总局　中国国家标准化管理委员会.2014.GB/T 30515—2014 透明和不透明液体石油产品运动黏度测定法及动力黏度计算法[S].北京:中国标准出版社.

中华人民共和国住房和城乡建设部.2009.GB 50160—2008 石油化工企业设计防火规范[S].北京:中国计划出版社.

中华人民共和国住房和城乡建设部.2015.GB 50016—2014 建筑设计防火规范[S].北京:中国计划出版社.

AIA/NAS NAS 1638—2011 Cleanliness requirements of parts used in hydraulic systems(Rev.4)[S].

ASTM D3427—2014a Standard Test Method for Air Release Properties of Petroleum Oils[S].

ASTM D6278—12e1 Standard Test Method for Shear Stability of Polymer Containing Fluids Using a European Diesel Injector Apparatus[S].

ASTM D113—07 Standard Test Method for Ductility of Bituminous Materials[S].

ASTM D130—12 Standard Test Method for Corrosiveness to Copper from Petroleum Products by Copper Strip Test [S].

ASTM D1401—12e1 Standard Test Method for Water Separability of Petroleum Oils and Synthetic Fluids[S].

ASTM D1500—07 Standard Test Method for ASTM Color of Petroleum Products(ASTM Color Scale)[S].

ASTM D156—15 Standard Test Method for Saybolt Color of Petroleum Products(Saybolt Chromometer Method) [S].

ASTM D1742—06(2013) Standard Test Method for Oil Separation from Lubricating Grease During Storage[S].

ASTM D2272—2014a Standard Test Method for Oxidation Stability of Steam Turbine Oils by Rotating Pressure Vessel[S].

ASTM D2603—01(2013)Standard Test Method for Sonic Shear Stability of Polymer-Containing Oils[S].

ASTM D2711—11 Standard Test Method for Demulsibility Characteristics of Lubricating Oils[S].

ASTM D2783—03(2014)Standard Test Method for Measurement of Extreme-Pressure Properties of Lubricating Fluids(Four-Ball Method)[S].

ASTM D36/D36M—14e1 Standard Test Method for Softening Point of Bitumen(Ring-and-Ball Apparatus)[S].

ASTM D381—12 Standard Test Method for Gum Content in Fuels by Jet Evaporation[S].

ASTM D4739—11 Standard Test Method for Base Number Determination by Potentiometric Hydrochloric Acid Titratio [S].

ASTM D4951—14 Test Method for Determination of Additive Elements in Lubricating Oils by Inductively Coupled Plasma Atomic Emission Spectrometry[S].

ASTM D5185—13e1 Standard Test Method for Multi-element Determination of Used and Unused Lubricating Oils and Base Oils by Inductively Coupled Plasma Atomic Emission Spectrometry(ICP-AES)[S].

ASTM D6045—12 Standard Test Method for Color of Petroleum Products by the Automatic Tristimulus Method[S].

ASTM D6082—2011 Standard Test Method for High Temperature Foaming Characteristics of Lubricating Oils[S].

ASTM D6184—14 Standard Test Method for Oil Separation from Lubricating Grease(Conical Sieve Method)[S].

ASTM D665—14e1 Standard Test Method for Rust-Preventing Characteristics of Inhibited Mineral Oil in the Presence of Water[S].

ASTM D891—09 Standard Test Methods for Specific Gravity,Apparent,of Liquid Industrial Chemicals[S].

ASTM D943—04a(2010)e Standard Test Method for Oxidation Characteristics of Inhibited Mineral Oils[S].

ASTM D974—14e1 Standard Test Method for Acid and Base Number by Color-Indicator Titration[S].

DIN EN 14078—2010 Liquid petroleum products-Determination of fatty methyl ester(FAME)content in middle distillates-Infrared spectrometry method[S].

IEC 60296—2012 Fluids for electrotechnical applications – Unused mineral insulating oils for transformers and switchgear[S].

IEC 156—1995 Methods for the determination of the electric strength of insulating oils[S].

IEC 60247—2004 Insulating liquids-Measurement of relative permittivity,dielectric dissipation factor(tanδ)and d. c.resistivity[S].

ISO 2137—2007 Petroleum products-Lubricating grease and petrolatum Determination of cone penetration[S].

ISO 4405—1991(2014)Hydraulic fluid power-Fluid contamination-Determination of particulate contamination by the gravimetric metho[S].

ISO 6247:1998(E)Petroleum products-Determination of foaming characteristics of lubricating oils[S].